"十四五"时期国家重点出版物出版专项规划项目

有色金属理论与技术前沿丛书

价态调控铜电解理论与技术

Theory and Technology of Copper Electrolyzed by Valence State Adjustment

郑雅杰　著

Zheng Yajie

中南大学出版社 · 长沙

www.csupress.com.cn

内容简介

Introduction

本书提出了价态调控铜电解理论，详细地研究了价态调控铜电解技术。通过采用一定手段调整铜电解液中 As(V) 和 As(Ⅲ)物质的量比，使阳极铜在阳极均匀溶出，并诱导电解液中 Bi、Sb 与 As(V) 和 As(Ⅲ)相互作用产生沉淀，从而杜绝成分复杂的阳极板在电解精炼时出现的各种问题。同时，在电解液净化中，采用价态调控，通过蒸发结晶促使 Bi、Sb 与 As(V) 和 As(Ⅲ)相互沉淀达到净化目的，消除诱导法产生的黑铜板并显著降低电解液净化的能耗。通过价态调控铜电解工业应用说明了价态调控铜电解技术的可行性以及其经济价值和环境价值。

作者简介

About the Author

郑雅杰 男，出生于 1959 年 7 月，湖南省常德人。博士，中南大学教授二级、博士生导师，中国有色金属行业协会专家、中国有色金属产业技术创新战略联盟专家及湖南有色金属行业协会冶金与环境专家，新疆维吾尔自治区行业领军人才，河南省三门峡市行业领军人才。

作者主要从事铜电解工艺及理论、铁资源高效利用、砷污染控制及其资源化等研究，其研究成果在我国有色金属冶炼和环境保护行业得到广泛应用，在我国有色金属冶炼和环境保护技术发展中起到了积极作用。

培养硕士和博士研究生共计 55 名，获得中国授权发明专利 27 项。国内外公开发表学术论文 177 篇，SCI 检索 48 篇，EI 检索 123 篇。出版有《沉淀法回收砷理论及工艺》(中南大学出版社)和诗歌散文《水乡秋色》(中国人口出版社)2 部著作。获得省部级科技进步奖 7 项，国家科技进步二等奖 1 项。

前言

我国已成为世界有色金属第一生产大国和消费大国，我国多种有色金属进出口量直接影响其国际价格，作为重要战略物资的有色金属，已成为我国参与新世纪国际竞争的支柱产业。铜作为重要的有色金属，被广泛应用于电气、轻工、机械制造、建筑、通讯、国防等领域。目前，我国铜冶炼规模达到1000万吨，阴极铜产量达到800万吨，冶炼的规模已位居世界第一，我国铜冶炼技术也处于世界一流。

我国铜精矿自给率不到15%，冶炼铜所需铜精矿主要依靠进口。由于进口的铜精矿成分复杂以及成分不一，导致我国火法冶炼生产的铜阳极板成分复杂，出现高砷高锑铋、低砷高铋、高锑高铋、高氧高铅等阳极板。这些阳极板电解精炼生产阴极铜时，将会出现各种问题，如阴极铜质量降低、阳极钝化、残阳极率高，以及导致生产工艺的紊乱，如电解精炼时降低电流密度、不时改变电解添加剂、电解液净化量增加等。为此，在作者长期研究的基础上提出了价态调控铜电解理论与技术。

价态调控铜电解是通过采用一定手段调整铜电解液中As（Ⅴ）和As（Ⅲ）物质的量比，使阳极铜均匀溶解，并诱导电解液中Bi、Sb与As（Ⅴ）和As（Ⅲ）相互作用产生沉淀，从而杜绝成分复杂的阳极板在电解精炼时出现的各种问题。同时，在电解液净化中，采用价态调控，通过蒸发结晶促使Bi、Sb与As（Ⅴ）和As（Ⅲ）相互沉淀达到净化目的，消除诱导法产生的黑铜板并显著降低电解液净化的能耗。本著作研究了砷锑铋沉淀规律、价态调控铜电解方法以及价态调控电化学，在此基础上提出价态调控铜电解理论和技术。通过价态调控铜电解工业应用说明了其可行性以及其经济价值和环境价值。

致谢弟子们在导师指导下进行了大量的科学研究以及现场工业实验，尤为感谢曹攀博士和徐蕾硕士，他们为本著作的图表编制与编排付出了辛勤劳动。特别感谢我院张传福教授对该工作的长期关注和推介。借此机会特别致谢和我一起现场工作的工程技术人员。同时感谢王云燕教授对本著作价态调控电化学部分进行了认真仔细地校对。

目录 / Contents

第 1 章 概 论

　　铜是一种重要的有色金属，它是最早被人类提炼和利用的金属之一。我国是最早应用铜的国家，也是最早冶炼铜的国家，我国湖北大冶铜绿山矿冶遗址有大群炼铜竖炉，距今 2500—2700 年，处于春秋时期。明朝时期，中国铜冶炼逐渐衰弱，1949 年前仅有奉天金制炼所为近代技术的铜冶炼厂。

　　铜的使用标志着人类发展史的一个重要时期，按照材料发展史，人类大体经历的几个阶段有石器时代、青铜器时代、铁器时代、高分子材料时代。公元前 8000 年左右青铜器发明后，立刻盛行起来，从此人类历史也就进入了新的阶段——青铜器时代，常见的青铜器有鼎（16.6% Sn，83.3% Cu）和刀斧（40% Sn，60% Cu）。

　　据考证，伊朗西部的艾利库什和泰佩锡亚勒克发现的小铜针、铜锥距今已有 9000 年以上历史。在夏代，我国就进入了青铜器时代，商、周是青铜器文化的鼎盛时期。1965 年在湖北省江陵县望山 1 号墓出土一把越王勾践剑，这把宝剑穿越了两千多年的历史长河，剑身不见丝毫锈斑，依旧寒光闪闪、锋利无比，被誉为"天下第一剑"。2015 年 3 月 28 日，河南省周口市发现一处战国至东汉时期的墓葬群，发掘出土一批精美随葬品，其中的一把青铜剑，保存完好，世所罕见。在甘肃马家窑文化遗址发现的青铜刀距今已有 5000 年历史[1-3]。

　　在人类文明进程中，从青铜器时代开始，到几千年后的电气化时代，直至当今的信息社会，铜一直是应用最广泛的金属材料之一[4-6]。

1.1　铜的性质与用途

　　铜在自然界中的分布十分广泛。构成地壳的全部元素中铜的蕴藏量居第 22 位。其丰度虽不能与氧、硅和铁等元素相比，但仍不失为一个丰富元素。铜存在于许多矿物中，到目前为止已经发现 200 多种铜矿石。海水与不少河水中都含有铜元素。光谱分析也说明铜是太阳和其他星球气体层的组成元素之一。

1.1.1 铜的性质

组织致密的金属铜磨光时呈红色，有金属光泽，液态铜表面呈油绿色。铜是一种比较柔软的金属，其可锻性非常好，强度和塑性的比值范围大。铜的纯度愈高强度值愈低。当温度升高时，铜的强度大为降低，塑性却普遍增加。良好的导电性是铜最有价值的特性，铜的导电性在所有金属中仅次于银。铜的电阻随温度的升高而增加，少量杂质元素或少量合金化元素进入铜中，也会降低其电导率。铜的传热性能也很好，仅次于金和银。在固溶体中含有少量其他元素后，铜热传导率会有较大降低[1]。铜的主要物理性质见表1-1。

表 1-1 铜的物理性质

原子量		63.54
熔点 $t/℃$		1083.6
熔化热 $Q/(kJ \cdot mol^{-1})$		13.0
沸点 $t/℃$		2567
铜液的蒸汽压 /Pa	1141~1142℃	$13×10^{-1}$
	1272~1273℃	13.0
	2207℃	$1.3×10^4$
汽化热 $Q/(kJ \cdot mol^{-1})$		306.7
比热容 $/(J \cdot g^{-1} \cdot ℃)$		$C_p = 0.3895 + 9100×10^5 T (T=100~600℃)$
密度 $/(g \cdot cm^{-3})$		8.96
铜液密度 $/(g \cdot cm^{-3})$		$9.351 - 0.996×10^{-3} T (T=1250~1650℃)$
线膨胀系数 α_t/K^{-1}		$16.5×10^{-6} T$
电阻率 $\mu/(\Omega \cdot m)$		$1.673×10^{-3} T$
热导率 $\lambda/(W \cdot m^{-1} \cdot K^{-1})$		401(300 K)
莫氏硬度 $/(kg \cdot mm^{-2})$		42~50

在周期表中铜是第 29 号元素，元素符号 Cu，位于周期表中第 IB 族，原子量为 63.54，价电子层结构为 $3d^{10}4s^1$，主要化合价为 0、+1、+2，这三种化合价态的相对稳定性受介质的影响很大[1]。铜有十一种同位素，其中 ^{63}Cu 和 ^{65}Cu 无放射性，天然丰度分别为 69.09% 和 30.91%。放射性同位素是在加速器或原子反应堆中用高能粒子进行轰击产生的。Cu(I) 具有 d^{10} 结构，所以它具有相对的稳定

性。在干燥状态下，Cu（Ⅰ）化合物是比较稳定的，但在晶体与溶液中，铜离子与介质的相互作用主要是静电作用，Cu（Ⅱ）离子之间的相互作用能常常大于两个Cu（Ⅰ）离子之间的作用能，以至其稳定性与在气相时相反。

由于铜的电势比氢的电势正，若无氧化剂或适宜配位剂存在，铜不溶于非氧化性酸，如盐酸、稀硫酸等。但铜可溶于硝酸、热浓硫酸、氰化物溶液、氯化铜（Ⅱ）溶液以及高铁离子的氯化物和硫酸盐溶液中。铜在空气中加热至185℃以上便开始氧化，表面生成一层暗红色的铜氧化物，但温度高于350℃时，铜表面的颜色逐渐变为黄铜色，最后变为黑色氧化铜外层，中间层为氧化亚铜。铜与硫蒸气反应，能生成硫化铜 CuS、硫化亚铜 Cu_2S 或非化学计量的硫化铜。铜在常温下与卤素有反应；与氮气即使在高温下也不反应；在加热情况下与二氧化二氮、氧化氮作用形成 Cu_2O；与二氧化氮作用形成 CuO。

在动植物的生命过程中，铜起着重要的作用。痕量铜是许多动植物正常生长必不可少的微量元素。硫化铜是植物生长过程中所需铜的主要来源之一。铜在生物固氮、光合作用以及叶绿素的制造过程中均起着重要作用。铜对人体的造血功能有密切有益作用，在人体中铁参与形成血红蛋白的过程中，由于二价铁转化为三价铁时，铜起着关键性作用。人体内缺铜，血浆的铜蓝蛋白氧化活性会降低，导致铁的价位转变发生困难。因此，人体中铜不足将出现贫血症。

铜具有许多可贵的物理化学特性，例如其热导率和电导率都很高，化学稳定性强，抗张强度大，易熔接，抗蚀性、可塑性、延展性能优异[7-9]。因此，铜被广泛应用于电气、轻工、机械制造、建筑工业、通讯工业、国防工业等领域，在我国有色金属材料的消费中仅次于铝[10-13]。

1.1.2 铜的用途

铜的导电性高，仅次于银，因此铜在电器、电子、电力等行业应用量最大。铜的导热性能好，常常也用于制造加热器、冷凝器与热交换器等。铜的延展性好，易于成型和加工，在飞机、船舶、汽车等制造业多用于生产各种零部件。铜的耐腐蚀性较强，不与盐酸和稀硫酸反应，在化学、制糖、酿酒以及自来水等行业中多被用来制造真空蒸发器、蒸馏器、阀门及管道。

铜能与锌、锡、铝、镍和铍等形成多种重要的合金。铜锌的合金黄铜和铜锡的合金青铜用于制造轴承、活塞、开关、油管、换热器等。铝铜的合金铝青铜抗震性能好，用于制作需要强度和韧性高的铸件。铍铜合金青铍铜性能超过高级钢，广泛用于制造各种机械零部件、工具、无线电设备，不仅如此，青铍铜还具有优异的防腐性能。铜镍合金一般称为蒙乃尔合金，多用于制造阀门、泵、高压蒸汽设备。铜还是制备铜化合物的重要原料，广泛应用于电镀、原电池、颜料、农药、触媒等。

由于铜用途极其广泛，特别是随着我国现代化建设以及我国电气电子行业的高速发展，目前，我国铜冶炼规模年产量达到 1000 万吨，阴极铜年产量达到 800 万吨，其冶炼的规模已位居世界第一，我国铜冶炼技术也处于世界一流。根据国家统计局数据，中国人口到 2025 年预计将达到 14.5 亿，按照发达国家人均铜消耗量 10 kg 估算，2025 年中国铜年消费量将达到 1450 万吨左右，中国铜冶炼仍会处于发展状态。

1.2 铜的冶炼及其元素分配

1.2.1 铜的冶炼

铜矿石有自然铜矿、硫化铜矿和氧化铜矿等三大类，世界上 90% 的铜来自硫化铜矿[14]。低品位铜矿石(低至 0.4%~0.5%)，经过选矿富集，得到铜品位为 10%~30% 的铜精矿。世界铜矿资源十分丰富，美国地质调查局估计 2008 年世界陆地铜资源量达 30 亿吨。与国外铜资源相比，我国铜资源储量少，大型铜矿少，中小型铜矿多，露天矿少，品位不高，大部分铜矿已被开发利用[15]。近年来，世界铜冶炼工业企业规模逐步扩大。随着世界铜冶炼规模不断扩大，易开采的铜矿资源逐渐枯竭，全球整体的铜矿开采品位长期趋势向下，大型矿山产出集中度不断下降。随着铜矿资源的减少，因废杂铜具有很好的再生利用特性，废杂铜正逐步成为铜冶炼原料的重要补充[16]。近 10 年来，世界再生铜产量已占原生铜产量的 40%~55%，其中美国约占 60%，日本约占 45%，德国约占 80%[17]。从 2003 年到 2011 年，中国再生铜年产量从 28.8 万吨快速增长至 181 万吨，而再生精炼铜占整个精炼铜产量的比重也从 16.3% 扩大到 35%。目前在建和拟建的再生铜产能有 60~80 万吨/年，这些产能如建成并投产，中国再生铜的产能将超过 300 万吨/年。随着各领域用铜量的不断增加，再生铜产业的比重将会逐步上升[16]。

铜精矿中除含铜以外，一般还有 Fe、S、Si、Pb、Zn、As、Sb、Bi 等多种元素，炼铜技术实质上是铜与杂质分离而提纯的技术。从铜的冶炼工艺看，可以分为火法炼铜和湿法炼铜两种。火法炼铜的历史比较悠久，工艺也非常成熟。无论是湿法还是火法炼铜，其最终产品——阴极铜都是通过电积或电解来获得的。

1.2.1.1 火法炼铜

火法炼铜是先将铜精矿造锍熔炼得到铜锍(也称为冰铜，铜、铁、硫为主的熔体)，然后将铜锍送入吹炼炉吹炼成为粗铜，或将铜精矿经过死焙烧后还原熔炼成粗铜。然后，粗铜经火法精炼(氧化、还原精炼)得到精炼铜，再铸造成阳极板,阳极板经过电解精炼得到电解铜[14, 18, 19]。火法工艺主要用于处理硫化铜矿和废杂铜,世界上广泛采用造锍熔炼-铜锍吹炼的工艺来处理铜精矿。

火法炼铜流程为:①铜精矿的造锍熔炼;②铜锍吹炼成粗铜;③粗铜火法精炼得到阳极板;④阳极铜电解精炼[20]。目前,世界先进的火法炼铜工艺主要分为闪速熔炼和熔池熔炼,国内外几个大厂的技术改造将熔炼系统的技术改造方案作为重点,选择适合自身特点的先进熔炼技术和设备。

目前,闪速熔炼是世界铜熔炼的主流工艺技术,技术日臻成熟。闪速熔炼法有奥托昆普闪速熔炼,因科氧气闪速熔炼和旋涡顶吹熔炼等。闪速熔炼以其技术成熟可靠、热强度高、单炉处理量大、炉子寿命长、环保效果好的特点受到国内外大、中型铜冶炼厂普遍重视。熔池熔炼法根据送风方式可分为侧吹、底吹和顶吹。侧吹有诺兰达法、特尼恩特法、瓦约可夫法、白银法;底吹有水口山法;顶吹有三菱法、艾萨法、澳斯麦特法、TBRC 法[21]。

造锍过程完成了铜与大部分或绝大部分铁的分离,最后要除去铜锍中的铁和硫以及其他杂质,从而获得粗铜,下一步还需要将粗铜进行吹炼。在吹炼过程中,金、银及铂族元素等贵金属几乎全部富集于粗铜中,为后续方便、有效地回收提取这些金属创造了良好的条件。目前,铜锍的吹炼过程绝大多数是在卧式侧吹(PS)转炉内进行的。吹炼过程是间歇式的周期性作业,整个过程分为两个阶段(或两个周期)。在吹炼的第一阶段(周期),铜锍中的 FeS 与鼓入空气中的氧发生强烈的氧化反应,生成 FeO 和 SO_2 气体。在吹炼的第二阶段(周期),鼓入空气中的氧与 Cu_2S(白锍)发生强烈的氧化反应,生成 Cu_2O 和 SO_2。Cu_2O 又与未氧化的 Cu_2S 反应生成金属 Cu 和 SO_2,直到生成的粗铜含 Cu 98.5% 以上时吹炼的第二阶段结束[22]。

火法精炼采用反射式、底吹式、回转卧式、倾动式精炼炉等炉型,回转卧式和底吹式精炼炉成为主流设备,特点是低空烟气泄露性可控,可在线与浇铸设备同步操作,可控性好;缺点就是容量有限、散热量大、间断性作业。

火法精炼得到的阳极铜,其化学成分如表 1-2 所示[23]。

表 1-2 阳极铜化学成分(质量分数) 单位:%

Cu	As	Sb	Bi	Ni	O	Pb
≥99.0	<0.2	<0.03	<0.03	≤0.2	≤0.2	≤0.2

火法炼铜的原则流程图如图 1-1 所示。

第一步铜熔炼是铜冶炼过程中的重要环节,但也最容易造成环境污染。

火法冶炼产出的高温含尘烟气,一般经喷雾冷却器冷却后,送板式烟气冷却

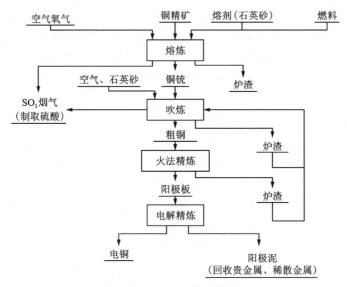

图 1-1　火法炼铜原则流程图

器冷却再次降温，再通过布袋收尘器净化，最后由排风机送脱硫系统。烟气一般含 8%~16% SO_2、60%~70% N_2、1%~10% O_2、10%~20% H_2O、1%~5% CO_2、9~10 g/m³ SeO_2、1~2 g/m³ PbO，烟气经过净化后用于制备硫酸。

　　烟尘一般含硒、铅、碲、砷、锑、铜、铋、镍、金、银等，它们主要以氧化物形态存在，少量以氯化物形态存在，捕集的烟尘用烟尘箱或灰袋接收后送烟尘综合回收车间，典型的烟尘成分如表 1-3 所示。

表 1-3　火法冶炼烟尘成分(质量分数)　　　　　单位：%

成分	Zn	S	Cu	As	Pb	Bi	Au	Ag
质量分数	13.90	5.88	7.94	5.61	16.47	1.19	1 g/t	100 g/t

　　因为铜的特性与其本身的纯度有极大关系，微量杂质的存在对铜的性能起很大的影响。铝、铁、镍、锡、锌、银、镉、磷等这些杂质元素含量在一定范围时对铜塑性及热加工性能无太大影响，还能稍微提高铜的硬度，但却降低了铜的导热性或导电性，还有可能影响铜的冷加工性能。铅、铋、锑、碲和硒等与铜形成的低熔点共晶或脆性化合物分布于晶界，降低铜的导电性与塑性，造成热加工时产生严重破裂。而氧、硫、氢等非金属元素，与铜易形成高熔点脆性化合物，显著降低铜的塑性，危害巨大。铜的火法冶炼达不到电子电器铜材的使用要求，通常

需要采用电解精炼。

铜电解精炼是将火法精炼的铜浇铸成阳极板，用纯铜薄片或不锈钢作为阴极片，相间地装入电解槽中，硫酸铜和硫酸的水溶液作电解液，在直流电的作用下，阳极上铜和电势较负的贱金属溶解进入溶液，贵金属和某些金属（如硒、碲）不溶，成为阳极泥沉于电解槽底。溶液中的铜在阴极上优先析出，而其他电势较负的贱金属不能在阴极上析出，留于电解液中，待电解液定期净化时除去。这样，阴极上析出的金属铜纯度很高，称为阴极铜或电解铜，简称电铜，其化学成分如表1-4所示。

表1-4 阴极铜化学成分（质量分数） 单位：%

元素组	元素	Cu-CATH-1（GB/T 467—2010） <	Cu-CATH-2（GB/T 467—2010） <
1	Se	0.00020	—
	Te	0.00020	—
	Bi	0.00020	0.0006
2	Cr	—	—
	Mn	—	—
	Sb	0.0004	0.0015
	Cd	—	—
	As	0.0005	0.0015
	P	—	0.001
3	Pb	0.0005	0.002
4	S	0.0015	0.0025
5	Sn	—	0.001
	Ni	—	0.002
	Fe	0.0010	0.0025
	Si	—	—
	Zn	—	0.002
	Co	—	—
6	Ag	0.0025	不小于99.95
7	Cu	不小于99.99	—
8	杂质总和	0.0065	

续表1-4

元素组	元素	Cu-CATH-1(GB/T 467—2010)	Cu-CATH-2(GB/T 467—2010)
		<	<
Se+Te		0.00030	—
一组元素总量		0.0003	—
二组元素总量		0.0015	—
五组元素总量		0.0020	—

1.2.1.2 湿法炼铜

湿法炼铜是在常温、常压或高压下用溶剂从矿石或焙烧矿中浸出铜,经过溶液中铜与杂质的分离,然后采用置换或电积等方法,将铜从溶液中提取出来。对氧化矿或自然铜矿,大多数工厂采用溶剂直接浸出;对硫化铜矿,一般经焙烧再浸出焙烧矿[14]。湿法炼铜可以处理传统火法无法处理的低品位复杂、氧化铜矿以及含铜废矿石等,适用大规模的堆浸、槽浸和就地浸出。当前世界上铜产量约有20%由该法制得。湿法炼铜的优点是在常温下进行,不需要更多的燃料,不造渣,产品输送方便,劳动条件较好,无烟害。湿法炼铜的出现大大增加了铜资源的利用范围,而且相比火法炼铜具有成本优势,在传统铜产地如美国、智利、秘鲁和赞比亚等得到良好的推广和应用[24]。从今后铜资源的变化情况看,铜矿日益贫化,将会遇到更多的低品位难选复合矿问题,这将促使湿法冶金的发展。

氧化铜矿、低品位铜矿石和硫化矿废矿主要采取湿法,焙烧硫化矿的焙砂也主要采取湿法浸铜。湿法冶金工艺主要技术步骤为浸出、溶剂萃取、电积,湿法炼铜原则流程如图1-2所示。

浸出可分为槽浸、搅拌浸出、加压浸出和氯化物浸出。槽浸就是在质量浓度为50~100 g/L的硫酸溶液中浸出1%~2%的氧化矿。这是早期运用比较多的一种方法。搅拌浸出就是在有搅拌浸出装置的浸出槽中用50~100 g/L的硫酸浸出细沙、氧化矿或硫化矿焙砂。这种方法集合了空气搅拌和机械搅拌两种方法的优点。加压浸出就是从含有铜的镍、钴硫化矿和镍冰铜中提取有价金属的湿法冶金技术。氯化物浸出就是在95℃高温下,在$FeCl_3$溶液中浸出硫化铜精矿[25]。

对于不同的矿物,浸出方法的选择也有所不同。例如对常见的氧化铜矿物如孔雀石、硅孔雀石、赤铜矿和自然铜,浸出液的化学成分为H_2SO_4和$Fe_2(SO_4)_3$。而对于硫化铜矿石而言,生物氧化浸铜是目前开发最多发展最快的技术之一。

溶剂萃取需要萃取剂、稀释剂以及萃取设备。萃取剂包括两种,一种是酮肟类,另一种是醛肟类。稀释剂用于降低有机相的黏度,溶解萃取剂和改质剂,有

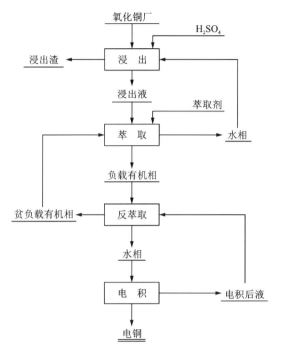

图 1-2 湿法炼铜原则流程图[15]

效改善有机相的分散和聚结。除此之外，还影响着萃取剂的最大负荷能力、操作容量、动力学和选择性。

用溶剂萃取法处理铜浸出液的过程由两个步骤组成[22]：

（1）萃取。将铜浸出液-水相与不相溶的萃取剂-有机相搅拌混合，水相中的铜离子转移到或被萃取到有机相中，两相澄清分离后，留下荷载有机相，水相即成为萃余液返回浸出矿石。

（2）反萃。以适量的废电解液与荷载有机相进行搅拌混合，荷载有机相中的铜离子转入硫酸（废电解）溶液中，即成为富铜电解液。反萃后的卸载有机相（再生有机相）返回萃取。富铜液送往电解沉积。

最后，电解富铜液得到电铜，电解后液返回用作反萃剂。

然而，湿法炼铜发展至今，尚有其不足之处，诸如适用范围还不如火法广，一般硫化矿用廉价溶剂浸出还有困难，溶剂对设备有腐蚀，固液分离困难等，还需研究解决。尽管湿法炼铜近年来使用比例有所提高，火法炼铜仍然是主要的炼铜方法，目前世界上 80% 以上的铜由火法炼得。

1.2.1.3 再生铜冶炼

利用矿产资源如硫化铜矿和氧化铜矿生产的铜,一般称为矿铜,而利用废弃的铜的二次资源生产的铜,一般称为再生铜。矿产资源是可穷尽的资源,随着不断地采掘、开发与利用,矿产资源越来越枯竭。因此,金属的再次利用越来越重要,特别是价值较高的有色金属循环利用越来越重要。

对于铜,由于其价值、化学的相对稳定性以及材料使用的纯度,更有利于二次利用,再生铜所占比重也相对较高,以2004年为例,世界各国再生铜占精炼铜比重如表1-5所示。

表1-5 世界再生铜的产量

国家	2004年再生铜产量/万 t	占本国精炼铜产量的比例/%	占本国铜消费量的比例/%
日本	127.7	92.53	99.87
美国	115.0	87.79	47.52
德国	60.4	91.52	54.53
意大利	51.6	>100.00	71.83
中国	42.6	20.93	13.31
俄罗斯	15.0	16.95	26.91
比利时	14.0	34.79	55.98
英国	12.0	—	49.30
奥地利	9.4	>100.00	>100.00
巴西	6.6	31.73	19.40
世界总计	547.1	34.74	33.45

据统计,2019年我国再生铜产量330万吨,精炼铜产量978.4万吨,再生铜占我国精炼铜产量的33.72%。与2004年比较,我国再生铜占精炼铜产量的比例提高了12.79%,2019年我国铜的二次资源利用水平才基本达到2004年世界的平均水平。

由于再生铜原料来源不同,又分为一次废铜、新废铜和旧废铜。一次废铜主要是对产品生产商产生的不合格产品,如阳极废品、阴极废品以及坯料等。这些不合格品,生产商直接返回熔炼、电解或者重铸。新废铜是在工厂加工过程中产生的边角料,或者加工过程中产生的废品,它与第一次废铜的主要区别是铜在加工中掺杂,如合金化,或者加覆盖物,一般采用重新加工回收。所谓的旧废铜是使用过后的含铜或铜产品,如电线电缆、电器和机械设备、汽车零件、轮船、轨道车、建筑物以及电子废品等。旧废铜是再生铜的主要来源,首先它们的处理要采用物理方法分离与富集,如撤卸、切短、粉碎、重力分离、磁分离、涡流分离等,物理方法处理后经过湿法和火法处理。

随着世界电子信息技术的迅速发展,我国已经成为电气和电子设备生产和消费大国,电子设备已经成为人们生活必需品。随着科技高度发展,人民消费观念的改变,电子产品更新换代速度的加快,由此产生大量电子废物。2013 年我国电子废弃物总量为 5.5 Mt,2014 年超过 6 Mt,2020 年我国的电子废物高达 10 Mt,占全球总量的一半[26]。据欧盟统计,电子废弃物的增长率是其他城市固体废弃物的 3 到 5 倍[27]。在我国以手机为例,工信部的数据显示,截至 2014 年 2 月,我国手机用户约为 12.4 亿户,其中高达 49.6% 的人们更换手机的频率是一到两年更新一次,目前已经使用过 10 部以上手机的用户达到 21.9%[28]。一般,1 t 普通的电子废弃物含有 207 kg 塑料,181 kg 玻璃纤维,490 kg 金属,4 kg 电线。废弃的电子器件中,最有利用价值的是印刷线路板,废旧印刷线路板中的铜含量平均达 20%。因此,电子废物是一项价值极高的二次资源,是目前重要的铜的二次资源。

再生铜冶炼的传统的湿法有酸浸和碱浸。酸浸工艺以硝酸、硫酸、盐酸等无机酸作为浸提剂,回收铜的过程中通常需要加入一定的氧化剂。其反应原理是首先将铜氧化成对应的氧化物,氧化物被酸溶解后以 Cu^{2+} 进入浸出液中,然后电积得到电解铜。反应原理为:

$$Cu + H_2SO_4 + H_2O_2 \Longrightarrow Cu^{2+} + SO_4^{2-} + 2H_2O \tag{1-1}$$

$$Cu + 4HNO_3 \Longrightarrow Cu^{2+} + 2NO_3 + 2H_2O + 2NO_2 \tag{1-2}$$

$$Cu^{2+} + 2e^- \Longrightarrow Cu \tag{1-3}$$

盐酸、硫酸、硝酸是湿法工业上广泛应用的三种无机酸,无机酸湿法浸取具有金属回收率高、成本低等优点,但在浸取过程中会有有害气体释放,浸提后残留的浸提液量大,不易处理等特点。

氨浸工艺,氨浸法主要原理是金属与氨反应生成相应稳定的氨配合物进入浸出液中,从而使不易与氨发生反应的金属分离出来。反应原理为:

$$2Cu + 4NH_4Cl + 4NH_3 \cdot H_2O + O_2 \Longrightarrow 2Cu(NH_3)_4Cl_2 + 6H_2O \tag{1-4}$$

$$Cu(NH_3)_4Cl_2 + 2NaOH \Longrightarrow 2NaCl + 4NH_3 + Cu(OH)_2 \tag{1-5}$$

碱性浸出工艺能耗低,但是,铝、镁的金属也会形成配合物进入浸出液中,另外氨易挥发,造成环境污染。

火法处理是现在处理废旧铜的主体工艺,主要有一段法、二段法和三段法,根据二次铜资源选择不同的火法处理工艺。

一段法是将残阳极,或者经过分选的黄杂铜,或者紫杂铜直接加入反射炉精炼成阳极铜。一段法加工工艺简单,处理的原料单一,只适应纯度较高成分不复杂的杂铜。

二段法是将杂铜经过鼓风炉还原熔炼得到金属铜,然后将还原熔炼产物加入反射炉精炼成阳极铜。因为经过鼓风炉还原熔炼即粗炼和反射炉精炼两个阶段,所以称为二段法。二段法适应的原料范围比一段法要广,主要有含铜的切头、切屑、板头、铜线、铜合金、铜合金废品、铜渣、含铜的电子废料等。

三段法是将杂铜经过鼓风炉还原熔炼得到黑铜,然后将黑铜在转炉中吹炼得到次粗铜,次粗铜再在反射炉中精炼制备得到阳极铜。实际上三段法就是杂铜经过还原熔炼、吹炼和精炼三个阶段,因此称之为三段法。三段法所使用的原料难以分类,或者是紫杂铜、黑铜、次粗铜冶炼渣、高铅高锡杂铜转炉吹炼渣等二次铜原料。

再生铜冶炼相对矿铜冶炼,设备相对投资少,环境相对好。由于再生铜原料来源分散与复杂,原料的收集和前处理相对重要。

1.2.2 铜冶炼中元素的走向

一般铜精矿经过造锍熔炼吹炼成粗铜,粗铜火法精炼得到阳极板,阳极铜电解精炼得到满足电器使用性能的高纯阴极铜[20]。

1.2.2.1 火法炼铜中元素走向

在火法冶炼过程中,能够经济和有效地将杂质脱除得越多越好,同时回收硫化铜矿中其他元素,由于我国是一个铜资源严重缺乏的国家,铜冶炼中铜矿原料各元素的综合回收成了我国铜冶炼企业利润的突破点,铜矿中各杂质在熔炼、吹炼、精炼过程中的行为不仅影响到铜冶炼的综合回收,而且严重影响到铜电解精炼。

炼铜原料中除含铜、铁和硫外,还含有砷、锑、铅、锌、镍、钴、金、银、硒、碲和铂族金属等。将硫化铜精矿和造渣剂放入熔炼炉内,在 $1150 \sim 1250℃$ 熔化,铜、硫与铁形成铜锍,炉料中的 SiO_2、Al_2O_3、CaO 等成分与物料氧化后产生的 FeO 等反应,一起形成复杂的液态铁硅酸盐炉渣[29],该过程称之为造锍熔炼。铜锍是以 $FeS-Cu_2S$ 为主,并溶有 Au、Ag 等贵金属、铂族金属及少量其他金属硫化物的多元系混合物。造锍熔炼中主元素有铜、铁、硫三种元素,铜 98% 以上进入铜锍中,铁主要进入炉渣,硫以 SO_2 形式进入烟气并转化为硫酸得到回收。Au、Ag 及铂族元素几乎全部进入锍相,部分 Se、Te 以 Cu_2Se、Cu_2Te、Ag_2Se、Ag_2Te 形态也进入锍相,从铜阳极泥中加以回收,Ni、Pb 和 Co 大部分以硫化物形态进入锍相,少量的 As 和大部分的 Sb、Bi 进入锍相。As 大部分进入气相中,从烟尘中回收。另外,Ni、Pb、Co、Bi、As、Sb、Zn、Sn 等也会有一部分以氧化物形态进入渣相[30]。

铜锍中铜的品位通常在20%～70%，铜、铁、硫总量常占85%～95%，铜锍经吹炼获得含铜98.5%～99.5%的粗铜[31]。吹炼结束时，铜锍中的硫化亚铜全部被氧化生成金属铜，粗铜含硫可降至0.003%。吹炼过程中，铜锍中的Ni_3S_2氧化成NiO入渣，粗铜残镍为0.5%～0.7%。CoS氧化成CoO，CoO与SiO_2结合成硅酸盐进入转炉渣中，转炉渣中含钴达0.4%～0.5%。ZnS被O_2或被FeO氧化成ZnO，并以硅酸盐或含锌铁橄榄石形态进入转炉渣中，这一部分的锌占铜锍锌总量的70%～80%，20%～30%的锌以ZnS或金属Zn形态进入烟尘。铜锍中大约一半的PbS氧化为PbO与SiO_2造渣，其余的铅进入炉气，溶入粗铜的铅极少。Bi_2S_3大部分被氧化为Bi_2O_3，Bi_2O_3与Bi_2S_3反应生成金属铋，95%的铋进入烟尘，极少量残留于粗铜中。砷和锑的硫化物大部分被氧化成As_2O_3和Sb_2O_3挥发至烟尘中，少量被氧化成As_2O_5和Sb_2O_5进入炉渣，还有少量砷和锑以铜的固溶体形式存在于粗铜中。由于金、银及铂族元素等贵金属易溶于铜液中，几乎全部以金属态存在粗铜中。硒和碲则部分挥发，部分留在粗铜内[1]。

从转炉吹炼出来的粗铜含有大量杂质，需经火法精炼除去杂质得到符合电解精炼要求的阳极铜[32]。火法精炼过程控制温度为1100～1200℃，其基本过程分加料熔化期、氧化期、还原期和出铜浇铸期等四个阶段[32]，其中氧化和还原工段是最关键工段。粗铜氧化精炼原理是：粗铜中铁、铅、锌、铋、镍、砷、锑、硫等杂质比铜易形成氧化物，大多数杂质的氧化物在铜水中的溶解度小，密度小，与加入的熔剂结合成为稳定的炉渣，或以活度很小的游离状态进入炉渣，或者杂质形成的氧化物呈气态挥发除去[32]。粗铜经氧化除杂质后，残存Cu_2O，含氧0.5%～1.0%，需要使用还原剂将Cu_2O还原为Cu[32]，常用的还原剂有重油、天然气、液化石油气等。金银等贵金属在氧化精炼时不会被氧化，只有极少部分被挥发性化合物带入烟尘，硒、碲除少量被氧化成SeO_2和TeO_2随炉气一起带走外，大部分仍留在铜中，铋在氧化精炼时也极少被去除，因铋对氧的亲和力与铜相差不大[14, 32]。杂质除与铜形成固溶体、化合物外，还存在机械夹杂，在冷凝过程中铅、铋等在晶粒边界析出[32]。

1.2.2.2 铜电解精炼中元素走向

电解精炼是在硫酸和硫酸铜组成的电解液中，铜始极片或不锈钢作阴极，火法精炼铜作为阳极，通入直流电，阳极溶解生成Cu^{2+}，Cu^{2+}在阴极析出得到纯度达99.95%的阴极铜[1, 23]。目前，国内外铜冶炼厂大多采用大极板不锈钢阴极电解工艺。

在阳极上主要进行氧化反应[33]：

$$Cu - 2e^- \Longrightarrow Cu^{2+} \qquad \varphi^{\ominus}(Cu^{2+}/Cu) = 0.34 \text{ V} \qquad (1-6)$$

在阴极上主要发生还原反应[33]：

$$Cu^{2+} + 2e^- == Cu \qquad \varphi^\ominus(Cu^{2+}/Cu) = 0.34 \text{ V} \qquad (1-7)$$

通常根据元素的电极电势将阳极铜中的杂质分成四类[1]，铜阳极各元素电极电势如表1-6所示。

表1-6　铜阳极各元素电极电势

序号	电极反应	标准电势/V
(1)	$Au^+ + e^- == Au$	1.692
(2)	$Pt^{2+} + 2e^- == Pt$	1.188
(3)	$Pd^{2+} + 2e^- == Pd$	0.83
(4)	$Ag^+ + e^- == Ag$	0.800
(5)	$BiO^+ + 2H^+ + 3e^- == Bi + H_2O$	0.320
(6)	$AsO^+ + 2H^+ + 3e^- == As + H_2O$	0.254
(7)	$SbO^+ + 2H^+ + 3e^- == Sb + H_2O$	0.212
(8)	$SnO_2 + 4H^+ + 4e^- == Sn + 2H_2O$	-0.106
(9)	$Ni^{2+} + 2e^- == Ni$	-0.23
(10)	$PbSO_4 + 2e^- == Pb + SO_4^{2-}$	-0.3588
(11)	$Fe^{2+} + 2e^- == Fe$	-0.409
(12)	$Zn^{2+} + 2e^- == Zn$	-0.7618

(1)比铜电势正的元素，如银、金、铂族元素。这些元素通常只以很小的浓度与铜形成固溶体，若浓度较高，则形成过饱和固溶体。在电解精炼中，银、金、铂、钯几乎完全进入阳极泥，由于机械夹杂的原因，电铜中有微量银、金、铂、钯存在[23]。

(2)电负性比铜显著负的元素，阳极溶解时，以金属形态存在的锌、铁、锡、铅、镍均以二价离子形态进入电解液，铅形成硫酸铅，锡因生成难溶氧化物，而沉淀进入阳极泥，锌、铁、镍则在电解液中不断积累[23]，铁会降低电流效率。一些不溶性化合物，如氧化亚镍、$PbSO_4$、PbO、PbO_2、镍云母会在阳极表面形成不溶薄膜，引起阳极钝化，使电阻增加，槽电压升高，影响正常生产。

(3)电势接近铜，但较铜负电性的元素，如VA族元素砷、锑、铋。砷、锑、铋对电铜的危害程度要远大于其他杂质。由于砷、锑、铋含量很低，在正常的电解条件下，很难在阴极析出[34]。As 在电解液中的质量浓度即使高达 48 g/L，只要条件控制适当，也可生产出合格的阴极铜，只有当 Cu^{2+} 浓度降低、电流密度大于 300 A/m^2、电解液循环不正常时，As 才有可能在阴极析出[35]。砷、锑、铋主要是因为生成的漂浮阳极泥机械夹杂在阴极铜上沉积而影响阴极铜质量。

在阳极板中砷、锑、铋主要以 α 固溶体(砷、锑)、游离共熔(铋)以及氧化物(砷、锑、铋)的形式存在于 Cu 基体中。砷、锑、铋因其在阳极板中存在的形态不同，其进入电解液的途径也不一样[36, 37]。

阳极溶解时，以 α 固溶体和游离共熔状态存在的砷、锑、铋均以三价离子形式进入溶液：

$$As^{3+} + 2H_2O \Longrightarrow HAsO_2 + 3H^+ \tag{1-8}$$

$$As^{3+} + H_2O \Longrightarrow AsO^+ + 2H^+ \tag{1-9}$$

$$Sb^{3+} + 2H_2O \Longrightarrow HSbO_2 + 3H^+ \tag{1-10}$$

$$Sb^{3+} + H_2O \Longrightarrow SbO^+ + 2H^+ \tag{1-11}$$

$$Bi^{3+} + H_2O \Longrightarrow BiO^+ + 2H^+ \tag{1-12}$$

电解液中溶解的三价砷与 Cu^+ 反应生成 Cu_3As，沉淀进入电解槽底成为阳极泥。铋氧化物和铋盐的溶解度都很小，因此存在于阳极泥中。

由于砷、锑、铋三价氧化物的溶解度比较低，电解过程中阳极表面的酸度低，进入电解液的 As^{3+}、Sb^{3+}、Bi^{3+} 直接水解成三价氧化物沉淀进入阳极泥。

$$2As^{3+} + 3H_2O \Longrightarrow As_2O_3\downarrow + 6H^+ \tag{1-13}$$

$$2Sb^{3+} + 3H_2O \Longrightarrow Sb_2O_3\downarrow + 6H^+ \tag{1-14}$$

$$2Bi^{3+} + 3H_2O \Longrightarrow Bi_2O_3\downarrow + 6H^+ \tag{1-15}$$

以铅 - 砷 - 锑 - 铋氧化物的化合物形式存在的砷铅氧化物 $[(Pb \cdot Bi)_2(As \cdot Sb)_4 \cdot O_{12}]$，随着铜基体的不断溶解而逐渐暴露于阳极表面，其中铅生成 $Pb_5(AsO_4)_3(OH, Cl)$ 和 $PbSO_4$ 沉淀进入阳极泥[38]。阳极铜中难溶的化合物或经水解生成的氧化物易在阳极表面形成薄膜，阻碍阳极板的溶解，从而导致阳极板钝化，使槽电压升高，生产成本增加[39]。

电解液中 As(Ⅲ)、Sb(Ⅲ) 在溶解 O_2 的作用下，逐渐被氧化为 As(Ⅴ) 和 Sb(Ⅴ)，电解液中 As、Sb、Bi 分别以 $HAsO_2$、AsO^+、H_3AsO_4、$HSbO_2$、SbO^+、$HSb(OH)_6$、BiO^+ 和 Bi^{3+} 等形态存在。电解液中 As(Ⅲ) 的氧化速度明显高于 Sb(Ⅲ) 的氧化速度，只有当 As 大部分是 As(Ⅴ) 时，Sb(Ⅲ) 的氧化速度才迅速提高，所以电解液中 As(Ⅴ) 占 95% 以上，锑主要以 Sb(Ⅲ) 存在[35, 40]。当阳极界面上存在丰富的 Pb^{2+} 时，Sb(Ⅴ) 能生成 $PbSb_2O_6$ 进入阳极泥。不同价态的砷、锑、铋之间能形成溶度积很小的化合物，即五价砷和三价锑结合生成 $SbAsO_4$，三价砷和五价锑结合生成 $AsSbO_4$，三价铋和五价砷生成 $BiAsO_4$，它们颗粒很小，密度小，很难自然沉降，尤其是当电解液中 Sb 含量超过 0.6 g/L 后，极易形成漂浮阳极泥[41-43]。

（4）其他非金属元素，如氧、硫、硒、碲、硅等。它们以 Cu_2S、Cu_2O、Cu_2Te、Cu_2Se、Ag_2Se、Ag_2Te 等形式存在于阳极板内，这些化合物大部分沉淀进入阳极泥。阳极铜含氧量对槽电压影响很大，含氧量越高，槽电压越大，主要是产生阳极钝化所导致的，同时使阳极泥率增大、漂浮阳极泥增多。因此，在粗铜火法精炼时阳极铜含氧量一般控制在 0.2% 以内[23]。

电解精炼中，铜阳极各元素在电解液和阳极泥中所占比例以及电解精炼中铜电解液组成分别如表 1-7 和表 1-8 所示。

表 1-7　电解精炼中铜阳极各元素在电解液和阳极泥中所占比例[44]　单位：%

阳极中元素	阳极泥占比	电解液占比
Cu	<0.2	>99.8
Au	100	0
Ag	>99	<1
Se	98	2
Te	98	2
Pb	98	2
Bi	60①	40
Sb	60②	40
As	25③	75
S	1	99
Ni	1	99
Co	1	99
Fe	0	100
Zn	0	100

注：①阳极中 Pb 为 0.1%；②阳极中 As、Bi、Pb 总量为 0.1%；③阳极中 As 为 0.1%。

表 1-8　电解精炼中铜电解液组成[44]

成　分	质量浓度/(g·L^{-1})
Cu	35~60(一般在 45~50)
H_2SO_4	120~210(一般在 150~200)

续表1-8

成 分	质量浓度/$(g \cdot L^{-1})$
Cl	0.01~0.06
As	2~30
Bi	0.01~0.7
Fe	0.1~3
Ni	0.3~25
Sb	0.002~3
骨胶	35~350 阴极铜
硫脲	30~140 阴极铜
阿维通	0~60 阴极铜

1.3 铜电解液净化技术

在铜电解精炼过程中,由于阳极电流效率高于阴极电流效率,导致电解液中 Cu^{2+} 浓度逐渐升高,同时电解液中 As、Sb、Bi、Fe、Ni 等杂质不断积累,电解液中任何杂质含量的增加都会增大电解液的黏度和密度,降低电解液中硫酸铜的溶解度,增加溶液的电阻,降低电解液导电率[45-48]。为保证正常电解和阴极铜质量,根据电解液中铜离子浓度和杂质砷锑铋浓度从电解系统中抽出一部分电解液进行净化。

铜电解液净化技术的采用与许多因素有关,如阳极铜成分、所产副产品的销路、原料来源、经济效益、生产规模、环境保护要求等。目前每个工厂所采用的净化流程虽然不相同,但基本上可以归纳为下列三大工序:

(1)脱铜,通过加热蒸发浓缩,冷却结晶生产硫酸铜或电积脱除铜离子,生产阴极铜,从电解液回收部分铜。

(2)脱 As、Bi、Sb,采用电解沉积法将铜离子基本脱除,同时脱去溶液中大部分的砷、锑、铋,使它们电解沉积到不纯的阴极上。

(3)生产粗硫酸镍,采用蒸发浓缩和冷却结晶法,从脱铜电解后液中产出粗硫酸镍[1]。

所以在铜电解净化过程中主要是对铜、砷、锑、铋、镍进行处理,使其控制在正常浓度范围内,保证电解精炼的正常进行。

1.3.1 铜电解液中铜的脱除

铜电解液净化中脱铜是必需的工艺，因为电解时阳极溶解效率高出阴极效率 1%~2%。脱铜一般选择的方法有两种：一是浓缩结晶硫酸铜，产品是五水硫酸铜，二是电积脱铜，产品是标准阴极铜或者是高纯阴极铜。根据硫酸铜的市场需求以及经济效益情况决定是否采用生产硫酸铜工序。如果硫酸铜需求以及经济效益相对较差，则可以不生产硫酸铜，将抽出的电解液直接送往电积脱铜。

1.3.1.1 蒸发结晶脱铜生产硫酸铜

硫酸铜生产工艺主要由蒸发、中和、结晶、离心、压滤、重溶六大工序组成。具体又可分为加铜中和法、直接浓缩法、高酸结晶法等。

加铜中和法生产硫酸铜，硫酸铜纯度高，产量大，一次结晶母液酸度低，产出的产品可以满足硫酸铜国家标准中的一级品标准。

直接浓缩法生产的硫酸铜酸度过高，其他金属如镍、锌、铁等也有析出的可能，硫酸铜质量较差，一般需要经过重新溶解再结晶才能够满足质量要求。

高酸结晶法生产硫酸铜，硫酸铜纯度相对较低，母液含酸高，为保证硫酸铜产品质量，一般都在分离除去结晶母液后，用少量冷水进行洗涤，高酸结晶铜常需要重溶、重结晶后再进行干燥。

生产硫酸铜后一次结晶液体缩率81%，有利于后面工序的脱砷、锑、铋等杂质及硫酸镍的生产[49]。

1.3.1.2 电积脱铜生产阴极铜

电积脱铜采用铅基合金板为阳极，普通始极片为阴极，从铜电解生产系统中抽取部分电解液直接送入电积脱铜槽，在直流电的作用下生产出阴极铜，其阴阳极反应如下[50]：

阴极：
$$Cu^{2+} + 2e^- \longrightarrow Cu \tag{1-16}$$

阳极：
$$H_2O - 2e^- \longrightarrow \frac{1}{2}O_2 + 2H^+ \tag{1-17}$$

总反应：
$$CuSO_4 + H_2O \longrightarrow Cu + O_2 + H_2SO_4 \tag{1-18}$$

这两种方法各有优缺点，主要是根据各个公司的原料和工艺特点进行选择。杂铜冶炼的公司，由于阳极板品位较低，为98%~98.5%，甚至更低。电解过程中，由于阴极的析出速度较快，电解液中铜离子的浓度会不断下降，因此要不断补充硫酸铜来提高铜离子的浓度。杂铜冶炼的公司，铜的直接回收首先考虑的是生产硫酸铜。

脱铜中分段控制电流密度，可以提高阴极铜质量和产量。电流密度控制在

$180 \sim 220 \ A/m^2$ 进行一段电积, 当 Cu^{2+} 质量浓度高于 $18 \sim 22 \ g/L$ 时, 得到阴极铜产品[51]; 电流密度在 $180 \sim 220 \ A/m^2$ 进行二段脱铜, 当 Cu^{2+} 质量浓度下降到 $3 \sim 5 \ g/L$ 时, 得到海绵铜(含铜约 90%)[51]; 控制电流密度 $140 \sim 160 \ A/m^2$, Cu、As 共析, 不析出 AsH_3, 基本上消除了 AsH_3 的危害[51]。由于 H^+ 未能在阴极放电, 因而提高了电流效率, 电效达到 90%, 能耗降低, 同时阴极电铜的质量改善, 产量增加, 经济效益较好[52]。

旋流电解脱铜提高溶液流速来减少浓差极化, 提高脱铜效果。在旋流电解装置中, 用有弹性的不锈钢板或钛板作为阴极始极片, 阴极导电面积为 $0.5 \sim 1 \ m^2$, 钛涂层作阳极[53]。当 Cu^{2+} 质量浓度大于 $6 \sim 8 \ g/L$ 时, 生产出标准阴极铜, 当 Cu^{2+} 质量浓度为 $1 \sim 8 \ g/L$ 时, 其阴极铜达到了电积铜管体质量要求, As、Sb、Bi 脱除率为 80%以上[53]。

1.3.2 电沉积脱铜脱砷法

电沉积脱铜脱砷法净化铜电解液是工业上广泛采用的方法, 当 Cu^{2+} 浓度降低到一定程度后, 砷铜共析而达到电解液净化的目的[54]。研究者对脱砷工艺进行了许多改进, 电积脱铜脱砷法又分为如下几种形式:

(1)间断脱铜法

间断脱铜又称为一段脱铜法, 该法是一次性将铜电解液中铜砷电积至 $\rho(Cu)$ <1 g/L、As 为 $1 \sim 3 \ g/L$[54]。在电积后期, 得到铜含量为 60%~70%, 砷及其他杂质质量分数为 30%~40%的黑铜[54]。当 Cu^{2+} 质量浓度降至 $5 \sim 8 \ g/L$ 时, 阴极析出 H_2 和剧毒 AsH_3 气体, 甚至当 Cu^{2+} 质量浓度高达 $12 \ g/L$ 时, 也可能产生 AsH_3 气体, 危害人体健康[55]。间断脱铜电流效率低、电耗大、生产成本高[51, 56]。

(2)周期反向电流电解法

加拿大诺兰达公司于 1978 年将此技术应用于生产[57]。采用周期反向电流电解减少了阴极浓差极化, 铜质量浓度可降至 $0.4 \ g/L$ 以下, 阴极 AsH_3 析出少[54]。采用该方法时, 增加电解液循环速度, 升高电解液温度, 加强通风[51], As、Sb、Bi 脱除率可达 80%[41]。但是, 由于反向通电时, 阴极产物会作为阳极发生溶解, 因此电流效率低、能耗高[51]。

(3)极限电流密度法

极限电流密度法是在低电流密度下, 一般电流密度小于 $100 \ A/m^2$ 时, 阴极上只有铜析出, 随着电流密度增加, 阴极上铜析出过电势升高, As 与 Cu 产生共析, 当电流密度达到极限值时, 铜、砷共析速率达到最大, 若电流密度进一步增加, 过电势进一步升高, 析出 H_2 时 AsH_3 气体也开始产生。

控制电流密度在极限电流密度以下, 尽可能地接近极限电流密度, 既不析出 H_2 和 AsH_3, Cu 和 As 的析出速率又达到最大, 此时电流效率最高[57, 58]。当电流密度为 180 A/m²，铜、砷质量浓度均为 8 g/L 时，阴极产物是黑铜；当铜质量浓度下降到 1~3 g/L 时，电流密度应控制为 120~60 A/m²[51, 55]。该法的缺点是黑铜量大，工作效率低[51, 58]。

(4) 诱导脱铜脱砷法

该法也称之连续脱铜脱砷电积法，它是通过控制 Cu²⁺ 质量浓度为 2~5 g/L，使铜与砷达到最大共析，同时，也可避免产生 AsH₃ 气体[58]。

当 Cu²⁺ 质量浓度小于 12 g/L 时，As、Sb、Bi 将随 Cu 一起在阴极上析出，形成含杂质很高的黑铜板，当 Cu²⁺ 质量浓度小于 2 g/L 时，即有 AsH₃ 气体产生，二次脱铜终液含铜通常控制在 0.5 g/L[59, 60]。

采用诱导法净化电解液时，可以得到标准阴极铜、黑铜板和黑铜粉[58]，在电积末期产生 AsH₃ 气体少[60]。脱铜脱砷时电流密度可提高到 217 A/m²，工作效率比较高[51]。As、Sb、Bi 的脱除率高，As、Sb 脱除率可达 70%~85%，Bi 脱除率可达 80%~90%。

(5) 并联循环连续脱砷法

1997 年云铜公司将原有的间断脱砷法改为并联循环连续脱砷法。采用残铜阳极作为电积脱砷过程中的阴极，控制电解液中 Cu²⁺ 质量浓度为 2~8 g/L，控制铜砷物质的量之比($n_{Cu}:n_{As}$) 为 (1.5~2.5):1[61]。该方法具有如下优点：电流密度高，其电流密度可以提高到 195~320 A/m²，因此提高了工作效率；脱砷效率好，砷脱除率可以达到 90%；电积过程基本无 AsH₃ 气体的析出，环境好；能耗低，交流电耗仅为 14800 kW·h[53, 61]。

1.3.3 化学沉淀法除砷锑铋

化学沉淀法是在溶液中加入沉淀剂使 As、Sb、Bi 等杂质产生沉淀，从而使杂质得到去除[43]。常用的沉淀剂有碱式硫酸铋、碱式硫酸锑、碳酸盐、硫化氢、醇、Sb_2O_3、Bi_2O_3 等[62, 63]。在铜电解液中加入碱式硫酸铋、碱式硫酸锑有白色沉淀产生，电解液中 As、Sb、Bi 得到去除。碳酸盐如碳酸钡、碳酸锶、碳酸铅等，与电解液中的硫酸反应生成硫酸盐和碳酸，沉淀的硫酸盐能有效地吸附铜电解液中的 Sb 和 Bi 产生共沉淀，而碳酸排入大气对铜电解液无任何影响。硫化氢沉淀法主要是对脱铜后液的处理，使溶液中的杂质以硫化物形式沉淀下来。加醇沉淀是将低级醇加到铜电解液中，使铜电解液中的锑、铋生成硫酸盐结晶，将该硫酸盐分离除去，达到净化铜电解液的目的。在 1 L 含 Cu 50 g/L、Ni 10 g/L、As 7.4 g/L、Sb 0.53 g/L、Bi 0.64 g/L、H_2SO_4 190~210 g/L 的铜电解液中添加 10 g 粉状 Sb_2O_3，温度为 60℃，反应 6 h 后，溶液中 As、Sb、Bi 质量浓度分别降为 4.9 g/L、0.33 g/L 和 0.12 g/L，而其他成分均无显著变化[54, 64]。化学沉淀法所用工艺简单,但成本较高、净化效果不理想[22, 65]。

在铜电解液中加入氧化剂或还原剂,使杂质 As、Sb、Bi 生成溶解度小的化合物而除去。氧化剂可用双氧水、臭气、次氯酸、次氯酸盐等。如在 500 mL 含 Cu 40 g/L、Ni 15 g/L、As 4.5 g/L、Sb 0.55 g/L、Bi 0.21 g/L、H_2SO_4 212 g/L 的铜电解中加入 5 mL 35% H_2O_2,液温 60℃,反应 5 h 后,Sb、Bi 的除去率分别为 41.2%、28.6%[64]。陈永康研究以 NaCl 和 KI 为催化剂,用 SO_2 还原铜电解液中 As(V),可将 As 降到 3 g/L 以下,脱 As 率达 70%[43],脱 Bi 率为 43.9%,其中 As 以 As_2O_3 形式进入沉淀。

1.3.4 物理化学法

吸附法[66]是以具有高比表面积、不溶性的固体材料做吸附剂,通过物理吸附作用、化学吸附作用或离子交换作用等机制将电解液中的杂质固定在自身的表面上,从而达到除杂的目的[67]。许民才[68]等研究指出用高锰酸钾与硫酸锰反应生成水合二氧化锰,水合二氧化锰具有很强的吸附能力,能够吸附铜电解液中的 As、Sb、Bi 共沉淀,三者的脱除率均在 93% 以上。NAVARRO P[69]等研究表明采用活性炭可以吸附去除铜电解液中 As 和 Sb[43]。王学文[70, 71]等研究表明 Sb 的高价氧化物对铜电解液中 As、Sb、Bi 杂质具有良好的选择吸附性,铜阳极泥分银渣(含 Sb 21.35%)和由 Sb_2O_3 与 $BaSO_4$ 合成的吸附剂,都能确保电解液中铜、酸不变的情况下,吸附 90% Bi,80% Sb 及 20% As[43]。然而如何将吸附到吸附剂上的金属元素解析下来还有待研究。

国内外学者对溶剂萃取法净化铜电解液工艺进行了大量研究[72]。常用的有机溶剂有磷酸三丁酯(TBP)[73]、三辛基氧化膦(TOPO)、N1923[74]、Cyanex 301、Cyanex 925[75]、LIX 1104SM、N-235[76]等,其中 TBP 应用最广泛。常用煤油、燃料油、苯、二甲苯作为稀释剂,用于降低黏度[58]。反萃时,所用反萃剂有水、盐酸溶液、硫酸铵水溶液和氨水溶液等。

TBP 萃取砷时[77],当 H_2SO_4 质量浓度为 350~500 g/L,O/A = 1~2 时,采用五级逆流萃取,在室温下砷萃取率高于 85%[43]。IBERHAN L[78, 79]等研究指出当 O/A = 1,萃取温度为 50℃,甲苯为稀释剂时,Cyanex 301 可萃取 99% 的 As(Ⅲ)和 46% 的 As(V),Cyanex 925 可萃取 61% 的 As(V)和 43% 的 As(Ⅲ),而 Cyanex 925 和 Cyanex 301 的混合物对 As(Ⅲ)萃取效果较好,采用水多级反萃,可将 As(V)和 As(Ⅲ)从 Cyanex 925 负载相中反萃下来,而不能从 Cyanex 925 和 Cyanex 301 的混合物或 Cyanex 301 负载相中反萃下来。溶剂萃取效果好,能耗低,可连续操作。但溶剂萃取法萃取流程长,萃取剂具有选择性,一般只能去除其中一种或两种杂质[22],萃取剂在水中溶解度大,萃取过程损失也较大,微量萃取溶剂会引起阴极铜"烧板",电解液必须要深度脱油才能进入电解槽,另外导致电解液中 Cl⁻ 的过量积累，因而萃取法未能广泛应用于生产[35]。

离子交换法是铜电解液中杂质与离子交换树脂发生离子交换过程，以达到降低铜电解液中杂质浓度的目的。常用的离子交换树脂有阴离子交换树脂和螯合性交换树脂[33, 58, 80]。将含 Cu：46.5 g/L、H_2SO_4：196 g/L、As：4.9 g/L、Bi：0.32 g/L、Sb：0.40 g/L 的铜电解液与螯合性树脂混合，当温度为 60℃，树脂用量为 100 g/L 时，搅拌 0.5 h 后铜电解液中的 Bi 降为 0.01 g/L，Sb 降为 0.24 g/L[58]。离子交换法净化铜电解液具有离子交换树脂可循环使用，工艺简单等优点，但存在必须预处理去除悬浮物，树脂价格昂贵，树脂交换容量有限，再生费用高，解析产生的 Cl⁻ 污染电解液和含酸废水处理困难等缺点[41]。

1.3.5 电解液自净化法

铜电解过程中，阳极铜中杂质 As、Sb、Bi 以三价离子溶解进入电解液[58]，As(Ⅲ)、Sb(Ⅲ) 在 Fe^{3+}、Cu^+ 及溶解 O_2 的作用下，逐渐被氧化为 As(Ⅴ) 和 Sb(Ⅴ)，当电解液中 As、Sb、Bi 浓度达到一定值时，不同价态的 As、Sb、Bi 之间能形成化合物，即 $SbAsO_4$、$AsSbO_4$ 和 $BiAsO_4$，这些化合物溶度积很小，或沉淀进入阳极泥，或形成漂浮阳极泥，能有效抑制 As、Sb、Bi 在电解液中的积累，这实际上是铜电解液的自净化过程[41]。

Hoffmann J E[81] 指出在铜电解液中加入 As(Ⅴ) 溶液，Sb、Bi 浓度随 As(Ⅴ) 浓度的增加而下降，电解过程中维持 As(Ⅴ) 质量浓度为 15~20 g/L 时，Sb、Bi 质量浓度下降至 0.1 g/L 以下。Wang S J[82] 发现电解过程中电解液中 Sb 和 Bi 浓度受砷浓度的影响较大，随着砷浓度的逐渐增加，Sb 和 Bi 浓度显著下降，当砷质量浓度大于 12 g/L 时，Sb 和 Bi 形成砷酸盐沉淀从而降低电解液中 Sb 和 Bi 的浓度。有研究认为采用含砷[As(Ⅴ)]溶液净化铜电解液，要求阳极中 As/Sb/Bi 摩尔比合适，否则，即使 As 大于 12 g/L，也可能形成漂浮阳极泥[83]。另外电解液中 As(Ⅴ) 浓度过高时，将导致铜电解液混浊。

有研究表明阳极铜中 Sb 与 As、Bi 含量的增加可减少 As、Sb、Bi 在电解液中的分配。电解液中 As(Ⅴ) 与 Sb(Ⅴ) 形成砷锑酸，砷锑酸与 As(Ⅲ)、Sb(Ⅲ)、Bi(Ⅲ) 等作用生成砷锑酸盐，砷锑酸盐在高酸性溶液中溶解度很小，导致电解液中 As、Sb、Bi 浓度下降[83, 84]。此外，阳极铜中 Sb 含量增加和加快 Sb(Ⅲ) 的氧化，有利于大大加快砷锑酸盐的生成及沉淀，使铜电解液的自净化能力增加[41]。然而实际生产中阳极铜中 Sb、As 和 Bi 的含量难以控制，且阳极铜中 Sb、As、Bi 含量增加，将导致阳极泥量增大，间接影响阴极铜质量。而 ABE S[85, 86] 等研究认为 Sb(Ⅴ) 对漂浮阳极泥的形成起着非常重要的作用，电解液中 Sb(Ⅴ) 的浓度越高，漂浮阳极泥越多，将严重影响阴极铜质量。

作者研究发现 As(Ⅲ) 化合物对铜电解液具有明显的净化作用[87]，亚砷酸铜具有溶解率高、净化效果显著、不引入新杂质等优点[88, 89]，并于 2007 年 3 月在湖北大冶有色金属有限公司成功应用于工业实践[90]。在含 Cu 38.75 g/L、H_2SO_4 190.58 g/L、As 3.1 g/L、Sb 0.85 g/L、Bi 0.235 g/L 的铜电解液中加入亚砷酸铜，电解液中 As 质量浓度提高到 11.16 g/L 时，Sb、Bi 质量浓度分别下降至 0.22 g/L、0.086 g/L，Sb、Bi 脱除率分别为 74.11%、65.60%。用经亚砷酸铜净化后的铜电解液进行铜电解工业实验，阴极为铜作始极片，在电流密度为 235 A/m^2 和 305 A/m^2 下连续电解，电解液不开路情况下，连续电解 13 天，电解液中总 As、Sb、Bi 浓度基本不变，铜电解液实现自净化，所得阴极铜均达到 A 级阴极铜（GB/T 467—1997）质量标准，合格率达到 100%[91, 92]。在 As 的质量浓度控制在 11~12 g/L 情况下，连续电解生产 2 年，电解液中的 Sb 和 Bi 的浓度整体上趋于稳定，As、Sb、Bi 自净化脱除率分别高达 78.75%、95.98%、94.77%，高 As 电解液电解，对产品 A 级铜产出率和质量、铜电解直流单耗、铜电解添加剂消耗量无显著影响，由于自净化作用使净液量降低了 61.54%[90]。

1.3.6　镍的脱除

电解液中镍的脱除国外主要采用结晶法、萃取法、离子交换法，而国内多采用结晶法产出粗硫酸镍副产品。经过脱铜脱砷后的溶液，国内多采用蒸发、结晶法产出粗硫酸镍副产品。蒸发主要分为直火浓缩法、电热浓缩法、真空蒸发法等。

（1）直火浓缩法

直火浓缩法的优点是设备简单，镍直接回收率高；缺点是硫酸的损失大，车间酸雾大，环境污染严重，劳动条件恶劣。直火浓缩法腐蚀严重，设备寿命很短，一般为 3~6 个月。现在直火浓缩法除条件简陋的工厂外，一般不宜采用。

（2）电热浓缩法

电热浓缩法是用三根石墨电极插入装有溶液的浓缩槽，电源装置输出较高的电流到电极，通过溶液自身的电阻产生热，使溶液沸腾，在常压状态下蒸发水分而使溶液浓缩。电热浓缩法的优点是：自动化程度高，工人劳动强度低，设备密闭，蒸发出的气体经处理后排放，环保效果好，回收酸质量高，含镍低。缺点是，消耗电能较多，供电紧张的地区不宜采用。

（3）真空蒸发法

真空蒸发法是用真空泵或用水喷射真空泵抽吸真空，利用低压下溶液的沸点降低的原理，用较少的蒸汽蒸发大量的水分，促进蒸发釜中液体进行蒸发浓缩。使硫酸镍在高酸度下达到过饱和而结晶析出，从而使镍、酸分离。真空蒸发法设备简单，镍直收率高，母液含镍少，酸损失少，处理量大，不会造成环境污染。目前国内的工厂很多采用真空浓缩的方法，电解液中镍的脱除国内常用方法比较如

表 1-9 所示。

表1-9 电解液中镍的脱除国内常用方法比较[49]

方法	方法介绍	优 点	不 足	技术参数
直火浓缩法	分两阶段进行，先进行预先蒸发，再送到钢制直火浓缩锅内进行直火蒸发	1.设备简单 2.镍直接回收率高 3.母液含镍低	1.硫酸损失大 2.车间酸雾大，操作环境恶劣，环境污染严重 3.浓缩锅腐蚀重，寿命短	
冷冻结晶法	采用氨压缩制冷机组将溶液温度降低至-20℃，硫酸镍结晶析出	1.劳动条件好 2.粗硫酸镍晶粒较粗大，易过滤 3.酸损失少，操作环境好 4.电耗为 350~400 $kW \cdot h/t\ NiSO_4$	1.镍脱除率低 2.设备比较多，占地面积大 3.动力消耗高，母液含镍高	镍直收率 60%~80%
电热浓缩法	将三根石墨电极插入装有溶液的浓缩槽，输入较高电流产生热量，使溶液沸腾，在常压下蒸发水分使溶液浓缩。浓缩后液水冷结晶，经真空洗滤后得到硫酸镍产品	1.设备密闭环境保护好 2.过程连续自动进行，劳动强度小 3.回收酸质量高，含镍低 4.镍直收率高	1.电热蒸发耗电量大，500~13500 $kW \cdot h/t\ NiSO_4$ 2.对气体净化系统要求较高 3.设备较复杂	镍直收率 90%

1.4 铜电解价态调控

1.4.1 铜电解精炼中砷锑铋的分配

铜电解精炼过程中，由于砷、锑、铋能相互作用，因而砷的分布常涉及锑和铋。电解液中砷、锑、铋溶入率与阳极组成、电解液成分、电解工艺条件等有关。

阳极板中砷、锑、铋的含量、$n(As)/n(Sb)$、$n(As)/n(Sb+Bi)$、砷、锑、铋的氧化物含量、含铅量、含氧量等影响电解液中砷、锑、铋的溶入率。阳极板中砷含量越高，其 As 的溶入率越高[93]，而阳极板中 Sb、Bi 的含量越高，As 的溶入率越低。因阳极板中氧化物的化学溶解的量比较小，而相当部分直接进入阳极泥。阳极板中铅含量高，Sb、Bi 的溶入率下降。当阳极板中氧质量分数由 $1800×10^{-4}$% 增加到 $3300×10^{-4}$% 时，杂质的溶入率直线上升[36]。

砷在电解液中溶解度很大，若电解液中没有锑、铋，砷会随着电解过程的进行而逐渐累积到 50 g/L 左右[94, 95]。电解液中砷、锑、铋含量越高，越有利于 $BiAsO_4$、$SbAsO_4$、$AsSbO_4$ 的生成，随着 As 浓度的逐步下降，Sb、Bi 溶入率却显著上升。相对低的酸浓度有利于抑制砷、锑、铋氧化物的化学溶解以及促进砷、锑、铋氧化物的水解生成。当电解液中的氧化性气氛太浓时，可能将电解液中的 Sb 从三价氧化成五价，而五价 Sb 的大量生成对降低其溶入率是不利的[36]。

电解液温度对可逆反应的平衡常数、难溶砷酸盐的浓度积的影响很大，因此控制稳定的电解液温度并使其均匀是相当必要的。电流密度及电流密度分布与电解过程中 As、Sb、Bi 从阳极的析出速度、亚铜离子的生成速度以及电解液中 As、Sb、Bi 离子向阳极的迁移速度都有相当的影响。净液以及返液的连续与间断、电解液体积平衡方式以及洗槽水的温度控制等均或多或少地影响电解液的浓度分布、温度分布，从而影响到 As、Sb、Bi 溶入率[36]。

一般情况下，在电解过程中，一般质量分数在 60%～85% 的砷、10%～60% 的锑、20%～40% 的铋进入电解液。另外，15%～40% 的砷、40%～90% 的锑、60%～80% 的铋进入阳极泥[96]。极其微量的砷、锑、铋进入阴极铜产品中。

1.4.2　铜电解精炼中砷锑铋的危害

1.4.2.1　阴极上析出砷锑铋

阳极铜中砷锑铋进入电解液后分别以 AsO_3^{3-}、AsO_4^{3-}、SbO_3^{3-}、SbO_4^{3-}、SbO^+、Bi^{3+} 等形态存在。在电解液中呈 AsO_4^{3-} 形态的 As 占 95% 以上，而呈 SbO_4^{3-} 形态的 Sb，即便是最佳氧化条件下也不超过 20%～30%。电解过程中，这些离子由于电荷与阴极相同，原则上难以靠近阴极，以至于电解液中含 As（或 As、Sb 总量）浓度虽高，也不致在阴极上放电析出。但是，当电流密度大于 300 A/m^2（如多数阴极断耳情况下），铜离子浓度降低和电解液循环不良时，就会发生 As、Sb、Bi 的沉积，从而影响阴极铜纯度。当阴极铜 As、Sb、Bi 含量超标时，电解铜变脆，延展性、导电率和导热率降低，在一定程度上影响铜深加工及电气性能[97, 98]。

1.4.2.2　阴极上夹杂砷锑铋

砷锑铋对阴极铜质量的危害主要体现在电解液中的固体粒子、悬浮物及漂浮物的机械夹杂，这些固体粒子、悬浮物及漂浮物实际上就是阳极泥微粒和漂浮阳极泥微粒。

阳极泥微粒产生的原因电解液鼓泡、电解液翻腾或搅动，造成阳极泥的翻腾与沉降条件恶化，阳极泥微粒在阴极上的黏附或夹杂，使阴极铜长粒子，阴极铜 As、Sb、Bi 及 Au、Ag 等杂质严重超标[99-101]。

漂浮阳极泥吸附于阴极铜上，形成晶核长大，逐渐在阴极铜中长成粒子，影响阴极铜的物理质量。对阴极铜板面及粒子进行分析发现，板的 $w(Bi)<6×10^{-4}\%$，粒子的 $w(Bi)>40×10^{-4}\%$。铜粒子晶核长大，将导致短路及电流效率、电解铜产量和质量下降[102, 103]。

1.4.2.3 净液作业时砷锑铋的危害

电铜生产中，定期抽出部分电解液脱除杂质，以减少电解液中杂质的积累。阳极铜中的杂质在电解中被溶出，是电解液中杂质的主要来源。铜电解净液量一般按照 Sb、Bi 杂质浓度计算，假定阳极铜 $w(Sb)$ 为 0.10%，其在电解液中的溶出率为 37.3%，电解液中 Sb 的极限控制质量浓度为 0.6 g/L，则电铜单位净液量为 0.622 m^3，年产 15 万 t 电铜的日净液量为 255 m^3/d。同样条件下假定阳极铜 $w(Sb)$ 为 0.15%，则电铜单位净液量高达 0.933 m^3，年产 15 万 t 电铜的净液量为 382.5 m^3/d。电铜由于杂质溶出率相对稳定，故阳极铜中锑铋含量愈高，溶出量就愈多，净液量也愈大[104, 105]。

目前，大部分铜电解厂的净液流程采用电积法脱除 As、Sb、Bi。实践证明电积法对砷锑铋的脱除率均可达到 93%。但锑铋的脱除需靠铜的诱导与携带，为了脱除锑铋，必须过量脱铜。因此引起了铜酸不平衡，即 H^+ 浓度升高，Cu^{2+} 浓度下降，被视为电解液"贫铜症"。为了补足 Cu^{2+}，被迫把已成产品的固态硫酸铜全部重溶返回电解工序。当补铜量超过自产硫酸铜时，还需再用碎铜制取硫酸铜来补充。

显然，硫酸铜自产自耗，成了耗能不增值的恶性循环，是锑铋偏高造成的另一问题。此外还有产出的高砷黑铜粉量大，处理困难等问题[55, 106, 107]。

1.4.3 铜电解液净化的核心

电解液中 Cu^{2+}、Ni^{2+} 等的脱除相对容易，一般采用简单的蒸发结晶的方法就可以达到脱除的目的。由于电解液中，As、Sb、Bi 析出电势与铜析出电势接近，容易在阴极上和铜一起析出，以及 As、Sb、Bi 杂质形成漂浮阳极泥黏附在阴极铜上，均严重影响阴极铜质量。同时，阳极铜中砷含量高(0.2%)，在电解过程中砷进入电解液的分配比大(60%~85%)，铜电解液净化以脱 As 为主，在脱砷过程中杂质 Sb 和 Bi 随着脱去。因此，砷的脱除是铜电解液净化的核心。

1.4.4 铜电解价态调控

铜电解精炼中砷锑铋对生产的影响特别重要，它们不仅对产品的质量和净化作业产生不良影响，而且也能引起阳极钝化。但是，在电解液中砷维持在较高水平，有利于改善这些不利影响和促进电解液中锑铋沉淀在阳极泥中，而且阳极中的砷具有抑制阳极钝化和抑制漂浮阳极泥的产生作用。因此，大多数冶炼厂一般控制阳极中 $n(\text{As})/n(\text{Sb+Bi}) > 2$[44]。

在阳极板中砷、锑、铋主要以 α 固溶体(砷、锑)、游离共熔体(铋)以及氧化物(砷、锑、铋)的形式存在于 Cu 基体中。阳极溶解时，以 α 固溶体和游离共熔状态存在的砷、锑、铋均以三价离子形式进入溶液。随着电解的进行，大量的三价砷逐渐被氧化成五价的砷，少量的三价锑也会被氧化成五价锑。铜电解液中砷锑价态的变化影响铜电解液净化和铜电解生产。

价态调控铜电解是指通过改变与控制铜电解液中砷锑价态进行铜电解，在铜电解过程中实现铜电解液净化、提高铜电解液净化效果以及提高阴极铜质量的铜电解新技术。

第 2 章   砷锑铋性质及其
在电解液中的反应

铜电解精炼中，随着阳极铜的溶解，电解液中杂质不断累积，与铜电势接近的砷锑铋在阴极上易于与铜共同析出，同时砷锑铋形成的漂浮阳极泥粘连在阴极铜上，严重影响阴极铜质量。此外，漂浮阳极泥还造成管道堵塞，影响正常生产。因此，对铜电解精炼影响最大的杂质是砷锑铋，可以说铜电解精炼中危害最大的元素是砷锑铋，砷锑铋的性质及其在硫酸溶液中沉淀规律影响铜电解液中砷锑铋的脱除。

2.1   砷锑铋的性质[108]

2.1.1   砷锑铋的物理性质

砷有黄、灰、黑三种同素异形体，在室温下最稳定的是灰色的、菱形的金属型的 α-As。它的结构如图 2-1 所示，按照 8-N 规则，每个砷原子以三个单键相互连接，形成折叠式排列的片层，用实线表示。用虚线表示的为相邻的另一片层，这一片层中的 As 原子正对着上一片层的空穴。每个砷原子与片内相邻的砷原子间的最短距离 r_1 为 251.7 pm；与相邻片上砷原子间的最短距离 r_2 为 312 pm。每个砷原子与三个相距为 r_1 的砷原子，在一边呈棱锥形配位，与三个相距为 r_2 的砷原子在另一边呈棱锥形配位。

将砷蒸气（已知它是以四面体的 As 分子存在，As-As 距离为 243.5 pm）迅速冷至低温即得黄砷，它是立方晶形，可能是由呈四面体的 As 单元组成的，它不溶于水，溶于 CS_2（溶解度：46℃，100 mL 溶 11 g；0℃，4 g；-80℃，0.8 g）。它是亚稳态的，见光很快转变为灰砷。灰砷有较好的传热和导电性能，因为在垂直于分子层方向上原子的相互作用是较弱的，也正是这一原因导致其单晶的导电性和导热性各向异性。

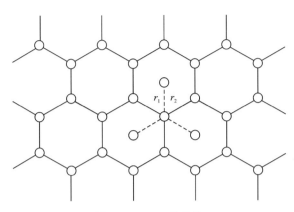

图 2-1　α-As 的结构

　　有汞存在下，于 100~175℃ 加热无定形砷，可得到一种与黑磷相同结构的多晶，称为黑砷[5]，它是正交体，由结合双层的原子链组成，每个砷原子与 2 个最近的和一个稍远的砷原子相邻，层与层之间的键比灰砷中的弱，在 280℃ 以上单向地变为灰砷。

　　砷的物理性质如表 2-1 所示。

表 2-1　砷的物理性质

特性	砷
熔点/℃	816(在 3.91 MPa 下)(α-As)
沸点/℃	651(升华)(α-As)
密度 $\rho/(g \cdot cm^{-3})$	5.7(α-As)，2.0(黄砷)
标准生成焓 $\Delta H_f^{\ominus}/(kJ \cdot mol^{-1})$	0(α-As)，15(黄砷)
标准生成吉布斯自由能 $\Delta G_f^{\ominus}/(kJ \cdot mol^{-1})$	0(α-As)
标准熵 $S^{\ominus}/(J \cdot K^{-1} \cdot mol^{-1})$	35
标准摩尔热容 $C_p^{\ominus}/(J \cdot K^{-1} \cdot mol^{-1})$	25
摩尔熔化热 $\Delta H_m/(kJ \cdot mol^{-1})$	28
摩尔升华热 $\Delta H_s/(kJ \cdot mol^{-1})$	36
25℃时的电导率 $K/(MS \cdot m^{-1})$	2.7

　　锑的一些物理性质列于表 2-2 中，已知 Sb 有六种同素异构体。最稳定的是

α-Sb，它与 α-As 为等构体，其余五种是：在 -90℃ 以下才稳定的黄色异构体、冷却气态 Sb 得到的黑色异构体、用电解法得到的具爆炸性的异构体以及用高压技术合成出来的两种异构体。在 5×10^9 Pa 下，从 α-Sb 得到一种立方晶格，α_0 为 296.6 pm 的异构体。α-Sb 原来的菱面角从 57.1° 增加到 60.0°，原子位置也有少许变动，使得每个 Sb 原子有六个等距离的配位原子，继续加压到 9×10^9 Pa 得到另一种异构体，它具有六方紧密堆积结构，原子间距离为 328 pm，配位数为 12。

表 2-2　Sb 的物理性质

物理性质	α-Sb
熔点/℃	630.7
沸点/℃	1587
密度（25℃）/（kg·m^{-3}）	6697
硬度（Mohs）	33.5
电阻率（ρ）/（Ω·m）	4.17×10^{-7}

Sb 的熔点比 As 低，但沸点比 As 高，挥发性显著降低，因而在正常大气压下 Sb 有较宽的液态温区，而 As 则无液态温区。

Sb 是易碎的金属、淡白色，电阻率较大（4.17×10^{-7} Ω·m），它比 Sn（1.15×10^{-7} Ω·m），Pb（2.2×10^{-7} Ω·m）的还大。一般金属熔化时导电性降低，但锑和铋熔化时的导电性就增加，即表明其与固态相比有较强的金属性。

铋元素原子的基态电子构型具有氮族元素的典型结构 ns^2np^3，它的原子量（208.9804）由于没有同位素对丰度的干扰，具有最大的准确值。铋的原子和离子半径在同族中是最大的，但它的电离能和电负性和锑十分相近，铋原子的一些性质列于表 2-3。

表 2-3　铋原子的性质

原子序数	83		（Ⅰ）	0.703
原子量（1981）	208.98037	电离能 /（MJ·mol^{-1}）	（Ⅱ）	1.610
电子构型	[Xe]4f^{14}5d^{10}6s^{2}6p^3		（Ⅲ）	2.466
共价半径（Bi^{III} 单键）	150 pm		（Ⅰ+Ⅱ+Ⅲ）	4.779
离子半径	Bi^{3+}	215 pm	（Ⅳ+Ⅴ）	9.776
	Bi^{3+}	96 pm	电负性	1.9
	Bi^{5+}	76 pm		

在较大压力下，铋晶体和锑一样，将转变为简单立方晶格（Bi-Bi 318 pm），在更高压力下，铋能形成体心立方晶格（Bi-Bi 329 pm）。

常温下，金属铋（α-铋）为银白色略带玫瑰红色，具有明显的金属光泽。铋的一般物理性质见表 2-4。

表 2-4　铋的一般物理性质

熔点/℃	271.4	电阻 /(μΩ·m)	固体（20℃）	1.16
熔化热/(MJ·mol^{-1})	10.8			
沸点/℃	1564		固体（250℃）	2.60
密度/(g·cm^{-3})	9.808			
硬度（Mohs）	2~2.5		液体（271.4℃）	1.28
凝固时收缩率/%	-3.32			

对比铋与同一分族元素砷、锑的物理性质，可以看出铋具有低得多的熔点，但是，它和锑一样，沸点却很高，表明铋、锑有较宽的液态温度范围。与此相反，砷在常压下没有液态，615℃时直接升华为气体，从表 2-5 所给 α-As 的晶体参数可知，r_2/r_1 较大，表明砷原子与同层三个砷原子组成的四面体比它与邻层三个砷原子组成的四面体紧密得多，所以砷易于生成 As$_4$ 分子而汽化，铋晶体中 r_2/r_1 要小些，故不易形成 Bi$_4$ 的气态分子，从而保持了很宽的液态温度区间。金属铋凝固对体积收缩率为负值，即液态铋凝固时体积反而膨胀。在所有元素中只有 Bi，Ge，Ga 具有这种反常的性质，铋的这一特性导致它在合金中的许多重要用途。同时，从上表可以看出，铋在熔化后的导电性反而比熔化前增大了，这在金属中也属反常现象。这些特性表明，液态铋的金属特征更为明显，从前面对铋晶体结构的介绍已经看出，在固态铋中，铋原子并不处于最紧密的排列，当铋熔化后，原子的配位数增大，出现了紧密排列，所以体积反而有收缩现象。同时，液态铋中金属键性质必然相应增强，故导电性增大，还应当提到，在所有金属中铋具有最高的抗磁性（质量磁化率为 17.0×10^{-9} m^3/kg）和最高的 Hall 效应系数。

金属型铋（α-铋）与 α 型砷、锑的结构一样，具有层状结构，每个铋原子在同层中与三个相邻较近（r_1）的原子组成三棱锥形（所以，同一层实际是皱纹形的面），还与位于相邻层中三个较远（r_2）的铋原子组成三棱锥形。原子间的距离 r_1 及 r_2 按 As→Sb→Bi 依次增大，但 r_2/r_1 却依次减小（参见表 2-5），这表明同层与邻层间的差异在减小，反映了原子金属性的增加，但直至铋的晶格也不是典型金属的紧密堆集。

α-As，α-Sb，α-Bi 是等结构体，但随着原子序数的增加，金属性递增，两相邻片间的界限越来越模糊，即 r_2/r_1 越来越小，如表 2-5 所示。

表 2-5　α-Me(As, Sb, Bi)中原子间的最近距离

α-Me	r_1/pm	r_2/pm	r_2/r_1	键角 Me—Me—Me/(°)
α-As	251.7	312.0	1.240	96.7
α-Sb	290.8	335.5	1.153	95.6
α-Bi	307.2	352.9	1.149	95.5

注：Me 代表金属元素符号。

As, Sb, Bi 的熔点依次递降，As 最高；但它们的沸点依次升高，As 最低，因此，砷在标准压力下没有液态，而 Sb 和 Bi 则有一较宽的液态温度范围，这可从单质结构加以解释。在单质砷中每一个 As 原子有三个相距较近的、相互吸引较强的 As 原子，单质锑和铋中与每一个原子相邻的六个配位原子分布得比较均匀，即每一个原子都较均匀地分布在较多的相邻原子上，因此，虽然液态砷原子比锑、铋困难，但是它保持三个相邻原子，形成 As$_4$，就比锑和铋分别形成 Sb$_4$ 和 Bi$_4$ 更容易，已经证明，在沸点下砷蒸气是 As$_4$ 分子，而锑和铋的蒸气中 Sb$_4$，Bi$_4$ 较少，有较多的被离解了。

2.1.2　砷锑铋单质的化学性质

(1)砷单质的化学性质

在常温下，灰砷在空气中是稳定的，黄砷则被氧化，同时发出冷光，但加热时灰砷和多晶砷都能与氧、硫和卤素等非金属化合，生成三价的化合物，而砷与氟还能生成五氟化物。

$$As_4 + 3O_2 \longrightarrow As_4O_6$$
$$As_4 + 6S \longrightarrow 2As_2S_3$$
$$As_4 + 6X_2 \longrightarrow 4AsX_3 \quad (X_2 = Cl_2, Br_2, I_2)$$
$$As_4 + 10F_2 \longrightarrow 4AsF_5$$

水和非氧化性酸不与砷反应，但稀硝酸和浓硝酸能分别把砷氧化成 H_3AsO_3 和 H_3AsO_4。热浓硫酸能将砷氧化成 As_4O_6。

熔碱能将砷氧化成亚砷酸盐并析出氢：

$$As_4 + 12NaOH \longrightarrow 4Na_3AsO_3 + 6H_2$$

但碱的水溶液就不与砷作用。

在高温下砷也能与大多数金属反应，生成合金或金属间化合物。

(2)锑单质的化学性质

在室温下 Sb 对空气和水蒸气是稳定的。在控制条件下加热锑可氧化成

Sb_2O_3、Sb_2O_4 或 Sb_2O_5。与卤素反应时，Sb 与 F_2 生成 SbF_5，Sb 与 Cl 生成 $SbCl_3$ 和 $SbCl_5$，而 Sb 与 Br_2 和 I_2 则只能生成 $SbBr_3$ 和 SbI_3，在加热时 Sb 与 S 也发生反应，生成 Sb_2S_3，但 Sb 不与 H_2 直接反应。

稀酸与 Sb 不反应，但王水可溶解 Sb 并形成 $SbCl_6^-$。在热浓 H_2SO_4 中生成 $Sb_2(SO_4)_3$，熔融碱能与 As 反应，但对锑就没有明显的作用。

(3)铋单质的化学性质

与砷、锑相似，在常温下铋不与水及氧作用，所以铋在空气中是稳定的，在加热至熔点时，铋表面氧化生成灰黑色氧化物，铋能与卤素直接作用生成 BiX_3。在高温下，铋能与许多非金属及金属生成三价铋的化合物，铋的还原电势是正值，即在电动序中铋位于氢之后，所以铋不与非氧化性酸作用，铋能溶于热浓硫酸中，也能顺利地与硝酸作用。与砷、锑不同，铋有生成含氧酸盐的趋势，如 $Bi_2(SO_4)_3$、$Bi(NO_3)_3$、$BiAsO_4$、$Bi_2O_2CO_3$、$Bi(IO_3)_3$ 和 $BiPO_4$ 等，铋不与碱作用。

应当指出，铋与氧化剂作用时通常只生成+3 价氧化态的化合物，+5 氧化态铋远不如砷（V）及锑（V）稳定，这不仅因为铋的第 IV 及第 V 电离能之和（9.776 MJ/mol）较大，还因为 $6s^2$ 的一个电子激发至 6d 空轨道需要很大的能量，所以由低氧化态铋生成 Bi（V）的化合物是很不容易的。

2.2　砷锑铋重要的化合物及其性质

2.2.1　砷锑铋氢化物的性质

表 2-6 列出了 AsH_3 和 SbH_3 的一些物理性质。

表 2-6　AsH_3，SbH_3 的一些物理性质

性　质	AsH_3	SbH_3
熔点/℃	−116.3	−88
沸点/℃	−62.4	−18.4
密度/$(g \cdot cm^{-3})$	1.640(209)	2.204(255)
$\Delta H_f^{\ominus}$/$(kJ \cdot mol^{-1})$	66.4	145.1
键能 E_{Me-H}/$(kJ \cdot mol^{-1})$	247	255
键长(Me—H)/pm	151.9	170.7

续表2-6

性　　质		AsH$_3$	SbH$_3$
键角 HMeH/(°)		91.83	91.3
偶极矩 10^{30} μ/(C·m)		0.733	0.383
振动频率/cm^{-1}	$\nu_1(a_1)$	2116	1891
	$\nu_2(a_2)$	905	781.5
	$\nu_3(a_3)$	2123	1894
	$\nu_4(a_4)$	1003	831
核磁共振/10^{-6}，(TMS=10.0)		8.50	8.62

　　AsH$_3$ 是毒性非常大的无色气体。AsH$_3$ 的生成热为正值，这说明它在热力学上是不稳定的，一般在 250~300℃ 就分解为相应的元素，然而它在室温下分解缓慢，说明在动力学上还有一定的稳定性。AsH$_3$ 的分解是一级反应，将 AsH$_3$ 和 AsD$_3$ 的混合物分解可得到 HD，但 AsH$_3$ 和 D$_2$ 的混合物的分解就得不到 HD，交换只发生在与 As 成键的 H 上，这也证明不能直接与 H$_2$ 反应生成 AsH$_3$。

　　目前为止还没有证明液态 AsH$_3$ 有缔合现象，说明分子间不存在氢键，所以 AsH$_3$ 只微溶于水(但能溶于有机溶剂)。AsH$_3$ 的给电子能力也很差，很难与质子形成砷盐，只与少数 Lewis 酸形成配位化合物。在 AsH$_3$ 中，键角 H—As—H 为 91.80°，接近于 90°，表明 As 原子几乎是用纯净的 p 轨道成键，孤电子对占有 s 轨道，这可以解释为什么 AsH$_3$ 的配体性质很弱。当 AsH$_3$ 除去一个质子时，形成含有 AsH$_2^-$ 阴离子的衍生物，例如把 AsH$_3$ 加到蓝色的碱金属-液氨溶液中，溶液会迅速褪色：

$$AsH_3 + Na(液氨) \longrightarrow NaAsH_2 + \frac{1}{2}H_2$$

AsH$_3$ 是一个较强的还原剂，

$$AsH_3(g) \Longrightarrow As(s) + 3H^+ + 3e^- \qquad \varphi^\ominus = -0.239\ V$$

能与大多数无机氧化剂作用，如

$$AsH_3 + 6Ag^+ + 3H_2O \Longrightarrow H_3AsO_3 + 6Ag + 6H^+$$

这就是 Gutzeit 试砷法，因此可用 AgNO$_3$ 溶液来吸收气体中的 AsH$_3$。

　　在半导体研究中，利用高纯 AsH$_3$ 与金属有机化合物加热，已经成功制备了一系列Ⅲ-Ⅴ族的化合物，如

$$Ga(CH_3)_3 + AsH_3 \xrightarrow{630~675℃} GaAs + 3CH_4$$

砷的其他氢化物研究较少。As$_2$H$_4$ 是对热不稳定的液体，外推沸点约 100℃，

在室温下很容易分解为 AsH_3 和组成大致为(As_2H)的聚氢化物的混合物。

SbH_3 是极毒的无色气体，它的一些物理性质列于表 2-6。SbH_3 分子是三角锥体形，用微波方法测得键长 Sb—H 为 170.7 pm，键角 H—Sb—H 为 91.3°，这个键角说明在 SbH_3 中金属原子主要是用 p 轨道成键。

SbH_3 是吸热化合物，对热稳定性很差，在室温下就能分解为相应的元素。SbH_3 比 AsH_3 更不稳定，这与它们的 $\Delta H_f^\ominus$ 递增（AsH_3 为 66.4 kJ/mol，SbH_3 为 145 kJ/mol）是一致的。SbH_3 分子间没有氢键存在，它对质子的亲和力几乎是零，没有形成 SbH_4^+ 离子的倾向，$[SbH_4]^+$ 还没有被发现过。SbH_3 具有相当好的还原性，能被空气中的氧及多数无机氧化剂水溶液氧化。

$$SbH_3(g) \Longrightarrow Sb + 3H^+ + 3e^- \qquad \varphi^\ominus = -0.51 \text{ V}$$

SbH_3 与金属一块加热时形成锑化物，这个反应在半导体技术中得到了应用，SbH_3 也用作硅的气相 n 型掺杂剂。

氢化铋 BiH_3 很不稳定，虽然很早就报道了它的存在[①]，但直到 1961 年才有了它的正式制取方法[②]：以 $MeBiH_2$ 为原料，在 -45℃ 以下进行歧化，

$$3MeBiH_2 \xrightarrow{-45℃} 2BiH_3 + BiMe_3$$

也可用 Me_2BiH 为原料制取 BiH_3，这一方法的反应通式为：

$$Me_{3-n}BiH_n \xrightarrow{-45℃} \frac{n}{3}BiH_3 + \frac{3-n}{3}BiMe_3$$

产物必须贮存在液氮中。

BiH_3 和 AsH_3，SbH_3 一样，是剧毒物质，室温下是无色的气体，但数分钟内几乎完全分解。所以有关 BiH_3 的许多物理性质和结构参数都很难测得。用外推法获得的沸点是 16.8℃。VB 族元素氢化物的沸点和标准生成焓的数值对比如表 2-7 所示。

表 2-7 VB 族元素氢化物的沸点和标准生成焓

	NH_3	PH_3	AsH_3	SbH_3	BiH_3
沸点/℃	-34.5	-87.5	-62.4	-18.4	16.8
$\Delta H_f^\ominus/(\text{kJ} \cdot \text{mol}^{-1})$	-46.1	-9.6(?)	66.4	145.1	277.8

可以看出，As，Sb，Bi 氢化物的标准生成焓均是较大的正值，所以它们都是

① 1918 年 F Paneth 首先用放射化学的示踪实验，鉴定出 BiH_3。

② 早期以 KBH_4 作还原剂制取 BiH_3 未获成功，后来用 $BiCl_3$ 在 $LiAlH_4$ 的乙醚中，于 -100℃ 下反应制得了 BiH_3，但产率不足 1%。

很不稳定的化合物，BiH_3 的 $\Delta H_f^{\ominus}$ 的正值特别大，故尤不稳定。BiH_3 的其他性质研究甚少。

2.2.2 砷锑铋氧化物和含氧化合物

2.2.2.1 砷的氧化物和含氧化合物[1, 5, 10, 11]

(1)砷(Ⅲ)的氧化物、含氧酸及其衍生物

砷有两种常见氧化物：As_4O_6(Ⅲ)，As_4O_{10}(Ⅴ)。砷的氧化物比氮的氧化物要少，这可能是由于砷难以成双键之故。

As(Ⅲ)的氧化物至少有两种多晶变体：白砷石和砷华。

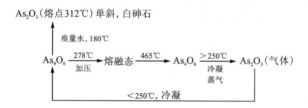

As_4O_6 分子的结构与 P_4O_6 类似，见图 2-2。在 800℃ 以上，As_4O_6 蒸气部分离解成含有 As_4O_6 和 As_2O_3 分子的平衡混合物，而 1800℃ 的蒸气全是由 As_2O_3 分子组成的，从分子态 As_4O_6 单元转化成多聚的 As_2O_3，密度增加8.7%，从3.89增至 4.23 g/cm³，并伴随着 As—O 键的断裂与重排。

有两种结构近似的单斜 As_2O_3：白砷石Ⅰ和白砷石Ⅱ。两者都有 A_2X_3 型化合物的最简单的层状结构(图 2-3)，即砷原子的 6^3 网通过氧原子连接起来，是折叠式的，其中键角 O—As—O 为 95.5°，键长 As—O 为 179 pm。As 原子在 O 原子平面的上面或下面，白砷石-Ⅰ和白砷石-Ⅱ的不同仅仅是砷原子排列不同。

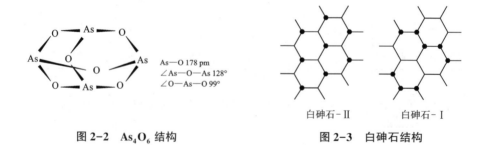

图 2-2 As_4O_6 结构 　　　　　　　　　　　图 2-3 白砷石结构

As(Ⅲ)的氧化物是砷的最重要的化合物，是制备砷的其他化合物的原料。

一般可用下述方法获得：

①在空气中燃烧砷；

②煅烧砷的化合物(如煅烧砷黄铁矿 FeAsS)；

③AsCl$_3$ 的水解。

$$4AsCl_3 + 6H_2O \longrightarrow As_4O_6 + 12HCl$$

产物的进一步提纯主要采用升华方法。

As$_2$O$_3$ 的主要反应如下：

$$As_2O_3 \xrightarrow{\quad HX \quad} AsX_3$$

$$\xrightarrow[(H^+)]{\quad H_2O, OH^- \quad} H_3AsO_3[\,As(OH)_3\,]$$

$$\xrightarrow{\quad HNO_3 \quad} H_3AsO_4$$

$$\xrightarrow{\quad NaOH/KBH_4 \quad} AsH_3$$

$$\xrightarrow{\quad S \quad} As_2S_3$$

$$\xrightarrow{\quad ROH \quad} As(OR)_3 \qquad (R\ 烷基，下同)$$

$$\xrightarrow{\quad R_3Al \quad} R_3As$$

$$\xrightarrow{\quad NaOH/RX \quad} RAsO_3Na_2$$

$$\xrightarrow{\quad NaOH/ArN_2Na \quad} ArAsO_3Na_2 \qquad (Ar\ 芳基)$$

As$_4$O$_6$ 在水中的溶解度与溶液的 pH 关系极大，在 25℃下，100 g 纯水能溶 2.16 g As$_4$O$_6$，在稀 HCl 中，随着 HCl 浓度升高其溶解度降低，在约 3 mol/L HCl 中降到最小值，为 1.56 g/100 g 纯水，而后其溶解度又继续增加，这与在高浓度，HCl 中形成 As—Cl 键的配合物有关。

As$_4$O$_6$ 在水溶液中存在的形态也取决于溶液的 pH，在中性或酸性溶液中，主要物种是亚砷酸 As(OH)$_3$，但迄今还未离析出来，它只存在于水溶液中，在碱性溶液中，它作为一种酸离解，已证明[AsO(OH)$_2$]$^-$，[AsO$_2$(OH)]$^{2-}$ 和[AsO$_3$]$^{3-}$ 阴离子的存在，25℃时，

$$H_3AsO_3 \Longrightarrow H^+ + [AsO(OH)_2]^- \qquad K_a = 6 \times 10^{-10}$$

即正亚砷酸 H$_3$AsO$_3$ 是一个非常弱的酸，在酸性溶液中，亚砷酸可按碱式电离：

$$As(OH)_3 \Longrightarrow As(OH)_2^+ + OH^-$$

$$K_b = [\,As(OH)_2^+\,][\,OH^-\,]/[\,As(OH)_3\,] = 10^{-14}$$

即亚砷酸的碱性比其酸性更弱。

H$_3$AsO$_3$ 与 H$_3$PO$_3$[HPO(OH)$_2$]的结构不同，Raman 光谱表明亚砷酸中没有

As—H 键存在。As(OH)$_3$ 的质子核磁共振谱只出现一个峰，表明 As(OH)$_3$ 中所有质子是等价的。

蒸发 As(Ⅲ)的氧化物的碱溶液可以得到亚砷酸盐，例如将 As$_4$O$_6$ 与 Na$_2$CO$_3$ 溶液共煮，即得 Na$_3$AsO$_3$ 溶液。Ag$_3$AsO$_3$ 也是正亚砷酸盐的一个例子，将亚砷酸的中性溶液与硝酸银作用就得到黄色 Ag$_3$AsO$_3$ 沉淀：

$$H_2AsO_3^- + 3Ag^+ \longrightarrow Ag_3AsO_3 + 2H^+$$

它溶于稀硝酸、氨水和乙酸中，亚砷酸与硫酸铜作用可形成酸式亚砷酸铜 CuHAsO$_3$，它易溶于无机酸和氨水。

偏亚砷酸 HAsO$_2$ 在溶液中存在的证据不多，但却得到了许多偏亚砷酸盐，如 Me^{Ⅰ}AsO$_2$(Me^Ⅰ 表示一价金属离子)，其结构是一个由 AsO$_3$ 基团组成的角锥体借共角连成的多聚阴离子链，并共用 Na$^+$离子，见图 2-4。

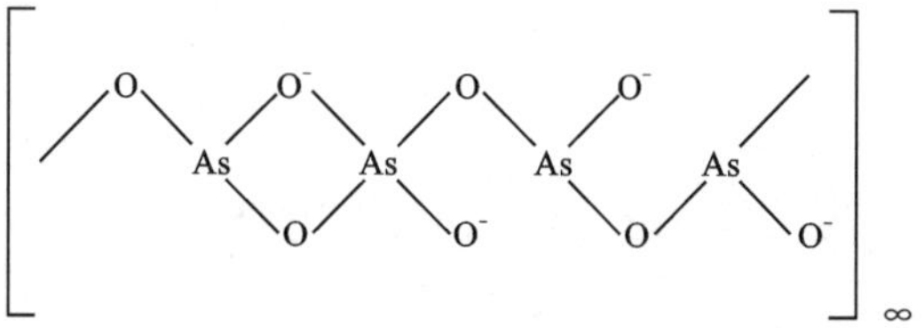

图 2-4 (NaAsO$_2$)$_\infty$ 结构

碱金属的亚砷酸盐是易溶于水的，碱土金属的亚砷酸盐的溶解度较小，而重金属亚砷酸盐则几乎皆不溶。亚砷酸钠用作长效杀虫剂、杀菌剂和除草剂。Cu$_2$(CH$_3$COO)AsO$_3$(称为巴黎绿)和 CuHAsO$_3$(称为舍勒绿)(或其脱水化合物 Cu$_2$As$_2$O$_5$)可作为绿色颜料。

As(Ⅲ)既可作氧化剂，也可作还原剂。它们的电极电势见表 2-8，可以看出：As(Ⅲ)的氧化性是弱的。在碱溶液中，Zn, Al 等正电性金属能将其还原成 AsH$_3$。

表 2-8 砷的标准电极电势

	氧化态	电极反应	$\varphi^{\ominus}/V$
酸性	As(0)/As(−Ⅲ)	As + 3H$^+$ + 3e$^-$ === AsH$_3$	−0.60
	As(Ⅲ)/ As(0)	H$_3$AsO$_3$ + 3H$^+$ + 3e$^-$ === As + 3H$_2$O	0.25
	As(Ⅴ)/ As(Ⅲ)	H$_3$AsO$_5$ + 4H$^+$ + 4e$^-$ === H$_3$AsO$_3$ + 2H$_2$O	0.56
碱性	As(Ⅲ)/As(0)	AsO$_2^-$ + 2H$_2$O + 3e$^-$ === As + 4OH$^-$	−0.68
	As(Ⅴ)/ As(Ⅲ)	AsO$_4^{3-}$ + 2H$_2$O + 2e === AsO$_2^-$ + 4OH$^-$	0.71

但在酸性介质中比在碱性介质中要强些，例如在浓盐酸中与二氯化锡作用生成黑棕色的砷：

$$3SnCl_2 + 12Cl^- + 2H_3AsO_3 + 6H^+ \longrightarrow 2As + 3SnCl_6^{2-} + 6H_2O$$

亚砷酸的这一性质与 Hg(II，I)，Se(IV，VI)和 Te(IV，VI)的类似。

As(III)的还原性与其氧化性相反，在碱性介质中要强些。可与浓硝酸、Cl_2、I_2 等作用。例如在酸性的缓冲溶液，如碳酸氢根离子存在下(pH = 8)，亚砷酸能使 I_2–KI 溶液很快褪色，反应完全：

$$AsO_3^{3-} + I_2 + 2OH^- \rightleftharpoons AsO_4^{3-} + 2I^- + H_2O$$

但是 pH 强烈影响电对 As(V)/As(III)的电极电势，随着溶液 pH 的降低 $\varphi_{As(V)/As(III)}$ 将增加，As(III)的还原性减弱，上述反应将向逆方向进行。

(2)砷(V)的氧化物及其含氧酸

As_4O_{10} 不能像 P_2O_5 那样由单质直接氧化得到，因它在高温下会分解而失去氧，由 As_4O_6 直接氧化成 As_4O_{10} 即使在一定压力下的纯氧中也不能定量地进行。因此，五氧化二砷最好用加热砷酸的水合物来制备。

$$As_2O_5 \cdot 7H_2O \xrightarrow{-30℃} As_2O_5 \cdot 4H_2O \xrightarrow{36℃} As_2O_5 \cdot \frac{5}{3}H_2O$$

$$(H_3AsO_4 \cdot 2H_2O) \quad \left(H_3AsO_4 \cdot \frac{1}{2}H_2O\right) \quad (H_5As_3O_{10})$$

$$\xrightarrow{170℃} As_2O_5$$

由于砷酸脱水分步进行，实验室用浓硝酸与砷或 As_4O_6 反应得到的溶液，在不同的温度下重结晶可以得到不同的固体，只有进一步加热才可能得到 As_2O_5。

As_2O_5 结晶具有由等数目的四面体 AsO_4 和八面体 As_4O_6 基团(As—O 分别为 168 pm 和 182 pm)共角相连组成的复杂的 3D 格架。

As_2O_5 在空气中吸潮，易溶于水(20℃时每 100 g 水溶解 230 g)。它与 P_2O_5 不同，对热不稳定，在熔点附近(300℃)即失去 O_2，变成 As_2O_3。它是强氧化剂，能将 SO_2 氧化成 SO_3：

$$As_2O_5 + 2SO_2 \longrightarrow As_2O_3 + 2SO_3$$

正是由于 As_2O_5 的热稳定性差，易水解，加上单晶培养困难，以致不久以前对它的结构才有所了解，虽然它是最早知道的氧化物之一。

As_2O_5 溶于水可得砷酸 H_3AsO_4 或用浓硝酸处理砷(可得白色结晶 $H_3AsO_4 \cdot \frac{1}{2}H_2O$)，或在加压下催化处理 As_2O_5、空气和水来制备。H_3AsO_4 是三元酸，在 25℃下，其 $pK_1 = 2.2$，$pK_2 = 6.9$，$pK_3 = 11.5$。

As_2O_5 溶于水形成正砷酸的过程很慢，若用碱溶液则相当快地生成砷酸盐。除正盐外，两种酸式盐 $Me^IH_2AsO_4$ 和 $Me_2^IHAsO_4$ 也存在，如 KH_2AsO_4，CsH_2AsO_4，

$NH_4H_2AsO_4$，$MgHAsO_4 \cdot 4H_2O$，$CaHAsO_4 \cdot 3H_2O$。这些砷酸盐中的砷是四面体配位的，含 AsO_4^{3-}（Na_3AsO_4），$AsO_2(OH)_2^-$（NaH_2AsO_4）和 $AsO_3(OH)_2^{2-}$（$MgHAsO_4 \cdot 4H_2O$，$CaHAsO_4 \cdot 3H_2O$）离子，其中 As—O 为 167 pm，As—OH 为 173 pm。已知 $YAsO_4$ 和 YPO_4 是等构体，KH_2AsO_4 和 KH_2PO_4 也是等构体。AsO_4^{3-} 离子振动频率如表 2-9 所示。

表 2-9　AsO_4^{3-} 离子振动频率　　　　　　　　　　单位：cm^{-1}

v_1	v_2	v_3	v_4
813	343	813	402

虽然未能从 H_3AsO_4 水合物脱水制得原砷酸、焦砷酸和偏砷酸，但相应的盐都是已知的，其结构和相应的磷酸盐相似，如加热 NaH_2AsO_4 可得偏砷酸钠：

$$NaH_2AsO_4 \xrightarrow{\triangle} NaAsO_3 + H_2O$$

这是一个无限长的长链多聚物，有一个三聚体的重复单元；$LiAsO_3$ 也是类似的，具有三聚体的重复单元（图 2-5）；然而 $\beta-KAsO_3$ 就形成环状的三聚体阴离子 $As_3O_9^{3-}$，$As_4O_{12}^{4-}$ 也是环状的。这些盐的阴离子通式是 $[As_nO_{3n}]^{n-}$。

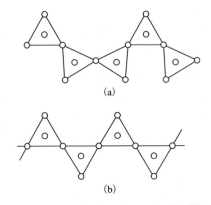

(a)

(b)

图 2-5　$NaAsO_3$(a) 和 $LiAsO_3$(b) 的重复单元

砷酸及其盐的氧化性不强，但仍是其重要性质，如通 H_2S 气体于略加酸化的砷酸盐中不会立即发生沉淀，而 As(Ⅴ) 将被还原成 As(Ⅲ)，而后产生沉淀：

$$H_2AsO_4^- + HS^- + 2H^+ \longrightarrow H_3AsO_3 + H_2O + S$$

$$2H_3AsO_3 + 3HS^- + 3H^+ \longrightarrow As_2S_3 + 6H_2O$$

与 SO_2 作用则还原成亚砷酸：

$$HAsO_4^{2-} + SO_2 + H_2O \longrightarrow H_3AsO_3 + SO_4^{2-}$$

在用浓盐酸酸化后，$SnCl_2$ 将把它还原成黑色的 As：

$$5SnCl_4^{2-} + 2H_3AsO_4 + 10Cl^- + 10H^+ \longrightarrow 5SnCl_6^{2-} + 2As + 8H_2O$$

在稀盐酸中与电正性强的金属如 Zn，Al 反应，则生成 AsH_3，例如：

$$4Zn + H_3AsO_3 + 8H^+ \longrightarrow AsH_3 + 4Zn^{2+} + 4H_2O$$

与 BH_4^- 反应也生成 AsH_3：

$$BH_4^- + H_2AsO_4^- + H^+ \longrightarrow AsH_3 + H_2BO_3^- + H_2O$$

砷酸盐用于制药和生产杀虫剂，如 Na_2HAsO_4，$Ca(AsO_4)_2$，$PbHAsO_4$ 等是常用的杀虫剂。也已知 $Me^IH_2AsO_4(Me=K，Rb，Cs，NH_4)$ 是铁电体。

（3）砷的混合价态氧化物

最典型的一种是 AsO_2，它实际有 As^{III} 和 As^V 两种价态，可视为 As_2O_3 和 As_2O_5 加合起来的氧化物 $As^{III}As^VO_4$。高压釜中在氧的存在下，加热立方 As_2O_3 则可得到 AsO_2。它是层状结构，可视为在单斜 As_2O_3 的六角网结构(图 2-4)中 As 原子交替地附加氧原子，因此，一半 As 原子各形成 3 个三角锥键(键长 As—O 181 pm，键角 O—As—O 90°)，余下的 As 原子各形成 4 个四面体键(桥链 As—O 172 pm，末端 As—O 161 pm)，即在 As(Ⅲ)、As(Ⅴ)中 As(Ⅲ)的配位数为 3，呈三角锥形；As(Ⅴ)的配位数为 4，呈四面体。

2.2.2.2 锑的氧化物及含氧酸

锑的主要氧化物是 Sb_4O_6 和 Sb_4O_{10}。在 $800\sim900℃$ 下加热较长时间，还可形成一种白色的化学计量式为 SbO_2 的不溶性粉末，现已发现它们是 Sb(Ⅲ)与 Sb(Ⅴ)物质的量比为 1∶1 的物质，即 $Sb^{III}Sb^VO_4$ 或 $Sb_2O_3 \cdot Sb_2O_5$。

（1）锑(Ⅲ)的氧化物和含氧阴离子

水解 SbX_3 很易得到 Sb_4O_6，也可在空气中加热金属锑或 Sb_2O_3，或将水蒸气与红热金属锑反应制得。

Sb(Ⅲ)氧化物至少有两种不同变体：立方的方锑矿和正交的锑华，它们相互关系如下：

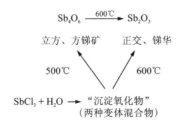

与砷的氧化物类似，在蒸气相中氧化亚锑分子是以二聚体形式 Sb_4O_6 存在的，只有在高温下才分解为简单的分子 Sb_2O_3。

X 射线研究表明，立方的 Sb_4O_6 是分子晶体。Sb 与 3 个质点相邻，呈三角锥形，Sb—O 键长 198 pm，键角(O—Sb—O)96°，正交的锑华的结构较复杂，由锑、氧原子交错的长链构成无限的双链结构，键长 Sb—O 201 pm，键角(O—Sb—O)为 80°，92° 和 98°，键角(Sb—O—Sb)为 116° 和 131°，如图 2-6 所示。两种变体的物理性质也不同，见表 2-10。

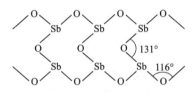

图 2-6　Sb_2O_3(锑华)结构

表 2-10　Sb(Ⅲ)氧化物的物理性质

性　　质	Sb_2O_3(立方)	Sb_2O_3(正交)
熔点/℃		655
沸点/℃	1425	
$\Delta H_f^\ominus$/(kJ·mol^{-1})	−720.5	−708.5
密度/(kg·m^{-3})	5200	5790

三氧化二锑几乎不溶于水($3×10^{-5}$ mol Sb_2O_3/kg H_2O，25℃)和稀硫酸，但溶于浓硫酸，硝酸、盐酸、草酸、酒石酸中，形成相应酸的盐或配离子：$Sb_2(SO_4)_3$，$Sb(NO_3)_3$，$SbCl_3$ 或 $SbCl_4^-$，$Sb(C_2O_2)_2^-$，$Sb(C_4H_4O_6)_2^-$，Sb_2O_3 也溶于强碱中，形成亚锑酸盐，这些事实表明 Sb_2O_3 是两性的，但是到目前为止，对亚锑酸及其盐的性质描述甚少，还没有得到 $Sb(OH)_3$，以任何方法制备得到的只是含水的氧化物 $Sb_2O_3 \cdot xH_2O$，尽管亚锑酸盐十分稳定，少数偏亚锑酸盐和聚亚锑酸盐也是已知的，如 $NaSbO_2 \cdot H_2O$，$Na_2Sb_4O_7$。

Sb(Ⅲ)也形成许多这样的化合物 $Me^{Ⅱ}Sb_2O_4$($Me^{Ⅱ}$ = Mg，Zn，Mn，Fe，Co，Ni 等)，它们和 P_3O_4 是等价的。这些化合物是由三角锥{SbO_3}和八面体 $Me^{Ⅱ}O_6$(或者稍微发生扭曲)构成。如在 $ZnSb_2O_4$ 中，Sb—O 197 pm，Zn—O 211 pm，键角 O—Sb—O 93.4°(2 个)，96.4°(1 个)。

与 As(Ⅲ)的氧化物相似，Sb(Ⅲ)的氧化物也是合成锑化合物的起始物，并常用它与过渡金属卤化物反应来制取过渡金属卤氧化物：

$$3MX_n + Sb_2O_3 \longrightarrow 3MX_{n-2} + 2SbCl_3$$

$SbCl_3$ 具挥发性，很易除去，此外，$SbCl_3$ 还有广泛的应用，如作为纤维、塑料与橡胶中的阻燃剂，美国每年消耗约 10000 t $SbCl_3$。

（2）锑（Ⅴ）的氧化物、含氧酸及盐

水解六氯合锑酸可得 Sb（Ⅴ）的氧化物，

$$2HSbCl_6 + 5H_2O \longrightarrow \frac{1}{2}Sb_4O_{10} + 12HCl$$

用氨水水解 $SbCl_5$，并在 275℃ 下脱水或加硝酸于锑酸钾中也可制得六氯合锑酸。

关于 Sb_2O_5 的结构知道得很少，一些热力学数据为 $\Delta H_f^{\ominus} = -974$ kJ/mol，$\Delta G_f^{\ominus} = -830$ kJ/mol，$S_f^{\ominus} = 125$ J/（mol·K）。

将五氧化二锑溶于碱金属氢氧化物或与其固体共熔即得锑酸盐 $Me^I[Sb(OH)]_6$，这些碱金属锑酸盐 $MeSb(OH)_6$ 与酸性离子交换树脂交换得到的"锑酸"，得到类强酸的滴定曲线特性，pK 为 2.5。

长时期来，人们对 Sb（Ⅴ）的含氧化合物的认识还不清楚，许多化合物被看成是与磷酸、砷酸盐有相同分子式的偏、焦锑酸盐，后来通过结构研究才发现它们与磷酸、砷酸不同。Sb（Ⅴ）的含氧化合物不是以四面体为基础，都是氧原子对 Sb（Ⅴ）形成八面体配位，这些含氧化合物可分为两类：

①含 $Sb(OH)_6^-$ 离子的盐类，原以分子式 $LiSbO_3 \cdot 3H_2O$，$Na_2H_2Sb_2O_7 \cdot 5H_2O$ 表示的偏、焦锑酸盐中，事实上不存在偏、焦锑酸离子。焦锑酸盐 $Na_2H_2Sb_2O_7 \cdot 5H_2O$ 的结构是 $NaSb(OH)_6$。例如将"焦锑酸钠"溶液加到镁盐溶液中，得到实验组成为 $Mg(SbO_3)_2 \cdot 12H_2O$，被称为偏锑酸盐的化合物，但 X 射线研究结果表明它的分子式为 $Mg(H_2O)_6[Sb(OH)_6]_2$。一些锑酸盐的正确结构式如下：

正确的结构式	旧的分子式
$Na[Sb(OH)_6]$	$Na_2H_2Sb_2O_7 \cdot 5H_2O$
$Mg[Sb(OH)_6]_2 \cdot 6H_2O$	$Mg(SbO_3)_2 \cdot 12H_2O$
或$[Mg(H_2O)_6][Sb(OH)_6]_2$	（Co，Ni 盐类似）
$[Cu(NH_3)_3(H_2O)_3][Sb(OH)_6]_2$	$Cu(NH_3)_3(SbO_3)_2 \cdot 9H_2O$
$Li[Sb(OH)_6]$	$LiSbO_3 \cdot 3H_2O$

$NaSbF_6$ 部分水解的产物，原来写成 $NaF \cdot SbOF_3 \cdot H_2O$，它的正确分子式是 $Na[SbF_4(OH)_2]$。这也说明 $NaSbF_6$ 和 $Na[Sb(OH)_6]$ 是结构相似的。

$KSb(OH)_6$ 是检定 Na^+ 的试剂，$Pb[Sb(OH)_6]$ 可作瓷器的黄色色料。

②以 $\{SbO_6\}$ 八面体为基础的，具有下列（或可能其他）类型的络氧化物：

$Me^{I}SbO_3$，$Me^{II}Sb_2O_6$，$Me_2^{II}Sb_2O_7$，$Me^{III}SbO_4$。

所有这些化合物中都含有$\{SbO_6\}$八面体结构，仅仅是在晶格中连接方式不同而已。即$\{SbO_6\}$八面体可能以共角、棱或面连接起来。图 2-7 给出了 $LiSbO_3$ 的共棱八面体结构，所以把这些化合物看作络氧化物比看作不同类型的锑酸盐更合适。

图 2-7　在 $LiSbO_3$ 中共棱的八面体$\{SbO_6\}$

在 $Me^{I}SbO_3$ 中主要有 $NaSbO_3$ 和 $KSbO_3$，可在空气中分别加热 $NaSb(OH)_6$ 和 $KSb(OH)_6$ 制得。将 Sb_2O_3 与碳酸钠共熔也可制得 $NaSbO_3$，也有类似的 Ag 盐和 Li 盐，它们主要是钛铁矿结构。

$Me^{III}SbO_4$ 型的化合物包括 $FeSbO_4$，$AlSbO_4$，$CrSbO_4$，$RhSbO_4$，$GaSbO_4$ 等，为金红石结构。

$Me^{II}Sb_2O_6$ 型化合物有三种类型结构，离子半径较小的 Mg^{2+} 和某些 3d 金属离子的化合物为三金红石结构。离子半径稍大的 Mn^{2+} 的化合物则取铌铁矿结构，Me 离子半径为 100 pm 或稍大点则是六方结构。

$Me_2^{II}Sb_2O_7$ 型化合物有两种结构，$Ca_2Sb_2O_7$，$Sr_2Sb_2O_7$ 为氟铝镁钠石结构，$Pb_2Sb_2O_7$ 为烧绿石(pyrochlore)结构。

锑的不同氧化态的电势图如下：

强酸性溶液

$$Sb_2O_5 \xrightarrow{0.605\ V} SbO^+ \xrightarrow{0.204\ V} Sb$$

酸性和中性溶液

$$Sb_2O_5 \xrightarrow{1.055\ V} Sb_2O_4 \xrightarrow{0.342\ V} Sb_4O_6 \xrightarrow{0.150\ V} Sb \xrightarrow{-0.510\ V} SbH_3$$

$$0.699\ V$$

碱性溶液

$$Sb(OH)_6^- \xrightarrow{-0.465\ V} Sb(OH)_4^- \xrightarrow{-0.639\ V} Sb \xrightarrow{-1.338\ V} SbH_3$$

可以看出，Sb(Ⅲ)在水溶液中不发生歧化，锑元素本身也是一样。Sb(Ⅲ)是中等强的还原剂，可被 I_2，$KBrO_3$，$KMnO_4$ 等氧化，正是利用它们建立了锑的容量分析方法。

（3）混合价态氧化物

与 As_2O_4 一样，Sb_2O_4 也是混合价化合物 $Sb^{III}Sb^VO_4$，并有 α-Sb_2O_4 和 β-Sb_2O_4 两种变体。在每一种变体中 Sb(V) 有 6 个氧原子配位，呈稍有变形的八面体。Sb(III) 有 4 个氧原子配位，但与 As_2O_4 中的 As(III) 不同，不是呈三角锥形，而是呈一边倒的锥体，见图 2-8。

α-Sb_2O_4 和 β-Sb_2O_4 两种变体的不同，仅仅是 {SbO_6} 与 {SbO_4} 多面体堆积的不同。图 2-9 是 β-Sb_2O_4 结构，{SbO_0} 八面体用它们的平展顶角相连形成多摺层状，Sb(III) 在两层之间。

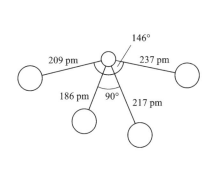

图 2-8　α-Sb_2O_4 中 Sb(III) 的配位情况

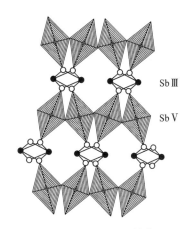

图 2-9　β-Sb_2O_4 结构

2.2.2.3 铋的氧化物及含氧化合物

（1）铋的氧化物

经仔细确证的铋的氧化物只有一种，即三氧化二铋，此物有多种变形，在常温下稳定的是 α-Bi_2O_3，它是单斜晶体，加热至 729℃，α-Bi_2O_3 即转变为立方晶系的 δ-Bi_2O_3，此种形态直至 824℃ 才熔化。将 δ-Bi_2O_3 冷却，可以得到两种介稳状态的晶形：一种是 650℃ 时，生成的正方晶形的 β-Bi_2O_3，另一种是 639℃ 时生成的体心立方晶格的 γ-Bi_2O_3。

α-Bi_2O_3 是黄色粉末，溶于酸而生成铋盐，与砷、锑相应氧化物不同的是它不溶于碱，所以 α-Bi_2O_3 不具有两性而只显碱性，这是同族递变的明显现象。

铋盐溶液与碱液或氨水作用而生成白色沉淀 $Bi(OH)_3$，此物是无定形粉末，类似于其氧化物，完全只是碱性。$Bi(OH)_3$ 易溶于酸而生成含 $Bi(Ⅲ)$ 离子的溶液，但是，没有证据表明溶液中存在简单的 $[Bi(H_2O)_n]^{3+}$ 离子，在中性的高氯酸盐中主要是聚合铋氧阳离子 $(Bi_6O_6)^{6+}$ 或者是其水合离子 $[Bi_6(OH)_{12}]^{6+}$。当溶液 pH 升高时，可以生成 $[(Bi_6O_6)(OH)_3]^{3+}$ 直至产生铋氧基 $(BiO)_n^{n+}$ 盐的沉淀。在 $[Bi(OH)_{12}]^{6+}$ 中含有由 Bi_6 组成的八面体。12 个 OH^- 位于 Bi 组成的八面体的 12 个棱边上，作为桥联顶角上 Bi 原子的基团。振动光谱实验表明，Bi 原子间存在某种较弱的化学键，用极强的氧化剂（如次氯酸钠）氧化 Bi_2O_3，或在 Bi^{3+} 的碱性溶液中加入强氧化剂，可生成棕黑色物质，此物可能是 Bi_2O_5。但它极不稳定，难于制得纯品，Bi_2O_5 在 100℃ 即迅速失去氧而变成 Bi_2O_3。

Bi_2O_5 与 Bi_2O_3 不同，它是酸性的，存在多种与之相对应的铋酸盐，最常见的是铋酸钠 $NaBiO_3$，在 $Bi(OH)_3$ 的强碱性溶液中加入强氧化剂（如 Cl_2）或加热 Na_2O_2 和 Bi_2O_3 的混合物均可制得 $NaBiO_3$。铋酸钠是黄棕色固体，在酸性溶液中是极强的氧化剂 $[\varphi^{\ominus}(Bi^{V}/Bi^{Ⅲ}) = 2.03\ V]$。例如，钢铁试样中的锰可以直接为 $NaBiO_3$ 氧化成高锰酸根，然后用比色法确定其浓度，但 $NaBiO_3$ 的溶液很不稳定，在 0.5 mol/L 的 $HClO_3$ 溶液中，避光可以保存数日。

与前面的砷、锑氧化物比较，可以看出它们存在下列两种变化趋势：①氧化物的稳定性随原子序数增加而降低；②同一氧化态的氧化物随原子序数增大而碱性增强。

（2）铋盐

铋（Ⅲ）的氧化物具有足够的碱性能形成一系列铋盐，包括一些弱酸性的铋盐。

将铋（Ⅲ）的氧化物或碳酸盐与浓硝酸作用，即生成硝酸铋，后者自溶液中析出五水合物 $Bi(NO_3)_3 \cdot 5H_2O$ 白色晶体。研究表明，在晶体中 $Bi^{Ⅲ}$ 为 3 个二齿配体 NO_3^- 及 3 个水分子配位形成的高配位离子，这种高配位离子在重金属元素的水合盐中经常出现。

将 $Bi(NO_3)_3 \cdot 5H_2O$ 直接加热，可得下列系列产物：

$$Bi(NO_3)_3 \cdot 5H_2O \xrightarrow{50 \sim 60℃} (Bi_6O_6)_2(NO_3)_{11}(OH) \cdot 6H_2O \rightarrow$$

$$\xrightarrow{77 \sim 130℃} [Bi_6O_6](NO_3)_6 \cdot 3H_2O \xrightarrow{400 \sim 500℃} \alpha - Bi_2O_3$$

不含结晶水的硝酸铋至今尚未获得。

有充分证据表明，在硝酸铋的硝酸浓溶液中，Bi^{3+} 与 NO_3^- 生成了各种络合物：$[Bi(NO_3)(H_2O)_n]^{2+} \cdots Bi(NO_3)_4^-$，其中 NO_3^- 主要表现为二齿配体。

将 $Bi(NO_3)_3 \cdot 5H_2O$ 溶于水或将它的浓硝酸溶液稀释时，均可产生不溶于水的碱式盐：$BiONO_3$，$Bi_2O_2(OH)(NO_3)$，$Bi_6O_4(OH)_4(NO_3)_6 \cdot H_2O$ 的沉淀，后者含有 Bi_6 八面体，并在其一个面上以 μ_3-桥联氧基与其他八面体依次相连。已知在碱式盐沉淀后的溶液中仍然含有 $[Bi_6O_4(OH)_4]^{6+}$[①]。

Bi_2O_3 或 $Bi(OH)_3$ 与浓 H_2SO_4 作用可生成硫酸铋（Ⅲ），或将金属铋与浓硫酸共同加热蒸发，也可生成硫酸铋（Ⅲ），其结晶为白色固体 $Bi_2(SO_4)_3 \cdot nH_2O$，已知 $n=2$ 或 7，它与钇、镧、镨的硫酸盐是同晶形的。400℃ 以下加热它并不分解，但 400℃ 以上加热即分解为碱式盐和氧化铋（Ⅲ），硫酸铋遇水发生水解而生成不溶性碱式盐 $Bi(OH)_3 \cdot Bi(OH)SO_4$。

在浓硫酸溶液中硫酸铋（Ⅲ）也不存在单独的 Bi^{3+}，而存在一系列配离子 $[Bi(SO_4)_n]^{3-2n}$，$n=1\sim5$，它们的稳定常数于 1970 年由 Fedorov 等测出[②]：$\lg\beta_1 = 1.98$，$\lg\beta_2 = 3.41$，$\lg\beta_3 = 4.08$，$\lg\beta_4 = 4.34$，$\lg\beta_5 = 4.60$。

2.2.3　砷的硫属化合物[1, 5, 10, 12, 109]

已知砷的硫化物有 6 种：As_2S_3，As_2S_5，As_4S_3，As_4S_4，As_4S_5，As_4S_6。天然的硫化物有 As_2S_3 和 As_4S_4。黄色的 As_2S_3 俗称雌黄，As_4S_4 俗称雄黄，呈橘子红色，它们都有着古老的历史。但是对砷的硫化物结构的了解仅是近几十年的事，而且至今对五硫化二砷的结构也不甚清楚。

这些砷的硫化物结构可通过 As_4 结构来了解。从 As_4 四面体出发，在每一个棱上插入 1 个 S 原子，形成 6 个 S 桥，就产生 As_4S_6。如果 As_4 四面的 6 个棱中只有 3，4，5 个棱插入 S 原子，就分别产生 As_4S_3，As_4S_4 和 As_4S_5。如图 2-10 所示。

（1）三硫化二砷

As_4S_6 是 As_2S_3 的二聚体，雌黄蒸气就是 As_4S_6 分子，其结构与 As_4O_6 和 P_4O_6 的结构类似。单斜 As_2S_3 是层状结构，与 As_2O_3 类似，每一个砷原子锥体同 3 个 S 原子成键。As—S 224 pm，键角 S—As—S 为 99°（图 2-11）。

As_2S_3 是容易升华的固体（熔点 230℃，沸点 707℃）。它可由硫和砷或 As_4O_6 和 S 加热制得：

$$2As_2O_3 + 9S \longrightarrow 2As_2S_3 + 3SO_2$$

将 H_2S 气体通入酸化的亚砷酸溶液中则得到无定形的沉淀。并且当溶液 pH 为 $1\sim2$ 时，沉淀是定量的。

$$2H_3AsO_3 + 3H_2S \longrightarrow As_2S_3\downarrow + 6H_2O$$

As_2S_3 不溶于水，甚至在浓 HCl 中也不溶解（有别于 Sb_2S_3）。但是 As_2S_3 易溶于碱金属的氢氧化物、碳酸盐和硫化物中，生成硫代亚砷酸盐：

$$As_2S_3 + 6OH^- \longrightarrow AsS_3^{3-} + AsO_3^{3-} + 3H_2O$$

$$As_2S_3 + 3CO_3^{2-} \longrightarrow AsS_3^{3-} + AsO_3^{3-} + 3CO_2$$

---

① Sundvall. Acta Chem. Scand. 1980, 93, 434.

② Kinberger. Acta Chem. Scand. 1970, 24, 320.

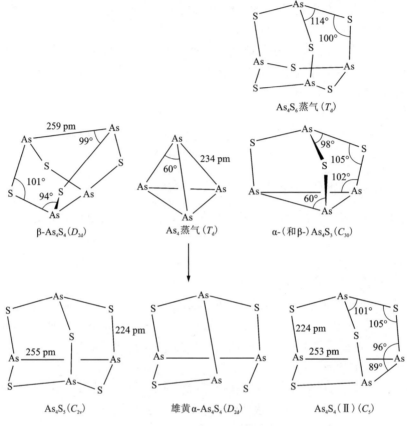

图 2-10 一些硫化砷的结构

$$As_2S_3 + 3S^{2-} \longrightarrow 2AsS_3^{3-}$$

后一反应在分析化学中常用来溶解 As_2S_3，当上述溶液酸化时，硫化砷又重新沉淀出来。

As_2S_3 与碱金属或氨的多硫化物作用，被氧化成硫代砷酸盐而溶解。

$$As_2S_3 + 3S_x^{2-} \longrightarrow 2AsS_4^{3-} + (3x - 5)S$$

这也是定性分析中的重要反应，过氧化氢和浓硝酸也可将 As_2S_3 氧化成砷酸而将其溶解。

$$As_2S_3 + 10H^+ + 10NO_3^- \longrightarrow 2H_3AsO_4 + 3S + 10NO_2 + 2H_2O$$

但 As_2S_3 在空气中燃烧只给出氧化亚砷和 SO_2，和 Cl_2 反应则转化为 $AsCl_3$ 和 S_2Cl_2。

As_2S_3 也可被还原成 As_4S_4：

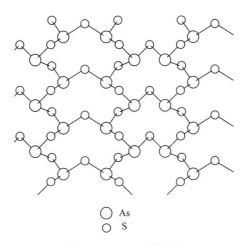

○ As
○ S

图 2–11　As$_2$S$_3$ 的结构

$$As_2S_3 + 2SnCl_2 + 4HCl \longrightarrow As_4S_4 + 2H_2S + 2SnCl_4$$

在砷和锡的混合溶液中检验砷时常得到红色沉淀，就是有此反应之故。

（2）四硫化四砷

雄黄是具有 As$_4$S$_4$ 分子的晶体，在 As$_4$S$_4$ 分子中有 2 个 As—As 键和 4 个 S 桥。由于 2 个 As—As 键连接方式不同，而有两种几何异构体（见图 2–10）。一种是 2 个 As—As 键交叉，它有较大的对称性，4 个 As 原子都一样，均与 1 个 As 和 2 个 S 原子相键合，雄黄就具有这种结构。另一种是 2 个 As—As 键毗连，有三种情况：①As—2As，S（表示有 1 个 As 原子与 2 个 As 原子和 1 个 S 原子键合）；②As—3S；③As—As，2S，这种异构体 As$_4$S$_4$（Ⅱ）是与 P$_4$S$_4$ 的几何异构体相似的。As$_4$S$_4$ 已经用等原子数的相应单质加热到 500~600℃，然后迅速冷却到室温得到，用 CS$_2$ 重结晶后得到橘黄色片状晶体。

工业上常用煅烧黄铁矿与砷黄铁矿［按 $m(As):m(S) = 15:27$］来制备 As$_4$S$_4$：

$$4FeS_2 + 4FeAsS \longrightarrow As_4S_4 + 8FeS$$

As$_4$S$_4$ 不溶于水，它的热稳定性较好，能在常压下蒸馏而不分解，但在空气中 As$_4$S$_4$ 受阳光照射后会转变成雌黄 As$_2$S$_3$ 和 As$_2$O$_3$ 的混合物，当 As$_4$S$_4$ 与 KNO$_3$ 混合加热时，则会燃烧，并产生极美丽的白光，因此 As$_4$S$_4$ 常常用于制造烟火，与 KOH 共热，As$_4$S$_4$ 则歧化分解为 As$_4$S$_6$ 和 As：

$$3As_4S_4 \longrightarrow 2As_4S_6 + 4As$$

As$_4$S$_6$ 进而与 KOH 反应生成硫代亚砷酸盐和亚砷酸盐。在我国，雄黄一向用作制造颜料、药材和烟火。

(3)砷的其他硫化物

将 As 和 S 按 As_4S_3 化学摩尔比例混合加热可得到 As_4S_3,用升华法进一步提纯后,可得橘黄色结晶,其结构见图 2-10,有 $\alpha-As_4S_3$ 和 $\beta-As_4S_3$ 两种,两者的不同仅在于分子单元的排列不同。$\beta-As_4S_3$ 在室温下是稳定的,$\alpha-As_4S_3$ 在 130℃ 以上是稳定的,前几年才合成的它的等电子体阳离子原子簇 $As_3S_4^+$(黄色)和 $As_3Se_4^+$(橙色)也有同样的分子构型[5]。

当加热 As_4S_3 与 S 的 CS_2 溶液合成 As_4S_4 时,As_4S_5 作为一种副产物偶然得到,也可用 $As_4S_6^{2-}$ 阴离子的异裂方法制取 As_4S_5,如图 2-12 所示。

$$As_4S_4 \xrightarrow[\text{在 } CH_3NHCH_2CH_2OH \text{ 中}]{\text{哌啶}} [PiPH^+]_2[As_4S_6]^{2-} \longrightarrow 2PiPHX + As_4S_5 + H_2S$$

图 2-12　As_4S_4 转化为 $[PiPH^+]_2[As_4S_6]^{2-}$ 后异裂制取 As_4S_5

As_4S_5 是橙色的类针状结晶,结构式(图 2-10)与 As_4S_4(Ⅱ)类似,只是多了一个 S 原子桥,它与 P_4S_5 不同,只有一个 As—As 键,没有 As =S 结构。

As_4S_5 结构还不知道,据说迅速地将 H_2S 通到用冰冷却的砷酸的浓 HCl 溶液中可得到 As_4S_5。在室温下和慢慢通 H_2S 时,砷酸将被还原成亚砷酸而得到 As_2S_3。或者将 As 与 S 熔融,用氨水萃取,然后在 0℃ 下用 HCl 酸化萃取液而得到,在空气中超过 95℃ 它就分解为 As_2S_3 和 S。

2.3　硫酸溶液中砷锑铋沉淀反应及沉淀物结构

实验证明铜电解液中砷价态变化及砷浓度提高时,电解液中有沉淀生成。利用分析纯 As_2O_3、As_2O_5、Sb_2O_3、Bi_2O_3、HNO_3、HCl、H_2SO_4 配制高浓度 As(Ⅲ)、As(Ⅴ)、Sb(Ⅲ)、Sb(Ⅴ)、Bi(Ⅲ)溶液,配制成含有 As、Sb、Bi 的硫酸溶液,在硫酸溶液中 As(Ⅲ,Ⅴ)、Sb(Ⅲ,Ⅴ)、Bi(Ⅲ)相互作用产生沉淀具有一定规律。

2.3.1　硫酸溶液中 As(Ⅲ,Ⅴ)、Sb(Ⅲ,Ⅴ)、Bi(Ⅲ)沉淀反应及沉淀物结构

以铜电解液中硫酸浓度为基础,即在 185 g/L 硫酸溶液中 As(Ⅲ,Ⅴ)、

Sb(Ⅲ, Ⅴ)、Bi(Ⅲ)相互作用产生沉淀, 其实验结果如表 2-11 所示。

表 2-11　酸性溶液中 As、Sb、Bi 之间的沉淀反应

序号	体　系	沉淀与否	反应后溶液成分/(g·L⁻¹)		
			As	Sb	Bi
1	As(Ⅲ)+Sb(Ⅲ)		9.83	0.6	—
2	As(Ⅲ)+Bi(Ⅲ)		10.01	—	0.235
3	Sb(Ⅲ)+Bi(Ⅲ)		—	0.582	0.235
4	As(Ⅲ)+Sb(Ⅲ)+Bi(Ⅲ)		9.85	0.6	0.23
5	Sb(Ⅴ)+As(Ⅲ)		9.74	0.595	—
6	Sb(Ⅴ)+Bi(Ⅲ)		—	0.589	0.24
7	As(Ⅴ)+Bi(Ⅲ)		9.87	—	0.24
8	As(Ⅴ)+Sb(Ⅲ)	↓	9.45	0.127	—
9	As(Ⅴ)+Sb(Ⅴ)		9.88	0.608	—
10	As(Ⅴ)+Sb(Ⅴ)+Sb(Ⅲ)		9.818	0.574	—
11	As(Ⅴ)+Sb(Ⅴ)+As(Ⅲ)	↓	9.247	0.545	—
12	As(Ⅴ)+Sb(Ⅴ)+Bi(Ⅲ)	↓	9.30	0.339	0.16
13	As(Ⅲ)+Sb(Ⅲ)+As(Ⅴ)		9.648	0.589	—
14	As(Ⅲ)+Sb(Ⅲ)+Sb(Ⅴ)	↓	9.372	0.428	—

由表 2-11 可知, 在 As、Sb、Bi、H_2SO_4 质量浓度分别为 10 g/L、0.6 g/L、0.25 g/L、185 g/L 的溶液中, 65℃下搅拌 2 h 后, 在四种情况下溶液中产生沉淀, 分别为 As(Ⅴ)和 Sb(Ⅲ)之间, As(Ⅴ)、Sb(Ⅴ)和 As(Ⅲ)之间, As(Ⅴ)、Sb(Ⅴ)和 Bi(Ⅲ)之间及 As(Ⅲ)、Sb(Ⅲ)和 Sb(Ⅴ)之间反应生成沉淀。

在硫酸溶液中 As(Ⅴ)和 Sb(Ⅲ)相互反应生成白色沉淀, 沉淀经过滤、洗涤、烘干后测定 As、Sb 质量分数分别为 27.305% 和 44.39%, $n_{As}/n_{Sb} \approx 1:1$。沉淀物 XRD 及红外光谱分析结果分别如图 2-13 和图 2-14 所示。

由图 2-13 可知, 白色沉淀为砷酸锑晶体。图 2-14 中 3447.58 cm⁻¹ 和 1622.98 cm⁻¹ 分别为 O—H 的对称和反对称伸缩振动吸收峰[110]; 1208.70 cm⁻¹ 为 O—H 的弯曲振动吸收峰[111], 457.10 cm⁻¹ 和 515.33 cm⁻¹ 是 Sb 原子振动有关的吸收峰[112-114]; 823.59 cm⁻¹ 和 739.64 cm⁻¹ 是 As 原子振动有关的吸收峰[113, 115]。

在硫酸溶液中 As(Ⅴ)、Sb(Ⅴ)、As(Ⅲ)相互反应生成的沉淀过滤、洗涤、烘

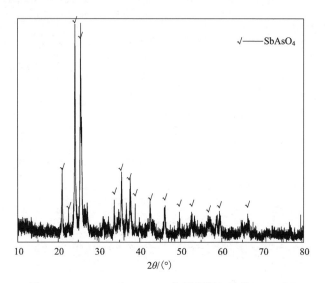

图 2-13 As(Ⅴ)和 Sb(Ⅲ)作用所得沉淀物 XRD 图

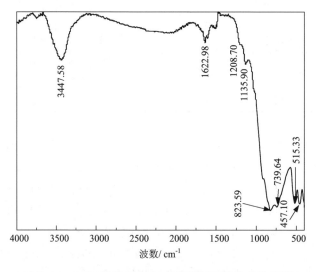

图 2-14 As(Ⅴ)和 Sb(Ⅲ)作用所得沉淀物红外光谱

干后,经测定 As(Ⅲ)、As(Ⅴ)、Sb(Ⅴ)质量分数分别为 8.89%、1.38%、48.93%,沉淀物质中相关元素物质的量之比 $n_{As(Ⅲ)} : n_{As(Ⅴ)} : n_{Sb(Ⅴ)} \approx 13 : 2 : 44$。其沉淀的 SEM 和 XRD 测试及红外光谱分析结果分别如图 2-15,图 2-16,图 2-17所示。

图 2-15　溶液中 As(V)、Sb(V)、Sb(Ⅲ) 相互之间反应所得沉淀物 SEM 图

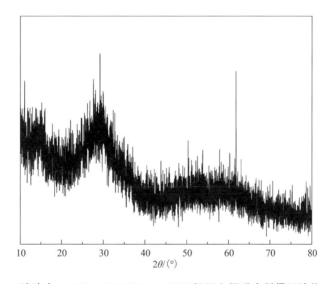

图 2-16　溶液中 As(V)、Sb(V)、Sb(Ⅲ) 相互之间反应所得沉淀物 XRD 图

由图 2-15 可知，沉淀为球形颗粒，颗粒粒径为 0.1~0.5 μm。由图 2-16 可知，含 As(V)、Sb(V)、As(Ⅲ) 的酸性溶液反应得到的白色沉淀为非晶体。图 2-17 中，位于 3450.01 cm^{-1} 和 1627.04 cm^{-1} 的两个峰分别是 O—H 的对称和反对称伸缩振动吸收峰[110]；位于 1320.51 cm^{-1} 处的峰是 O—H 的弯曲振动吸收峰[111]；位于 1287.58 cm^{-1} 处的峰是 As—OH 和 Sb—OH 的弯曲振动吸收峰[111]；位于 1069.33 cm^{-1} 处的峰是 As—OH 反伸缩振动吸收峰[113]；位于 851.12 cm^{-1} 处的峰是 As—OX(X = As，Sb) 的反伸缩振动吸收峰[113, 116]；位于 521.78 cm^{-1} 处的

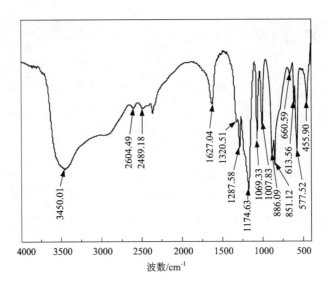

图 2-17　As(V)、Sb(V)、As(Ⅲ)反应所得沉淀物的红外光谱

峰是 Sb—OY(Y = As，Sb)反伸缩振动吸收峰[113, 114]。

　　沉淀物中存在 O—H、As—OH、Sb—OH、As—O—As、Sb—O—As 及 Sb—O—Sb 化学键，是由 As、Sb 组成的杂多酸盐，沉淀中相关元素物质的量之比 $n_{As(Ⅲ)}$：$n_{As(V)}$：$n_{Sb(V)}\approx13:2:44$，其结构式可表示为 [As(OH)$_4$-O-(Sb(OH)$_3$-O-)$_{44}$-O-As(OH)$_3$]-(O-As(OH))$_{12}$-O-As(OH)$_2$。有研究[71, 84, 117, 118]表明 As(V)、Sb(V)、As(Ⅲ)可合成得到类似结构的物质，认为是砷锑酸砷，并指出砷锑酸砷的组成具有不确定性。

　　在硫酸溶液中 As(V)、Sb(V)、As(Ⅲ)反应生成了 [As(OH)$_4$-O-(Sb(OH)$_3$-O-)$_{44}$-O-As(OH)$_3$]-(O-As(OH))$_{12}$-O-As(OH)$_2$(砷锑酸砷)，砷主要以三价态存在。因此，加入 As(Ⅲ)有助于砷锑的沉淀。

　　在硫酸溶液中 As(V)、Sb(V)、Bi(Ⅲ)相互反应生成的沉淀水洗烘干后 As(V)、Sb(V)、Bi(Ⅲ)质量分数分别为 14.90%、52.78%、17.86%，$n_{As(V)}$：$n_{Sb(V)}$：$n_{Bi(Ⅲ)}\approx2:4:1$。其沉淀 SEM 和 XRD 测试及红外光谱分析结果分别如图 2-18，图 2-19 和图 2-20 所示。

　　由图 2-18 可知，所得沉淀物为球状颗粒，粒径为 0.2~0.5 μm。由图 2-19 可知，所得合成物 XRD 图上出现几个弱峰，结晶性能较差。由图 2-20 可知，位于 3477.67 cm^{-1} 和 1603.29 cm^{-1} 处的两个峰分别是 O—H 的对称和反对称伸缩振动吸收峰[110]；位于 1321.77 cm^{-1} 处的峰是 O—H 的弯曲振动吸收峰[111]；位于 1286.13 cm^{-1} 处的峰是 As—OH 和 Sb—OH 的弯曲振动吸收峰[111]；位于

图 2-18　As(Ⅴ)、Sb(Ⅴ)、Bi(Ⅲ)反应所得沉淀物 SEM 图

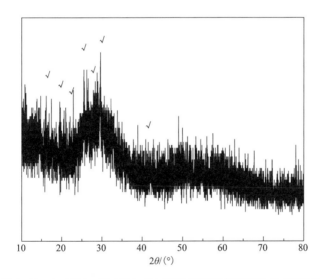

图 2-19　As(Ⅴ)、Sb(Ⅴ)、Bi (Ⅲ)反应所得沉淀物的 XRD 图

1069.50 cm^{-1} 处的峰是 As—OH 反伸缩振动吸收峰[113]；位于 851.06 cm^{-1} 处的峰是 As—OX(X = Sb)的反伸缩振动吸收峰[113, 116]；位于 578.00 cm^{-1} 处的峰是 Sb—OY(Y 为 Sb，Bi)反伸缩振动吸收峰[113, 114]。沉淀物存在 O—H、As—OH、Sb—OH、As—O—Sb、Sb—O—Sb 及 Sb—O—Bi 键表明，所得沉淀物为含 As(Ⅴ)、Sb(Ⅴ)、Bi 的杂多酸盐，根据化学分析，沉淀物中 As(Ⅴ)、Sb(Ⅴ)、Bi 物质的量之比 $n_{As(Ⅴ)}:n_{Sb(Ⅴ)}:n_{Bi(Ⅲ)} \approx 2:4:1$，其结构式可表示为[As(OH)$_4$-O-Sb(OH)$_3$-O-Sb(OH)$_3$-O-As(OH)$_3$-O-Sb(OH)$_3$-O-Sb(OH)$_3$]-O-Bi(OH)$_2$。

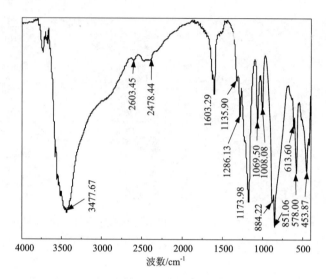

图 2-20　As(Ⅴ)、Sb(Ⅴ)、Bi(Ⅲ)反应所得沉淀物红外光谱

有研究[71, 84, 117, 118]表明 As(Ⅴ)、Sb(Ⅴ)、Bi(Ⅲ)可合成类似结构的物质，认为是砷锑酸铋，砷锑酸铋组成具有不确定性。研究结果表明，在硫酸溶液中砷锑酸铋的生成使溶液中杂质锑铋浓度降低。

表 2-11 中 As(Ⅲ)、Sb(Ⅲ) 和 Sb(Ⅴ) 相互作用产生沉淀，为此讨论在硫酸溶液中不同 As(Ⅲ)、Sb(Ⅲ)、Sb(Ⅴ)浓度下对沉淀物化学成分的影响。

（1）$n_{Sb(Ⅲ)}/n_{Sb(Ⅴ)}$对沉淀物化学成分的影响

在 $\rho_{Sb_T} = 2.4\ g/L$，$n_{As(Ⅲ)}/n_{Sb(Ⅴ)} = 1:1$，$\rho_{H_2SO_4} = 185\ g/L$ 条件下配制 0.5 L 溶液，将此溶液在 65℃下搅拌反应 2 h 后过滤水洗，在 105℃下烘 2 h 后取样分析。$n_{Sb(Ⅲ)}/n_{Sb(Ⅴ)}$对沉淀物中砷锑铋质量分数的影响如图 2-21 所示。

由图 2-21 可知，$n_{Sb(Ⅲ)}/n_{Sb(Ⅴ)}$分别为 5:1、2:1、1:1、1:2、1:5 时，沉淀物 As、Sb(Ⅲ)、Sb(Ⅴ)质量分数分别为 13.95%、15.46%、30.89%，$n_{Sb(Ⅲ)}/n_{Sb(Ⅴ)}$ 为 1:2。$n_{Sb(Ⅲ)}/n_{Sb(Ⅴ)}$不影响沉淀物中砷锑铋含量。

（2）$n_{As(Ⅲ)}/n_{Sb(Ⅴ)}$对沉淀物化学成分的影响

$n_{As(Ⅲ)}/n_{Sb(Ⅴ)}$对沉淀物中砷锑铋含量的影响如图 2-22 所示。

由图 2-22 可知，沉淀物中 As 含量随着 $n_{As(Ⅲ)}/n_{Sb(Ⅴ)}$ 增加有所增加，说明 Sb(Ⅲ)和 Sb(Ⅴ)有助于 As(Ⅲ)的沉淀。

$\rho_{Sb_T} = 2.4\ g/L$，$n_{As(Ⅲ)} : n_{Sb(Ⅲ)} : n_{Sb(Ⅴ)} = 4:1:1$，$\rho_{H_2SO_4} = 185\ g/L$ 条件下制备所得沉淀物 SEM 图如图 2-23 所示。

由图 2-23 可知，上述条件下所得沉淀物为絮状颗粒，粒径为 1~5 μm。

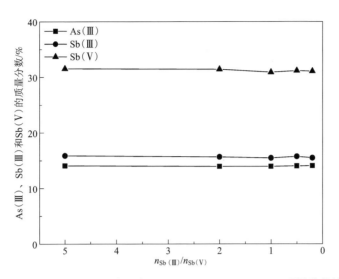

图 2-21　$n_{Sb(III)}/n_{Sb(V)}$ 对沉淀物中 As（III）、Sb（III）、Sb（V）质量分数的影响

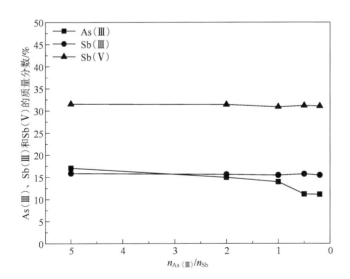

图 2-22　$n_{As(III)}/n_{Sb(V)}$ 对沉淀物中 As（III）、Sb（III）、Sb（V）质量分数的影响

取 $\rho_{Sb_T} = 2.4$ g/L，$n_{Sb(III)}/n_{Sb(V)} = 1 : 1$，$\rho_{H_2SO_4} = 185$ g/L，不同 $n_{As(III)}/n_{Sb(V)}$ 条件下的沉淀物进行 XRD 实验，所得结果分别如图 2-24 所示。

由图 2-24 可知，不同 $n_{As(III)}/n_{Sb(V)}$ 下所得沉淀物呈现晶体结构特征，且随着 $n_{As(III)}/n_{Sb(V)}$ 减小，沉淀物结晶性能增强。

图 2-23　ρ_{Sb_T} = 2.4 g/L，$n_{As(Ⅲ)}$：$n_{Sb(Ⅲ)}$：$n_{Sb(Ⅴ)}$ = 4：1：1 条件下所得沉淀物 SEM 图

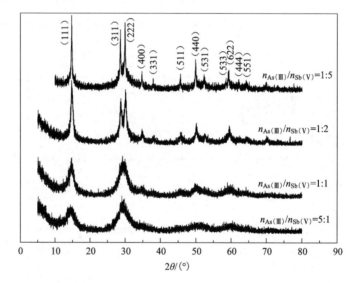

图 2-24　As(Ⅲ)、Sb(Ⅲ)、Sb(Ⅴ)反应所得沉淀物 XRD 图

　　在 ρ_{Sb_T} = 2.4 g/L，$n_{As(Ⅲ)}$：$n_{Sb(Ⅲ)}$：$n_{Sb(Ⅴ)}$ = 4：1：1，$\rho_{H_2SO_4}$ = 185 g/L 条件下制备所得沉淀物红外光谱图如图 2-25 所示。所得沉淀物热分解图如图 2-26 所示。

　　由图 2-25 可知，位于 3418.29 cm⁻¹ 和 1640.86 cm⁻¹ 的两个峰分别是 O—H 的对称和反对称伸缩振动吸收峰[111]；位于 1261.87 cm⁻¹ 的峰是 As—OH 和 Sb—OH 的弯曲振动吸收峰[111, 114]；位于 796.83 cm⁻¹ 的峰是 As—OSb 的反伸缩振动吸收峰[113]；位于 429.47 cm⁻¹ 的峰是 Sb—OY(Y = As，Sb)的反伸缩振动吸收峰[112, 114]。

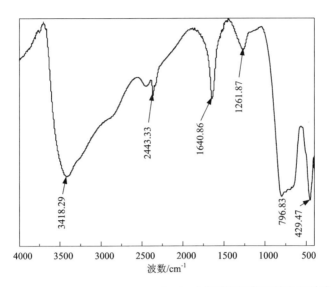

图 2-25　$n_{As(III)}$ ： $n_{Sb(III)}$ ： $n_{Sb(V)}$ = 4 ： 1 ： 1 条件下所得沉淀物红外光谱

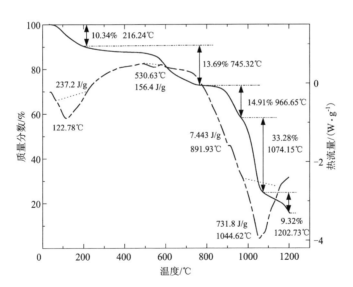

图 2-26　$n_{As(III)}$ ： $n_{Sb(III)}$ ： $n_{Sb(V)}$ = 4 ： 1 ： 1 条件下所得砷代锑酸锑 DSC-TGA 图

因此沉淀物中存在 O—H，As—OH，Sb—OH，As—O—Sb 及 Sb—O—Sb 价键。

根据以 Sb$_2$O$_3$ 和 Na$_s$SbS$_4$ · 9H$_2$O 为原料合成硫代锑酸锑[119]的研究，硫代锑酸锑与立方锑酸晶体的点阵常数接近，硫代锑酸锑中 Sb(Ⅲ) 与 Sb(Ⅴ) 以固定的比例存在。因此推测该条件下所得沉淀为砷代锑酸锑,该条件下所得物质 $n_{As(III)}:n_{Sb(III)}:n_{Sb(V)}$ 为 3:2:4 时,推测其结构为 $Sb(OH)_2-O-[(Sb(OH)_3-(O-As(OH)-O-Sb(OH)_3)_3]-O-Sb(OH)_2 \cdot xH_2O$。

根据图 2-26,砷代锑酸锑在 25~1200℃ 内有 5 个主要失重台阶:

①第一个台阶位于 25~216.24℃,晶体失重 10.34%,对应的反应为晶体失去结晶水。其反应式为:

$$Sb(OH)_2 - O - [(Sb(OH)_3 - (O - As(OH) - O - Sb(OH)_3)_3] -$$
$$O - Sb(OH)_2 \cdot xH_2O \longrightarrow Sb(OH)_2 - O - [(Sb(OH)_3 -$$
$$(O - As(OH) - O - Sb(OH)_3)_3] - O - Sb(OH)_2 + xH_2O$$

该反应为吸热反应,反应发生在 122.78℃ 左右,反应热为 237.2 J/g,根据失重质量计算可知 $x \approx 8$。因此所得砷代锑酸锑结构式为 $Sb(OH)_2-O-[(Sb(OH)_3-(O-As(OH)-O-Sb(OH)_3)_3]-O-Sb(OH)_2 \cdot 8H_2O$。

②第二个台阶位于 216.42~745.32℃,对应两个反应,530.63℃ 左右发生吸热反应,反应热为 156.4 J/g,实际失重为 13.69%,因此对应的反应为结构水的失去,推断其反应式为:

$$Sb(OH)_2 - O - [(Sb(OH)_3 - O - (HAsO_3 - O - Sb(OH)_3 - O)_3] - O -$$
$$Sb(OH)_2 \longrightarrow (As_2O_3)_{1.5} \cdot (Sb_2O_3) \cdot (Sb_2O_5)_2 + 9.5H_2O \uparrow$$

理论失重为 13.26%,与实际失重接近。

③第三个台阶位于 745.32~966.65℃,891.93℃ 左右发生吸热反应,反应热 7.443 J/g,这一台阶的实际失重为 14.91%,推断其反应式为:

$$(As_2O_3)_{1.5} \cdot (Sb_2O_3) \cdot (Sb_2O_5)_2 \longrightarrow$$
$$(As_2O_3)_{0.5} \cdot (Sb_2O_3) \cdot (Sb_2O_5)_2 + As_2O_3 \uparrow$$

理论失重为 14.96%,与实际失重相当。

④第四个台阶位于 966.65~1074.15℃,对应的反应发生在 1044.62℃ 左右,为吸热反应,反应热为 731.8 J/g,这一台阶的实际失重为 33.28%,推断其反应式为:

$$(As_2O_3)_{0.5} \cdot (Sb_2O_3) \cdot (Sb_2O_5)_2 \longrightarrow Sb_2O_3 \cdot Sb_2O_5 + 0.5As_2O_3 \uparrow + Sb_2O_5 \uparrow$$

这一台阶的理论失重为 32.52%。

⑤第五个台阶发生在 1074.15℃ 之后,为剩余物质的分解。

热重实验表明,砷代锑酸锑在 25~1200℃ 内存在五个失重台阶,分别对应着结晶水的失去,结构水的失去,随之 As_2O_3 的分解及部分 Sb_2O_5 的分解及挥发。

2.3.2 硫酸溶液中砷的价态对沉淀成分的影响

上述情况硫酸溶液中 As(III)、As(V)、Sb(III)、Sb(V)、Bi(III) 相互作用有沉淀生成,且主要表现在 As(III)、As(V) 对沉淀的影响。

（1）$n_{As(III)}/n_{As(V)}$ 对沉淀物化学成分的影响

在 ρ_{Sb_T} 为 2.4 g/L，$n_{As}:n_{Sb(III)}:n_{Sb(V)}:n_{Bi(III)}$ 为 8∶2∶2∶1，$\rho_{H_2SO_4}$ 为 185 g/L，溶液体积为 1.5 L，反应温度为 65℃，反应时间为 2 h 的条件下，不同 $n_{As(III)}/n_{As(V)}$ 下所得沉淀物 As、Sb、Bi 含量如表 2-12 所示。

表 2-12　酸性溶液中含有 As(III，V)、Sb(III，V)、Bi(III) 的沉淀物的化学成分

序号	$n_{As(III)}/n_{As(V)}$	沉淀质量/g	质量分数/%				
			As(III)	As(V)	Sb(III)	Sb(V)	Bi(III)
1	200∶1	3.10	15.35	—	15.87	31.23	5.98
2	8∶1	3.23	12.95	1.91	14.63	31.95	5.65
3	5∶1	4.18	11.24	3.80	14.32	32.83	6.13
4	2∶1	4.44	10.00	4.31	13.96	33.16	10.98
5	1∶1	5.05	8.22	7.46	13.36	35.07	11.04
6	1∶2	4.47	6.94	9.06	10.86	36.89	12.24
7	1∶5	4.13	3.44	11.37	6.79	38.94	13.73
8	1∶8	3.03	1.20	13.75	4.72	41.05	15.76
9	1∶200	0.68	—	14.20	1.53	52.47	17.88

由表 2-12 可知：沉淀物质量随着 $n_{As(III)}/n_{As(V)}$ 降低，先增大后减少；沉淀物中 As(III) 含量随着 $n_{As(III)}/n_{As(V)}$ 降低而减少，沉淀物中 As(V) 含量随 $n_{As(III)}/n_{As(V)}$ 降低而增加，总砷质量分数为 13.06% ～ 15.68%；沉淀物中 Sb(III) 含量随着 $n_{As(III)}/n_{As(V)}$ 降低而减少，沉淀物中 Sb(V) 和 Bi 的含量随着 $n_{As(III)}/n_{As(V)}$ 降低而增加；当 $n_{As(III)}/n_{As(V)}$ 为 1∶1 时，沉淀物最多。显然，砷的价态对 As、Sb、Bi 沉淀有很大影响。

选择表 2-12 中的 1、5、9 样，即 $n_{As(III)}/n_{As(V)}$ 分别为 200∶1、1∶1、1∶200 的沉淀物进行结构分析。

（2）$n_{As(III)}/n_{As(V)}$ = 200∶1 时沉淀结构分析

当 $n_{As}:n_{Sb(III)}:n_{Sb(V)}:n_{Bi}$ 为 8∶2∶2∶1 及 $n_{As(III)}/n_{As(V)}$ 为 200∶1 时，所得沉淀物 As(III)、Sb(III)、Sb(V)、Bi(III) 质量分数分别为 15.35%、15.87%、31.23%、5.98%，其 As(III)、Sb(III)、Sb(V) 质量分数与 $n_{As(III)}:n_{Sb(III)}:n_{Sb(V)}$ = 4∶1∶1 下所得砷代锑酸锑基本一致。其 XRD 和 FT-IR 实验结果分别如图 2-27 和图 2-28 所示。

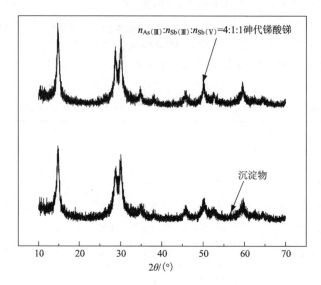

图 2-27　$n_{As(Ⅲ)}$ ∶ $n_{Sb(Ⅲ)}$ ∶ $n_{Sb(Ⅴ)}$ ∶ $n_{Bi(Ⅲ)}$ = 8 ∶ 2 ∶ 2 ∶ 1 条件下所得沉淀物 XRD 图

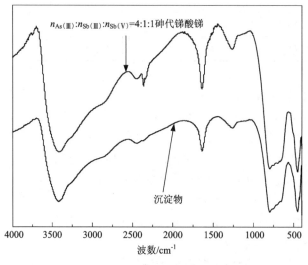

图 2-28　$n_{As(Ⅲ)}$ ∶ $n_{Sb(Ⅲ)}$ ∶ $n_{Sb(Ⅴ)}$ ∶ $n_{Bi(Ⅲ)}$ = 8 ∶ 2 ∶ 2 ∶ 1 条件下所得沉淀物红外光谱

　　由图 2-27 可知, 该条件下所得沉淀物 XRD 图谱与 $n_{As(Ⅲ)}$ ∶ $n_{Sb(Ⅲ)}$ ∶ $n_{Sb(Ⅴ)}$ = 4 ∶ 1 ∶ 1 条件下所得砷代锑酸锑图谱几乎一致; 由图 2-28 可知, 含 As（Ⅲ）所得沉淀物红外图谱与 $n_{As(Ⅲ)}$ ∶ $n_{Sb(Ⅲ)}$ ∶ $n_{Sb(Ⅴ)}$ = 4 ∶ 1 ∶ 1 所得砷代锑酸锑图谱基本一致。

结果表明在 $n_{As(III)}$ ：$n_{As(V)}$ 为 200：1 条件下其沉淀的主要作用为 As（Ⅲ）。

（3）$n_{As(III)}/n_{As(V)} = 1：1$ 条件下沉淀物结构分析

当 n_{As} ：$n_{Sb(III)}$ ：$n_{Sb(V)}$ ：$n_{Bi(III)}$ 为 8：2：2：1 及 $n_{As(III)}/n_{As(V)}$ 为 1：1 时，所得沉淀 As（Ⅲ）、As（Ⅴ）、Sb（Ⅲ）、Sb（Ⅴ）、Bi（Ⅲ）质量分数分别为 8.22%、7.46%、13.36%、35.07%、11.04%。沉淀 XRD，FT-IR 实验结果分别如图 2-29 和图 2-30 所示。

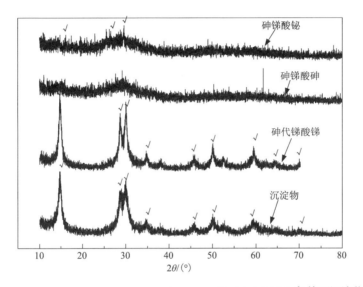

图 2-29 $n_{As(III)}$ ：$n_{As(V)}$ ：$n_{Sb(III)}$ ：$n_{Sb(V)}$ ：$n_{Bi(III)}$ = 4：4：2：2：1 条件下沉淀物 **XRD** 图

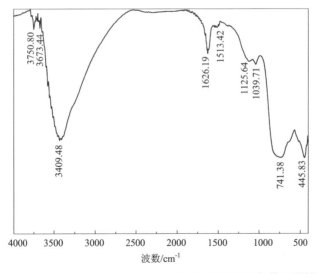

图 2-30 $n_{As(III)}$ ：$n_{As(V)}$ ：$n_{Sb(III)}$ ：$n_{Sb(V)}$ ：$n_{Bi(III)}$ = 4：4：2：2：1 条件下所得沉淀物红外光谱

由图 2-29 各沉淀物 XRD 衍射图比较可知，沉淀物主要衍射峰与砷代锑酸锑衍射峰相似，砷锑酸砷为非晶态。根据图 2-19，砷锑酸铋在 25.537°、29.616°处具有衍射峰，该沉淀物在 25.537°、29.616°处同样出现衍射峰。

由图 2-30 可知，位于 3409.48 cm^{-1} 和 1626.19 cm^{-1} 处的两个峰分别是 O—H 的对称和反对称伸缩振动吸收峰[110]；位于 1385.53 cm^{-1} 处的峰是 O—H 的弯曲振动吸收峰[111]；位于 1039.71 cm^{-1} 处的峰是 As—OH 反伸缩振动吸收峰[113]；位于 741.38 cm^{-1} 处的峰是 As—OX(X=Sb) 的强而宽的反伸缩振动吸收峰[113]，此峰可能遮住 851.12 cm^{-1} 处的峰是 As—OX(X=As) 的反伸缩振动吸收峰[113,116] 及位于 851.06 cm^{-1} 处的 As—OX(X=Bi) 的反伸缩振动吸收峰[113,116]；位于 445.83 cm^{-1} 处的是强而宽的 Sb 原子振动吸收带[113]；此峰可能遮住了位于 521.78 cm^{-1} 处的峰是 Sb—OY(Y=As) 反伸缩振动吸收峰[113,114] 及位于 578.00 cm^{-1} 处的 Sb—OY(Y=Bi) 反伸缩振动吸收峰[113,114]XRD 及红外光谱均显示，$n_{As(III)}/n_{As(V)}=$ 1:1 时，As、Sb、Bi 之间形成了以砷代锑酸锑为主，砷锑酸砷和砷锑酸铋为辅的沉淀，由于生成了三种沉淀，沉淀物的质量增加，锑铋脱除效果最佳。

当 As(III, V)、Sb(III, V)、Bi(III) 共存时，As(III)、Sb(III)、Sb(V) 之间优先作用生成砷代锑酸锑，接着 As(V)、Sb(V)、As(III) 及 As(V)、Sb(V)、Bi(III) 发生反应可能生成砷锑酸砷和砷锑酸铋。

(4) $n_{As(III)}/n_{As(V)}=$ 1:200 条件下所得沉淀物结构分析

当 $n_{As}:n_{Sb(III)}:n_{Sb(V)}:n_{Bi(III)}$ 为 8:2:2:1 及 $n_{As(III)}/n_{As(V)}$ 为 1:200 时，所得沉淀物 As(V)、Sb(III)、Sb(V)、Bi 质量分数分别为 14.20%、1.53%、52.47%、17.88%。其沉淀的 XRD 和 FT-IR 实验结果分别如图 2-31 和图 2-32 所示。

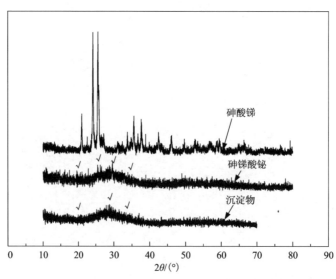

图 2-31 $n_{As(V)}:n_{Sb(III)}:n_{Sb(V)}:n_{Bi(III)}$ = 8:2:2:1 条件下所得沉淀物 XRD 图

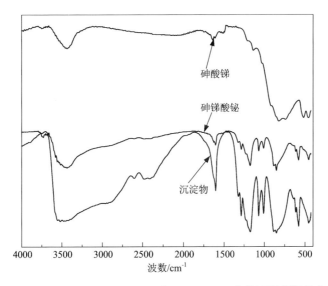

图 2-32　$n_{As(V)}$ ∶ $n_{Sb(III)}$ ∶ $n_{Sb(V)}$ ∶ $n_{Bi(III)}$ 为 8∶2∶2∶1 条件下所得沉淀物红外光谱

由图 2-31 可知，沉淀物结晶性能较差，XRD 衍射峰类似实验室制备得到的砷锑酸铋的 XRD 衍射峰，无砷酸锑的 XRD 衍射峰。由图 2-32 可知，沉淀物的红外光谱与砷锑酸铋的图谱相似，无砷酸锑红外光谱的特征峰。由此可知，该沉淀物可认为为砷锑酸铋。

以上分析表明当溶液中含有 As(III)无 As(V)时，As(III)、Sb(III)、Sb(V)时它们相互作用反应生成了砷代锑酸铋，沉淀物吸附铋；当 $n_{As(III)}/n_{As(V)}$ 为 1∶1 时，有砷代锑酸铋、砷锑酸砷、砷锑酸铋沉淀生成，沉淀的质量增加；当含有 As(V)而无 As(III)时，生成砷锑酸铋。显然，硫酸溶液中砷的价态变化对溶液中砷、锑、铋之间的沉淀有更大影响。

2.4　铜电解液中 As(III)氧化动力学

2.4.1　铜电解液中 As(III)的氧化

2.4.1.1　铜电解液中 As(III)的氧化

取 1.6 L 铜电解液于电解槽中，电解液中 As(III)的初始质量浓度为 7.5 g/L，其余成分如表 5-6 中 2#电解液所示，未电解条件下，电解液循环速率为 0 和

4.17 mL/min 时，As(Ⅲ)质量浓度随时间的变化如图 2-33 所示。

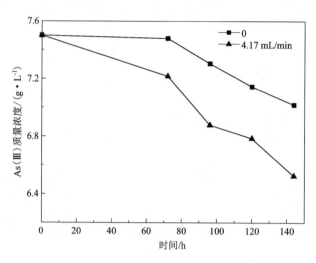

图 2-33　不同循环速率时 As(Ⅲ)的氧化速率

由图 2-33 可知，未电解条件下 As(Ⅲ)质量浓度随时间延长缓慢下降。电解液静置 144 h 后，As(Ⅲ) 质量浓度由 7.50 g/L 下降至 7.02 g/L，氧化率为 6.41%。电解液循环速率为 4.17 mL/min，反应时间为 144 h 时，As(Ⅲ)质量浓度由 7.50 g/L 下降至 6.52 g/L，氧化率为 13.07%。可见，未电解条件下，酸性溶液中，即使有 Cu^{2+} 存在，As(Ⅲ)氧化速率也非常缓慢[149, 150]。溶液循环能够加快氧气在溶液中的扩散，使 As(Ⅲ)氧化速度加快。

2.4.1.2　电解过程中 As(Ⅲ)的氧化

实验取铜电解液 1.6 L，成分如表 2-13 所示。电流密度为 235 A/m²、电解时间为 72 h 时，As(Ⅲ)初始质量浓度对 As(Ⅲ)氧化速率的影响如图 2-34 所示。

表 2-13　铜电解液成分(质量浓度)　　　　　　　　单位：g/L

Cu	As_T	H_2SO_4
45	11.45	188

由图 2-34 可知，As(Ⅲ)质量浓度随电解时间延长而下降，As(Ⅲ)氧化速率基本随着其浓度的增加而增加。由图 2-34 结果计算可知，当 As(Ⅲ)初始质量浓度从 7.01 g/L 增加到 11.1 g/L 时，As(Ⅲ)氧化率从 17.26% 增加到 40.09%。当

As(Ⅲ)初始质量浓度为 2.89 g/L 时,As(Ⅲ)氧化率为 47.40%。

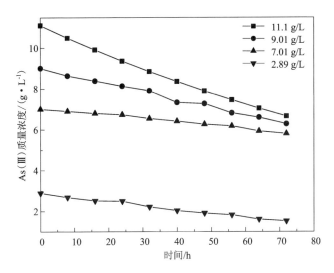

图 2-34 不同 As(Ⅲ)初始质量浓度时 As(Ⅲ)的氧化速率

电解时 As(Ⅲ)氧化率高于未电解条件下 As(Ⅲ)氧化率。这主要是电解过程中,阳极溶解产生 Cu[+],它与溶解氧(O$_2$)作用放出活性氧(O$_2^-$),O$_2^-$ 使电解液中 As(Ⅲ)氧化为 As(Ⅴ),反应如下[38, 91, 151, 152]:

$$Cu - e^- \Longrightarrow Cu^+ \tag{3-51}$$

$$Cu_2O + 2H^+ \Longrightarrow 2Cu^+ + H_2O \tag{3-52}$$

$$Cu^+ + O_2 \Longrightarrow Cu^{2+} + O_2^- \tag{3-53}$$

$$As(Ⅲ) + O_2^- \longrightarrow As(Ⅳ) + H_2O_2 \tag{3-54}$$

$$As(Ⅳ) + O_2 \longrightarrow As(Ⅴ) + O_2^- \tag{3-55}$$

2.4.2 铜电解时 As(Ⅲ)氧化动力学

铜电解液成分如表 2-13 所示,当 As(Ⅲ)初始质量浓度为 3.0 g/L、电流密度为 235 A/m^2、电解时间为 168 h 时,电解温度对 As(Ⅲ)氧化速率的影响如图 2-35 所示。

由图 2-35 可知,As(Ⅲ)质量浓度随电解时间延长而下降,电解温度对 As(Ⅲ)氧化速率的影响较大,温度越高,As(Ⅲ)氧化速率越快、氧化率越高。当电解温度从 45℃升高到 75℃时,As(Ⅲ)氧化率从 41%增加到 90.67%。

温度升高,一方面分子运动速度加快,单位时间内分子碰撞次数增多,另一方面,分子本身的能量增加,能达到活化的分子越多,因而氧化速率增大。

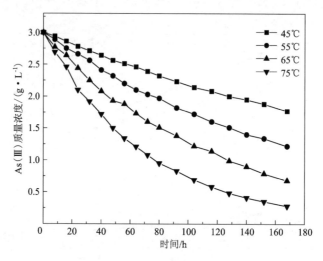

图 2-35　不同电解温度时 As(Ⅲ) 的氧化速率

根据图 2-35 不同电解温度时 As(Ⅲ) 的氧化速率，作 $\ln\rho[As(Ⅲ)]$ 与 t 的曲线，结果如图 2-36 所示。

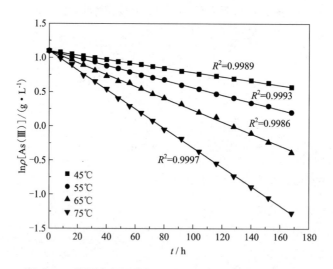

图 2-36　不同电解温度下 $\ln\rho[As(Ⅲ)]$ 与时间 t 的关系

从图 2-36 可知，$\ln\rho[As(Ⅲ)]$ 与电解时间 t 呈良好的线性关系，相关系数 R^2 均大于 0.998，电解过程中 As(Ⅲ) 的氧化满足一级动力学方程：

$$\ln\rho[As(Ⅲ)] = -kt + \ln\rho[As(Ⅲ)]_0 \tag{2-1}$$

式中：$\rho[As(III)]$ 和 $\rho[As(III)]_0$ 分别表示时间为 t 和实验开始时 As(III) 的质量浓度；k 为 As(III) 氧化表观速率常数。

反应控制过程可以通过反应温度系数判断，反应温度系数是指温度每升高10℃反应速度增加的倍数 $[(k_{t℃+10℃})/k_{t℃}]$。根据图 2-36 可得，电解温度为45℃，55℃，65℃ 和 75℃ 的速率常数 k 分别为 0.00313，0.00539，0.00866 和 0.01419。4 个温度段的反应温度系数分别为 1.72，1.61 和 1.64，反应温度系数在 1.6 至 2 之间，说明 As(III) 氧化反应为扩散和化学反应混合控制[153,154]。

在化学反应中，温度对反应速率常数的影响可用阿伦尼乌斯公式表示：

$$\ln k = \ln A - E_a/(RT) \tag{2-2}$$

式中：A 为频率因子；E_a 为活化能；T 为热力学温度；R 为气体常数。根据图 2-36 求出不同电解温度下各直线斜率即 k，$\ln k$ 与 $1/T$ 关系如图 2-37 所示。

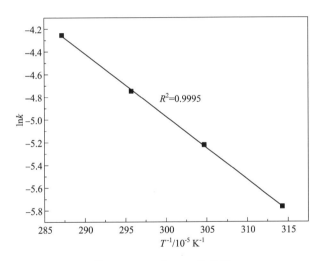

图 2-37　$\ln k$ 与 $1/T$ 的关系

根据图 2-37 求斜率，得活化能 $E_a = 46.11$ kJ/mol，求截距得频率因子 $A = 11.65×10^4$。因此，电解过程中 As(III) 氧化反应的速率常数与温度的关系为 $k = 11.65×10^4 e^{[-46.11/(RT)]}$。

一般化学反应活化能在 40 至 400 kJ/mol 之间，活化能小于 40 kJ/mol 的反应多为快反应[154,155]。电解过程中 As(III) 氧化反应的活化能为 46.11 kJ/mol，As(III) 氧化速率缓慢。

了解铜电解液中三价砷的氧化规律，根据铜电解中三价砷氧化动力学，有利于铜电解三价砷的稳定，从而实现铜电解价态调控。

2.5 SO₂还原铜电解液后过滤渣成分与结构

采用 SO_2 65℃还原铜电解液，在铜电解液中 Cu^{2+} 质量浓度为 42.76 g/L、H_2SO_4 质量浓度为 174.56 g/L、As 质量浓度为 10.39 g/L、Sb 质量浓度为 0.36 g/L、Bi 质量浓度为 0.31 g/L 时，还原 10 h 后沉降过滤。

将还原过滤后所得滤渣进行水洗，烘干至恒重，进行分析检测。取 0.1 g 滤渣溶解后进行 ICP 检测，滤渣中相关元素质量分数如表 2-14 所示。

表 2-14　还原后滤渣中相关元素质量分数　　单位：%

As$_T$	As(Ⅲ)	Cu	Sb	Bi
8.61	3.57	3.11	21.68	7.26

对滤渣进行元素全分析，滤渣成分如表 2-15 所示；滤渣 XRD 图谱如图 2-38 所示；滤渣形貌及能谱分析如图 2-39 和图 2-40 所示；红外光谱如图 2-41 所示。

表 2-15　还原后滤渣中元素质量分数（XRF 元素全分析）　　单位：%

元素	Sb	Pb	As	Ag	Bi	Se	Sn	Cu	S	Te
质量分数	25.26	12.59	11.97	10.08	8.61	8.30	7.49	4.63	2.74	2.36
元素	Ba	Si	Zn	Ni	Au	Fe	Al	Co	Cl	P
质量分数	2.06	1.48	1.08	0.58	0.38	0.27	0.11	0.076	0.040	0.005

由表 2-14 及表 2-15 可知，还原后滤渣中 Sb、Bi 总含量高达 28.94%，且 As(Ⅲ)质量分数占 As$_T$ 的 41.5%，说明价态调控能够有效控制电解液中 Sb、Bi 杂质的含量，通过电解液中 As$_T$、As(Ⅲ)与 Sb、Bi 反应生成沉淀而去除。由表 2-14 可知，还原后渣中主要元素含量与漂浮阳极泥中主要元素含量类似，说明还原后滤渣中含有一定的漂浮阳极泥。

由图 2-38 可以看出，还原后滤渣衍射峰较强，结晶性较好，物相可能为 $(Sb, As)_2O_3$、$Bi_4As_2O_{11}$ 及 $SbAsO_4$。

由图 2-39 可知，还原后所得滤渣为长条状和块状颗粒。还原滤渣条状物能谱分析结果如图 2-40 所示。

由图 2-40 可知，条状物含铅、锡、砷、锑、金、铋、铜等元素与还原渣成分有差异。

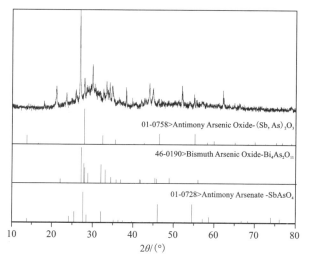

图 2-38　滤渣 XRD 图谱

图 2-39　还原后滤渣 SEM 图及 EDS 图

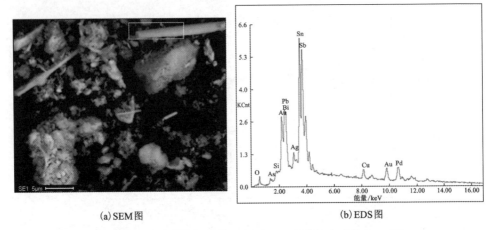

(a) SEM 图　　　　　　　　　　　　(b) EDS 图

图 2-40　还原滤渣条状物 SEM 图及还原滤渣条状物 EDS 图

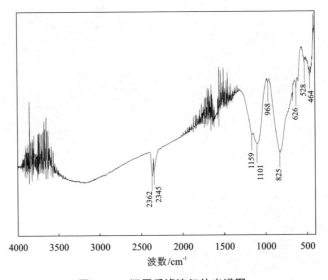

图 2-41　还原后滤渣红外光谱图

由图 2-41 可知，位于 1101 cm^{-1} 的峰为 SO_4^{2-} 的吸收峰，位于 825 cm^{-1} 的峰是 As—OX（X = As，Sb）的反伸缩振动吸收峰，位于 626 cm^{-1} 的峰是环 CH 振动峰或 NH$_2$ 形变振动吸收峰，位于 528 cm^{-1} 及 464 cm^{-1} 处的峰为 Sb—OY（Y = As、Sb、Bi），位于 968 cm^{-1} 处的峰为 CH$_2$ 峰，说明滤渣中存在砷酸锑、亚砷酸锑以及吸附的电解添加剂骨胶、明胶等有机物。

2.6　价态调控低砷阳极电解漂浮阳极泥成分及结构

铜电解液中 H_2SO_4 质量浓度为 180 g/L，Cu^{2+} 质量浓度为 36~45 g/L，As_T 质量浓度为 8~9 g/L，As(Ⅲ) 质量浓度为 1~3 g/L，Sb 质量浓度为 0.2~0.35 g/L，Bi 质量浓度为 0.19~0.25 g/L，以 As 质量分数为 0.63% 的低砷铜作阳极板，在正常条件下电解。电解过程取漂浮阳极泥和阳极泥进行成分和结构分析。

2.6.1　电流密度为 255 A/m² 时价态调控低砷阳极板电解漂浮阳极泥成分及结构

从电解槽中抽取电解液过滤得到漂浮阳极泥，将漂浮阳极泥水洗烘干后分析，漂浮阳极泥相关成分如表 2-16 所示；漂浮阳极泥 XRF 元素全分析如表 2-17 所示；XRD 图谱如图 2-42 所示；漂浮阳极泥 SEM 图及 EDS 图如图 2-43 所示，红外光谱图如图 2-44 所示。

表 2-16　漂浮阳极泥中相关元素质量分数　　　　　单位：%

As_T	As(Ⅲ)	Cu	Sb	Bi
6.99	· 3.57	12.51	21.10	8.57

表 2-17　漂浮阳极泥 XRF 元素全分析(质量分数)　　　　单位：%

Sb	O	Cu	As	Bi	Pb	Se	Ag	Sn	S	Ba
20.81	15.30	15.22	9.12	8.97	8.74	8.58	4.00	2.47	2.06	1.52
Te	Ni	Si	Fe	Au	Zn	Cl	Al	Co	Sr	P
1.41	0.56	0.45	0.22	0.18	0.14	0.10	0.095	0.023	0.013	0.006

由表 2-16 可知，漂浮阳极泥中 Sb、Bi 总质量分数高达 29.67%，且 As(Ⅲ) 占总砷量的约 50%，由此可知，还原后用于价态调控的电解液中三价砷含量降低，电解液中 As(Ⅲ) 与电解液锑、铋作用生成沉淀，加强了铜电解液自净化能力。表 2-17 中漂浮阳极泥成分与阳极泥成分比较可知，漂浮阳极泥中 Ag、Au、Pb 等元素含量较低，As、Bi、Sb 含量高。

由图 2-42 可以看出，漂浮阳极泥衍射峰比还原后渣的衍射峰弱，峰宽且杂，结晶性较差，可能物相为 $Bi_{12}As_2O_{23}$、$(Sb，As)_2O_3$ 及 $SbAsO_4$，由此可知漂浮阳极泥和还原后渣中主要为 As、Sb、Bi 沉淀。

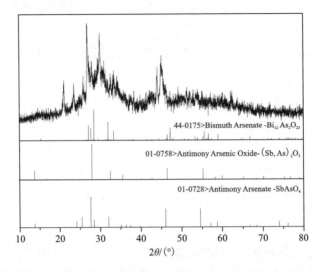

图 2-42　255 A/m² 下价态调控低砷阳极电解漂浮阳极泥 XRD 图谱

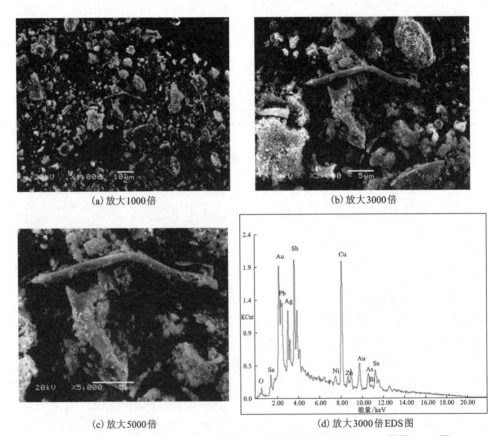

图 2-43　255 A/m² 下价态调控低砷阳极板电解漂浮阳极泥 SEM 图及 EDS 图

由图 2-43 可以看出，漂浮阳极泥颗粒大小不一，有长条状和块状。由图 2-43(d)可知，漂浮阳极泥中主要含铜、锑、硒、铋、砷、银等元素。

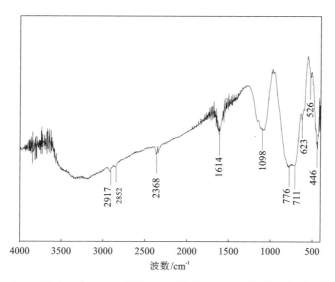

图 2-44　255 A/m² 下价态调控低砷阳极板电解漂浮阳极泥红外光谱图

由图 2-44 可知，位于 1614 cm⁻¹ 的峰为 O—H 的反对称吸收峰，位于 1098 cm⁻¹ 的峰是 SO_4^{2-} 的吸收峰，位于 776 cm⁻¹、711 cm⁻¹ 处的峰是 As—OX(X=Sb) 的吸收峰，位于 623 cm⁻¹ 处的峰为环 CH 振动峰或 NH_2 形变振动吸收峰，位于 526 cm⁻¹ 处的峰为 Sb—OX(X=Sb、As) 的吸收峰，位于 446 cm⁻¹ 处的峰可能是 Sb 原子的振动吸收带或者是 Bi—O—Bi 的吸收峰，由此推断，漂浮阳极泥中可能含有 Sb_2O_3、$BiSbO_4$、$AsSbO_4$ 及电解添加剂等物质。

2.6.2　电流密度为 280 A/m² 时价态调控低砷阳极电解漂浮阳极泥成分及结构特征

从电解槽中抽取电解液过滤，280 A/m² 电流密度下得到漂浮阳极泥水洗烘干后，漂浮阳极泥成分如表 2-18 所示；XRF 元素全分析漂浮阳极泥成分如表 2-19 所示；XRD 图谱如图 2-45 所示；漂浮阳极泥 SEM 图如图 2-46 所示。

表 2-18　280 A/m² 时漂浮阳极泥中相关元素质量分数　　　　单位：%

As_T	As(Ⅲ)	Cu	Sb	Bi
5.03	1.96	21.74	9.60	3.75

表 2-19　280 A/m² 时漂浮阳极泥质量分数（XRF 元素全分析）　　单位：%

Cu	Se	O	Cl	As	S	Te	Ni	Sb	Sn	Bi
32.14	11.02	—	0.80	7.17	5.75	2.71	0.52	11.45	4.03	5.22
Fe	Al	Si	Au	Ca	Zn	Mg	P	Co	Cr	Pb
0.18	0.12	0.32	0.30	—	0.34	—	0.018	0.024	—	10.04

由表 2-18 可知，电流密度为 280 A/m² 时漂浮阳极泥中 Sb、Bi 总质量分数为 13.35%，As（Ⅲ）占总砷量的约 38.97%。漂浮阳极泥中锑铋含量明显高于阳极泥。

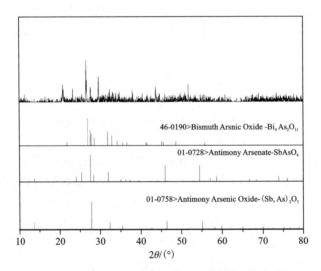

图 2-45　280 A/m² 下价态调控低砷阳极电解漂浮阳极泥 XRD 图

由图 2-45 可以看出，280 A/m² 电流密度下价态调控低砷阳极电解漂浮阳极泥衍射峰与 250 A/m² 电流密度下所得漂浮阳极泥衍射峰峰强相似，可能物相为 $Bi_4As_2O_{11}$、$(Sb，As)_2O_3$ 及 $SbAsO_4$。

由图 2-46 可以看出，漂浮阳极泥颗粒大小不一，为长条状和块状，其形貌与阳极泥较为相似。

(a) 放大 2000 倍

(b) 放大 3000 倍

(c) 放大 4000 倍

图 2-46　280 A/m² 下价态调控低砷阳极电解漂浮阳极泥 SEM 图

2.6.3　电流密度为 302 A/m² 时价态调控低砷阳极电解漂浮阳极泥成分及结构

将 302 A/m² 电流密度下电解液过滤得到的漂浮阳极泥水洗烘干，其漂浮阳极泥成分如表 2-20 所示；XRF 元素全分析漂浮阳极泥成分如表 2-21 所示；XRD 图谱如图 2-47 所示；漂浮阳极泥 SEM 图如图 2-48 所示。

表 2-20　漂浮阳极泥中相关元素质量分数　　　　　　单位：%

As$_T$	As(Ⅲ)	Cu	Sb	Bi
3.93	0.17	27.78	9.17	3.87

表 2-21　漂浮阳极泥 XRF 元素全分析　　　　　　　　单位：%

Cu	Se	O	Cl	As	S	Te	Ni	Sb	Sn	Bi
33.16	16.73	6.80	1.14	4.69	4.62	2.23	0.99	8.81	1.83	4.04
Fe	Ag	Si	Au	Ba	Zn	Sr	P	Co	Cr	Pb
0.25	2.77	0.31	0.24	1.44	0.23	0.02	0.017	0.046	—	9.63

由表 2-20 可知，电流密度为 302 A/m^2 时价态调控低砷阳极电解漂浮阳极泥中 Sb、Bi 总质量分数为 13.04%，As(Ⅲ) 占总砷量的约 4.32%，这是由于提高电流密度，从而提高了 As 氧化率，且漂浮阳极泥中 AsSbBi 含量低于 255 A/m^2 电流密度下漂浮阳极泥中 AsSbBi 总量，而铜含量大量增加。

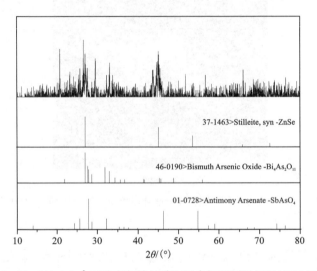

图 2-47　302 A/m^2 下价态调控低砷阳极电解漂浮阳极泥 XRD 图谱

由图 2-47 可以看出，302 A/m^2 电流密度下漂浮阳极泥衍射峰与 280 A/m^2、250 A/m^2 电流密度下所得漂浮阳极泥衍射峰峰强相似，可能物相有 ZnSe、$Bi_4As_2O_{11}$ 及 $SbAsO_4$。

由图 2-48 可以看出，漂浮阳极泥形状与 280 A/m^2 电流密度下所得漂浮阳极泥形貌相似，为长条状和块状。

总体而言，价态调控低砷阳极电解，随着电流密度的升高，漂浮阳极泥中 As(Ⅲ) 含量以及 As、Sb、Bi 含量逐渐降低，而漂浮阳极泥中铜元素含量逐渐增加。这种现象主要是因为电解时电流密度增加，阳极溶解速度加快，导致低砷阳极铜过快溶解产生 Cu 粉和 Cu^+，从而造成阳极泥中的铜含量增加。同时，由于电

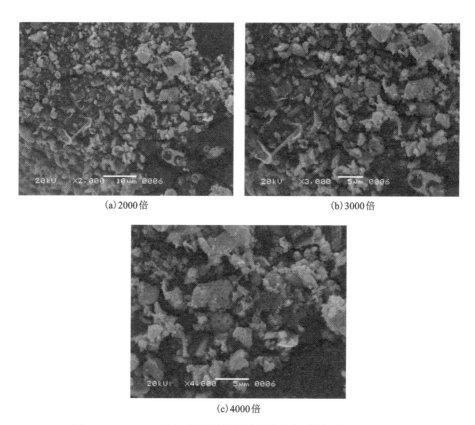

(a) 2000倍　　　　　　　　　　　　(b) 3000倍

(c) 4000倍

图 2-48 302 A/m² 下价态调控低砷阳极电解漂浮阳极泥 SEM 图

流密度的提高加快了电解液中 As(Ⅲ)的氧化。因此，低电流密度有利于价态调控低砷阳极电解。

第 3 章　铜电解价态调控电化学

　　电极反应进行时，电极上便会有电流通过，电极电势便偏离平衡电势，电流密度越大，电极电势会偏离平衡电势越远。以试验测出的电极电势 E 与电流 i 作图得出的曲线，称为极化曲线。极化曲线是研究电极过程动力学最重要最基本的方法，也是电化学基础理论研究方面不可缺少的手段[182-184]。对于阴极的极化曲线来说，电极电势随电流的增大向负方向变化，而阳极的极化曲线电极电势随电流的增大则向正方向变化。

　　采用线性电势扫描法，电极电势随时间连续线性变化，可用以下线性方程式表示：

$$\varphi = \varphi_i + vt \tag{3-1}$$

式中：φ 为扫描电势，V；φ_i 为扫描起点电势，V；v 为扫描速度，V/s；t 为扫描时间，$v = \dfrac{\mathrm{d}\varphi}{\mathrm{d}t}$ 表示单位时间内电极电势的变化。

　　在测试电极上施加一个随时间作线性变化的三角波电势（扰动信号），得到循环的 E-I 曲线，这种方法称为循环伏安（CV）法。如果扫描电势只向一个方向扫描（不反扫）变化，这种方法称为线性循环伏安扫描（LCV）法，循环伏安图上至少可以提供 4 个可测参数，阴极峰电流 i_{pc}，阴极峰电势 φ_{pc}，阳极峰电势 φ_{pa}，阳极峰电流 i_{pa}。

　　控制工作电极的电势以恒定的速率 ν 从 E_i 开始向高电势或低电势方向扫描，到时间 $t = \lambda$（相应电势为 E_λ）时改变电势扫描方向，以同样的速率从 E_λ 回扫到 E_i，其电势波形如图 3-1（a）所示。相应得到循环伏安曲线，如图 3-1（b）所示。

　　对于扩散控制的电极过程，循环伏安曲线中将出现电流峰值。当电势扫描超过电极反应的平衡电势以后，电极反应速率随着电极上过电势的增加而加快，电流呈上升趋势，同时也导致了电极表面附近反应物浓度的降低和生成物浓度的升高。随着电势扫描的继续，电极反应表现为扩散控制，扩散层厚度增大，反应物传输速率跟不上电极反应速率，反应电流减小，峰值随之出现。若体系可逆，将得到两个相反的波峰，称之为氧化峰和还原峰[185-187]。

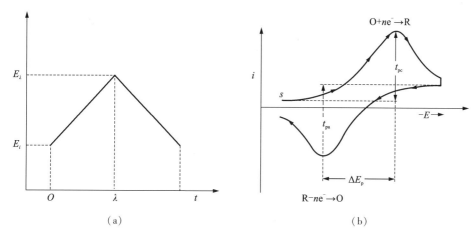

图 3-1　循环伏安电势波形(a)和循环伏安曲线(b)

不同类型的电极反应过程可得到不同形状的循环伏安曲线。根据氧化峰和还原峰的峰电流和峰电势与电势扫描速度的关系可以判断电极反应机理、测定动力学参数，识别复杂的过程(如吸附)，发现中间产物的存在，若存在多步电极反应，循环伏安曲线上会出现多个伏安波。

电极过程是包括多个步骤的复杂过程，一般包括下列基本过程或步骤[142]：

(1)液相传质步骤：反应粒子向电极表面传递。

(2)表面转化步骤(前置转化步骤)：反应粒子在电极表面或表面附近液层中进行某些转化，如表面吸附或化学变化。

(3)电化学步骤：电极溶液界面上进行电子交换，生成反应产物。

(4)表面转化步骤(后置或随后转化步骤)：反应产物在电极表面或表面附近液层中进行某种转化，如反应产物自电极表面脱附或反应产物的复合、水解、歧化或其他化学变化。

(5a)新相生成步骤：反应产物生成新相，例如生成气泡、结晶等。

(5b)液相传质步骤：反应产物自电极表面向溶液中或液态电极内部传递[41]。

显然，任何一个电极反应都必须包括(1)、(3)、(5)步，有的还包括(2)和(4)或其中之一。通常，可通过线性扫描"电化学谱"来初步确定电极反应机理[41, 186, 188]。

为了便于比较，采用任意速度常数，把各种电极过程电流函数的峰值与扫描速度关系画在同一图中，文献上统称为线性扫描的"电化学谱"，如图 3-2 所示。对于简单电荷传递反应，可以得到水平直线 1 和 2；对于具有前置化学反应的电荷传递反应，可以得到曲线 3 和 4；对于具有随后(后置)化学反应的电荷传递反

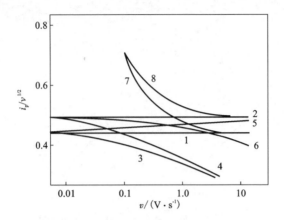

图 3-2　峰电流密度与电势扫描速度的关系

应，可以得到曲线 5 和 6；对于具有催化反应的电荷传递反应，可以得到曲线 7 和 8[189]。若扫描速度增加，使伴随的化学反应不能充分进行，所有伴随的化学反应的电极过程都转变为一个简单电荷传递过程。对过程做 $i_p/\nu^{1/2} \sim \nu$ 图，可判断电极过程的机理。

简单电极反应可分为可逆电极反应、准可逆电极反应和完全不可逆电极反应[184, 189-191]，对应的循环伏安曲线如图 3-3 所示。

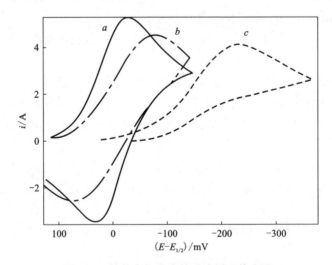

图 3-3　简单电极反应的理论循环伏安图

（1）可逆的简单电荷传递反应

E_r：

$$O + ne^- \longrightarrow R \tag{3-2}$$

式中：O 为氧化态物质；R 为还原态物质。

循环伏安曲线如图 3-3 中的曲线 a 所示，循环伏安曲线的特征和判断依据主要有：

①Randles-Sevcik 方程式

$$i_p = 0.4463 n F A C_O^0 (nF/RT)^{1/2} D^{1/2} v^{1/2} \tag{3-3}$$

25℃时：

$$i_p = (2.69 \times 10^5) n^{3/2} A C_O^0 D^{1/2} v^{1/2} \tag{3-4}$$

式中：i_p 为峰电流，A；n 为反应总电子数；A 为电极面积，cm^2；D 为扩散系数，cm^2/s；C_O^0 为本体离子浓度，mol/cm^3；v 为电势扫描速度，V/s；T 为绝对温度，K；F 为法拉第常数；R 为气体常数。

将式(3-4)变换如下：

$$i_p/v^{1/2} = 2.69 \times 10^5 n^{3/2} A D^{1/2} C_O^0 \tag{3-5}$$

式中：定义 $i_p/v^{1/2}$ 为峰电流函数，可见峰电流函数与扫描速度 v 无关。

②阳极峰电势 E_{pa} 与阴极峰电势 E_{pc} 差值为 $59/n$（mV），与电势扫描速度无关[189]；

③阳极峰电流与阴极峰电流比值 $|i_{pa}/i_{pc}|$ 与扫描速度 v 无关，等于 1。

④峰电势 E_p 与扫描速度 v 无关；

⑤高于峰电势 E_p 的电势下，i^{-2} 正比于时间 t。

（2）完全不可逆的简单电荷传递反应

E_i：

$$O + ne^- \longrightarrow R \tag{3-6}$$

循环伏安曲线如图 3-3 中的曲线 c 所示，循环伏安曲线的特征和判断依据主要有：

$$i_p = 0.4958 n F A C_O^0 (\alpha n_a F/RT)^{1/2} D^{1/2} v^{1/2} \tag{3-7}$$

式中：α 为电极反应电子传递系数；n_a 为速度控制步骤的转移电子数；其余符号定义同前。

25℃时：

$$i_p = 2.99 \times 10^5 n A (\alpha n_a)^{1/2} D^{1/2} C_O^0 v^{1/2} \tag{3-8}$$

峰电势

$$E_p = E^{0'} - (RT/\alpha n_a F)[0.780 + \ln(D^{1/2} k_0) + \ln(\alpha n_a F v/RT)^{1/2}] \tag{3-9}$$

式中：$E^{0'}$ 为形式电势，V；k_0 为标准速度常数，cm/s。

25℃时：

$$E_p = E^{0'} - [0.05915/(2\alpha n_a)][0.6777 + \lg(38.925 D \alpha n_a/k_0^2) + \lg v] \tag{3-10}$$

①$i_p/v^{1/2} = 2.99 \times 10^5 n^{3/2} \alpha^{1/2} D^{1/2} C_O^0$，即反应物浓度一定时，峰电流函数$i_p/v^{1/2}$与扫描速度$v$无关；

②反向峰完全不存在；

③阴极峰电势E_p及半峰电势$E_{p/2}$随着扫描速度增大，向负方向移动，电势扫描速度每增加为之前的10倍，峰电势向阴极方向移动$30/\alpha n (\text{mV})$ [189]；

④扫描速度一定时，峰电流i_p与C_O^0成正比；

⑤扫描速度一定时，峰电势与本体浓度无关。

(3)准可逆的简单电荷传递反应

E_r'：

$$O + ne^- \longrightarrow R \tag{3-11}$$

循环伏安曲线如图3-3中的曲线b所示。伏安曲线的特征和判断依据主要有：

①峰电流i_p随$v^{1/2}$增加而增加，但与之不成正比。

②阴极峰电势E_p^c随扫描速度v增大向负电势方向移动，阳极峰电势E_p^a随扫描速度v增大而向正电势方向移动[189]。

③ΔE_p大于$59/n (\text{mV})$且随v增加而负移。v较低时，ΔE_p的特征符合可逆波，在高扫描速度下转化为不可逆特性[189]。电极反应的可逆性与扫描速度有关。

④阴极峰与阳极峰电流比与电极反应的传递系数有关。若阳极反应电子传递系数β与阴极反应电子传递系数α相等且等于0.5，则$|i_{pa}/i_{pc}| = 1$。

3.1 价态调控铜电解砷锑铋对Cu^{2+}阴极还原电化学的影响

研究表明正常情况下电解Cu^{2+}阴极过电势通常约为0.1 V，As(Ⅲ)、As(Ⅴ)、Sb(Ⅲ)、Sb(Ⅴ)通常不会在阴极上析出。但是，铜电解液中经过价态调控后As、Sb价态和浓度发生变化，从而对阴极上Cu^{2+}还原过程产生影响。

3.1.1 H_2SO_4-H_2O-$CuSO_4$电解液体系中Cu^{2+}阴极还原过程

采用五水硫酸铜和硫酸配制，H_2SO_4质量浓度和Cu^{2+}质量浓度分别为185 g/L和45 g/L，在此基础上配制含As(Ⅲ)、As(Ⅴ)、Sb(Ⅲ)、Sb(Ⅴ)的电解液。这些电解液作为价态调控铜电解砷锑铋对Cu^{2+}阴极还原的电化学研究体系。

分别对H_2SO_4(185 g/L)-H_2O-$CuSO_4$(45 g/L)电解液和H_2SO_4(185 g/L)-H_2O电解液进行循环伏安测试，扫描速度为25 mV/s，测试结果如图3-4所示。当电势由0.103 V(开路电势)负扫至-0.45 V时，H_2SO_4-H_2O-$CuSO_4$循环伏安曲

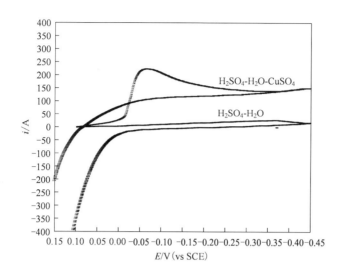

图 3-4　H_2SO_4-H_2O-$CuSO_4$ 和 H_2SO_4-H_2O 电解液的循环伏安曲线

线上有阴极峰出现，H_2SO_4-H_2O 循环伏安曲线上没有阴极峰出现，表明 H_2SO_4-H_2O-$CuSO_4$ 电解液中发生 Cu^{2+} 的放电反应，其阴极峰电势为-0.065 V，峰电流为 220 mA/cm^2。电势回扫时，H_2SO_4-H_2O-$CuSO_4$ 电解液循环伏安曲线上没有阳极峰出现，表明电解液中 Cu^{2+} 还原过程是不可逆过程。

　　扫描速度为 10 mV/s 时，对 H_2SO_4-H_2O-$CuSO_4$ 电解液做 Tafel 测试，扫描过程中控制过电势为 0.05~0.1 V，得到图 3-5 所示曲线。由该曲线的斜率和截距等参数可以得到，反映 Cu^{2+} 阴极还原电化学机理的阴极表观传递系数 $\vec{\alpha}$ 和交换电流密度 i^0 等数据。

　　由图 3-5 可知，H_2SO_4-H_2O-$CuSO_4$ 电解液中，Cu^{2+} 阴极还原 Tafel 曲线的斜率为 0.127，截距为 0.553。根据 Tafel 公式[191]，如式(3-12)所示，可以求得阴极过程表观传递系数 $\vec{\alpha} = 0.520$，交换电流密度 $i^0 = 2.15 \times 10^{-5}$ A/cm^2。其中交换电流密度 $i^0 < 10^{-3}$ A/cm^2，表明电解液中 Cu^{2+} 阴极还原反应的可逆程度低[142]，易发生电化学极化。

$$\eta = E_{eq} - E = -\frac{2.303RT}{\vec{\alpha}F}\lg i^0 + \frac{2.303RT}{\vec{\alpha}F}\lg i \qquad (3-12)$$

　　一般认为，Cu^{2+} 在阴极上还原反应为单电子分步放电过程，反应如式(3-13)，式(3-14)所示[192]。

$$Cu^{2+} + e^- \Longrightarrow Cu^+ \qquad (3-13)$$

$$Cu^+ + e^- \Longrightarrow Cu \qquad (3-14)$$

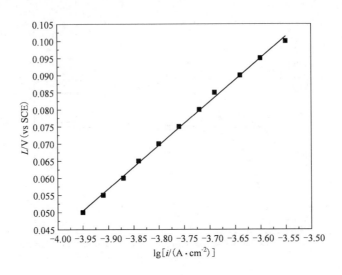

图 3-5　H_2SO_4-H_2O-$CuSO_4$ 电解液中 Cu^{2+} 阴极还原的 Tafel 曲线

　　电极过程中极化电势和电流密度之间的关系可由式(3-15)表示[193]，根据式(3-15)中的相关参数可以得出 Cu^{2+} 阴极还原过程的速度控制步骤。

$$
\begin{aligned}
- i &= i^0 \left\{ \exp\left[(m + a)\, \frac{F}{RT}(E_{eq} - E) \right] - \exp\left[-(n - m - a)\, \frac{F}{RT}(E_{eq} - E) \right] \right\} \\
&= i^0 \left\{ \exp\left[(m + a)\, \frac{F\eta}{RT} \right] - \exp\left[-(n - m - a)\, \frac{F\eta}{RT} \right] \right\} \\
&= i^0 \left[\exp\left(\frac{\overleftarrow{a}F\eta}{RT} \right) - \exp\left(\frac{\overrightarrow{a}F\eta}{RT} \right) \right]
\end{aligned}
\tag{3-15}
$$

其中：$\eta = E - E_{eq}$ 为过电势；

　　　E_{eq} 为平衡电极电势；

　　　a 为速度控制步骤的阴极传递系数；

　　　$\overrightarrow{a} = n - m - a$ 为阴极表观传递系数；

　　　$\overleftarrow{a} = m + a$ 为阳极表观传递系数；

　　　n 为得电子总数；

　　　$m + 1$，第几步是反应控制步骤（m 取值 0.1）。

　　显然 $\overrightarrow{a} + \overleftarrow{a} = n$，$\overleftarrow{a}/\overrightarrow{a} = m + a/n - m - a$。对于 Cu^{2+} 阴极还原过程，$n = 2$。

　　当第一个得电子反应为控制步骤时，$m = 0$，而且 $\overleftarrow{a}/\overrightarrow{a} = a/(2 - a)$，由于 $0 < a < 1$，所以 $0 \leqslant \overleftarrow{a}/\overrightarrow{a} \leqslant 1$。当第二个得电子反应为控制步骤 $m = 1$，$\overleftarrow{a}/\overrightarrow{a} = (1 + a)/(1 - a)$，所以 $1 \leqslant \overleftarrow{a}/\overrightarrow{a} \leqslant \infty$。

对于 Cu^{2+} 阴极还原反应，由 $\vec{a}=0.520$，可知 $\vec{a}/\tilde{a}=0.35$，位于 0 和 1 之间，所以 $H_2SO_4-H_2O-CuSO_4$ 电解液中 Cu^{2+} 阴极还原过程为第一个得电子反应为速度控制步骤的分步放电过程。

由循环伏安测试得出扫描速度为 25 mV/s 时，$H_2SO_4-H_2O-CuSO_4$ 电解液中 Cu^{2+} 阴极还原时的阴极峰电势为 -0.065 V，因此试验选取了极化电势分别为 -0.08 V 和 -0.12 V 作为 $H_2SO_4-H_2O-CuSO_4$ 电解液中 Cu^{2+} 阴极还原时交流阻抗试验测试电势。此时电极过程受电化学极化和扩散极化共同控制。

试验测定了极化电势分别为 -0.08 V 和 -0.12 V 时 $H_2SO_4-H_2O-CuSO_4$ 电解液中 Cu^{2+} 阴极还原的奈奎斯特图，如图 3-6(a)、(b)所示。

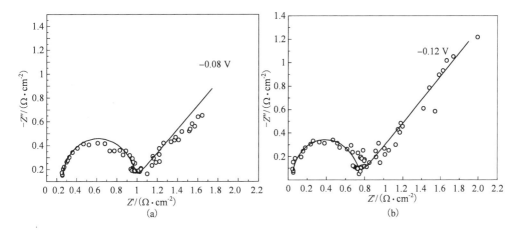

图 3-6 $H_2SO_4-H_2O-CuSO_4$ 电解液中 Cu^{2+} 还原过程的奈奎斯特图

由图 3-6 可知，$H_2SO_4-H_2O-CuSO_4$ 电解液中 Cu^{2+} 阴极还原时，电极过程阻抗复数平面图在 $E = -0.08$ V(a)、-0.12 V(b)时皆为由高频区的一个半圆和低频区的一条直线组成，表明此时电极过程为由电化学极化和浓差极化混合控制时，且不存在电化学活性物质吸附或中间产物生成的简单电荷传递反应[194]。

通过 ZSimpWin 软件的模拟，可得到图 3-6 的等效电路，如图 3-7 所示。

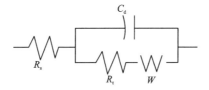

图 3-7 $H_2SO_4-H_2O-CuSO_4$ 电解液中 Cu^{2+} 阴极还原的等效电路

由其等效电路图可近似得到 H_2SO_4-H_2O-$CuSO_4$ 电解液中 Cu^{2+} 阴极还原时，电极过程的相关参数，分别为：R_s，R_t，C_d，W，如表 3-1 所示。

表 3-1　等效电路图中参数拟合结果

E/V	$R_s/(\Omega \cdot cm^{-2})$	$C_d/(F \cdot cm^{-2})$	$R_t/(\Omega \cdot cm^{-2})$	W
-0.08	2.289	5.099×10^{-7}	34.47	0.006664
-0.12	2.091	3.816×10^{-7}	32.72	0.004392

R_s：溶液电阻；R_t：电化学反应电阻；C_d：双电层电容；W：参数锁（与扩散系数有关）。

由表 3-1 可知，极化电势为 -0.12 V 时，电化学电阻（R_t）小于极化电势为 -0.08 V 时的电化学电阻。反应过程为电化学反应和浓差极化混合控制时，增加极化电势会降低还原反应活化能，对电极过程起活化作用。增大极化电势，会影响电极过程中双电层剩余电荷密度 q，减小双电层电容 C_d。

3.1.2　砷价态对 Cu^{2+} 阴极还原的影响

3.1.2.1　As(Ⅲ) 对 H_2SO_4-H_2O-$CuSO_4$ 电解液中 Cu^{2+} 阴极还原的影响

测试 As(Ⅲ) 质量浓度（以 As 质量计，下文余同）分别为 0、0.7 g/L、2.5 g/L、4.5 g/L 的 $CuSO_4$-H_2SO_4-H_2O 电解液中 Cu^{2+} 阴极还原时的 Tafel 曲线，扫描过程中控制过电势从 0.05 V 至 0.1 V，扫描速度为 10 mV/s，由该组 Tafel 曲线求出含不同 As(Ⅲ) 浓度的 H_2SO_4-H_2O-$CuSO_4$ 电解液中 Cu^{2+} 阴极还原时的电化学参数 i^0 和 $\vec{a}$，如表 3-2 所示。

表 3-2　不同 As(Ⅲ) 浓度 H_2SO_4-H_2O-$CuSO_4$ 电解液中 Cu^{2+} 阴极还原时的电化学参数

As(Ⅲ) 质量浓度/(g·L^{-1})	$i^0/(A \cdot cm^{-2})$	$\vec{a}$
0	2.15×10^{-5}	0.52
0.7	2.3×10^{-5}	0.54
2.5	2.1×10^{-5}	0.62
4.5	1.7×10^{-5}	0.55

由表 3-2 可知，电解液中 As(Ⅲ) 的存在并没有使 Cu^{2+} 阴极还原时的 $\vec{a}$ 明显增加，As(Ⅲ) 的存在不改变其反应机理，但电解液中 As(Ⅲ) 质量浓度的增加会

改变电化学反应的参数 i^0，对电极过程产生影响。电解液中 As(Ⅲ) 的存在会减小该体系的交换电流密度 i^0，对电极过程中 Cu^{2+} 阴极沉积起到去极化作用。这可能是因为 H_2SO_4-H_2O-$CuSO_4$ 电解液中 As(Ⅲ) 物种存在影响了电极表面和溶液的性质。

在不同扫描速度下，对 As(Ⅲ) 质量浓度（以 As 质量计）为 4.5 g/L 的 H_2SO_4-H_2O-$CuSO_4$ 电解液进行阴极 LCV 测试，扫描速度分别为 10 mV/s、17.5 mV/s、25 mV/s、37.5 mV/s、50 mV/s，测试结果如图 3-8 所示。

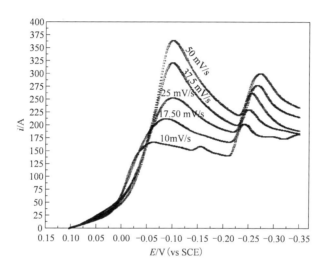

图 3-8　As(Ⅲ) 质量浓度为 4.5 g/L 的 H_2SO_4-H_2O-$CuSO_4$ 电解液循环伏安曲线

由图 3-8 可知，扫描速度为 25 mV/s 时，电势从开路电势 0.10 V 负扫至 -0.10 V 时，LCV 曲线上出现第一个还原峰，为 Cu^{2+} 的还原峰，其峰电流为 247 mA/cm²。当电势负扫至 -0.28 V 时，阴极循环伏安曲线上出现第二个还原峰，峰电流为 259 mA/cm²，此时电极上有黑色泥状物出现，阴极上析出 $CuAs_3$，反应如式 (3-16) 所示。因此当电解液中含一定量 As(Ⅲ) 时，一定要控制适当的阴极过电势，防止 As(Ⅲ) 在电极上放电析出，危害电极过程和阴极铜质量。

$$3Cu^{2+} + HAsO_2 + 3H^+ + 9e^- \Longrightarrow CuAs_3 + 2H_2O \qquad (3-16)$$

根据图 3-8，对不同扫描速度下所得的 Cu^{2+} 还原峰阴极峰电流 i_p 与扫描速度 $v^{1/2}$ 的关系作图，如图 3-9 所示。

由图 3-9 可知，随着扫描速度的增加，用 Cu^{2+} 还原峰电流 i_p 与扫描速度 $v^{1/2}$ 作图得一条通过圆点的直线。由此可知，$i_p/v^{1/2}$ 为常数，和电化学图谱（图 3-2）中曲线 1，2 相符合，表明 As(Ⅲ) 质量浓度为 4.5 g/L 的 H_2SO_4-H_2O-$CuSO_4$ 电解液

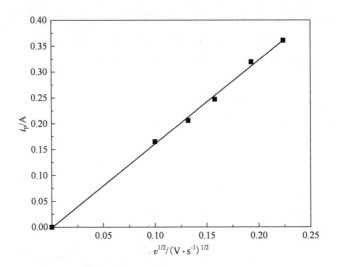

图 3-9 As(Ⅲ)质量浓度为 4.5 g/L 的 $H_2SO_4-H_2O-CuSO_4$ 电解液中 Cu^{2+} 还原 i_{pc} 与 $v^{1/2}$ 关系

中 Cu^{2+} 阴极还原过程为不含前后置吸附的简单电荷传递反应。

采用交流阻抗测试得出了极化电势分别为-0.08 V、-0.12 V 时，As(Ⅲ)质量浓度为 4.5 g/L 的 $H_2SO_4-H_2O-CuSO_4$ 电解液中 Cu^{2+} 阴极还原时的奈奎斯特图，如图 3-10 所示。

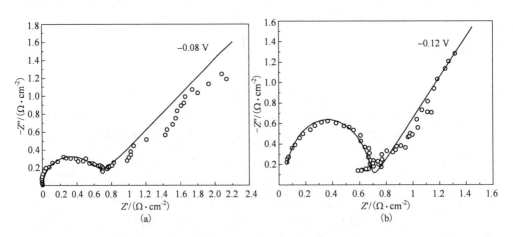

图 3-10 As(Ⅲ)质量浓度为 4.5 g/L 的 $H_2SO_4-H_2O-CuSO_4$ 电解液中 Cu^{2+} 阴极还原的奈奎斯特图

由图 3-10 可知：As(Ⅲ)存在于 $H_2SO_4-H_2O-CuSO_4$ 电解液体中时，Cu^{2+} 阴极还原过程阻抗复数平面图在 $E=-0.08$ V(a)、-0.12 V(b)时皆为由高频区的一个半圆加上低频区的一条直线组成，电极过程为由电化学极化和浓差极化混合控制的简单电荷传递反应, 这符合图 3-9 所示的结果。

通过 ZSimpWin 软件对图 3-10 进行模拟, 可以得到如图 3-7 所示等效电路图, 在极化电势 $E = -0.08$ V(a)、-0.12 V(b), As(Ⅲ) 存在于 H_2SO_4-H_2O-$CuSO_4$ 电解液中时, 电极过程等效电路图中 R_s, R_t, C_d, W 等参数如表 3-3 所示。

表 3-3　等效电路图中参数拟合结果

E/V	$R_s/(\Omega \cdot cm^{-2})$	$C_d/(F \cdot cm^{-2})$	$R_t/(\Omega \cdot cm^{-2})$	W
0.08	2.520	2.196×10^{-7}	36.02	0.003249
0.12	2.455	3.097×10^{-7}	34.62	0.006792

由表 3-3 可知, H_2SO_4-H_2O-$CuSO_4$ 电解液中 As(Ⅲ) 存在时, 与表 3-1 比较, 溶液电阻增加, Cu^{2+} 阴极还原的电化学极化电阻 R_t 增加, 可见电解液中 As(Ⅲ) 对电化学电极过程起极化作用。As(Ⅲ) 存在时溶液双电层电容 C_d 降低, 这可能是 AsO^+ 或 $HAsO_2$ 在电极上吸附的结果。

3.1.2.2　As(Ⅴ) 对 H_2SO_4-H_2O-$CuSO_4$ 电解液中 Cu^{2+} 阴极还原的影响

测试 As(Ⅴ) 质量浓度分别为 0.5 g/L、1.75 g/L、3.5 g/L 的 H_2SO_4-H_2O-$CuSO_4$ 电解液中 Cu^{2+} 阴极还原的 Tafel 曲线, 扫描过程中控制过电势为 0.05~0.1 V, 扫描速度为 10 mV/s。由该组 Tafel 曲线求出含不同 As(Ⅴ) 质量浓度的 H_2SO_4-H_2O-$CuSO_4$ 电解液中 Cu^{2+} 阴极还原时的电化学参数 i^0 和 $\vec{a}$, 如表 3-4 所示。

表 3-4　不同 As(Ⅴ) 质量浓度的 H_2SO_4-H_2O-$CuSO_4$ 电解液中 Cu^{2+} 阴极还原时的电化学参数

As(Ⅴ) 质量浓度/(g·L^{-1})	$i_0/(A \cdot cm^{-2})$	$\vec{a}$
0	2.15×10^{-5}	0.52
0.5	3.59×10^{-5}	0.28
1.75	9.27×10^{-6}	0.24
3.5	4.34×10^{-5}	0.22

由表 3-4 可知, 电解液中 As(Ⅴ) 的存在并没有改变 Cu^{2+} 阴极还原反应机理, 但电解液中 As(Ⅴ) 含量的增加会增大 H_2SO_4-H_2O-$CuSO_4$ 电解液的交换电流密度 i_0, 从而对电化学反应起到极化作用。

在不同扫描速度下, 对 As(Ⅴ) 质量浓度为 3.5 g/L 的 H_2SO_4-H_2O-$CuSO_4$ 电

解液进行阴极循环伏安测试, 扫描速度分别为 10 mV/s、17.5 mV/s、25 mV/s、37.5 mV/s、50 mV/s, 测试电势从开路电势至 -0.35 V。测试结果如图 3-11 所示。

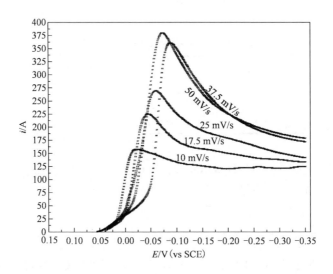

图 3-11 As(V)质量浓度为 3.5 g/L 的 H$_2$SO$_4$-H$_2$O-CuSO$_4$ 电解液阴极循环伏安测试曲线

由图 3-11 可知, 当扫描速度为 25 mV/s 时, Cu^{2+} 在 As(V)质量浓度为 3.5 g/L 的 H$_2$SO$_4$-H$_2$O-CuSO$_4$ 电解液中阴极还原时的开路电势为 0.073 V, 低于不含 As(V)时的 0.101 V。当电势负扫至 -0.060 V 时, 阴极循环伏安曲线上出现还原峰, 为 Cu^{2+} 的还原峰, 峰电流为 268 mA/cm^2。电势继续负扫到 -0.35 V 时, 电极上没有峰出现, As(V)不在阴极上放电。

根据图 3-11, 对不同扫描速度下所得的 Cu^{2+} 还原阴极峰电流 i_{pc} 与扫描速度 $v^{1/2}$ 的关系作图, 如图 3-12 所示。

由图 3-12 可知, 随着扫描速度增加, 峰电流 i_p 与扫描速度 $v^{1/2}$ 作图可得到一条通过圆点的直线, 由此可知, $i_p/v^{1/2}$ 为常数, 和电化学图谱(图 3-2)中曲线 1, 2 相符合。表明含 As(V)质量浓度为 3.5 g/L 的 CuSO$_4$-H$_2$SO$_4$-H$_2$O 电解液中 Cu^{2+} 阴极还原时, Cu^{2+} 阴极还原过程仍为不含前后置吸附的简单电荷传递反应。

试验测定了极化电势分别为 -0.08 V 和 -0.12 V 时, As(V)质量浓度为 3.5 g/L 的 H$_2$SO$_4$-H$_2$O-CuSO$_4$ 电解液中 Cu^{2+} 阴极还原时的奈奎斯特图, 如图 3-13 所示。电解液体系温度为 60℃。

由图 3-13 可知, As(V)存在于 H$_2$SO$_4$-H$_2$O-CuSO$_4$ 电解液中时, 电极过程阻抗复数平面图在 E=-0.08(图 a)、-0.12(图 b)时皆为高频区的一个半圆加上

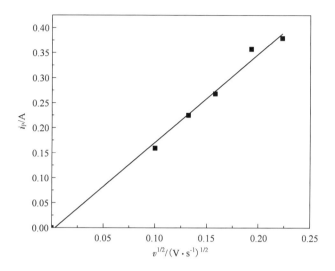

图 3-12　As(Ⅴ)质量浓度为 3.5 g/L 的 H_2SO_4-H_2O-$CuSO_4$ 中 Cu^{2+} 还原 i_p 与 $v^{1/2}$ 的关系

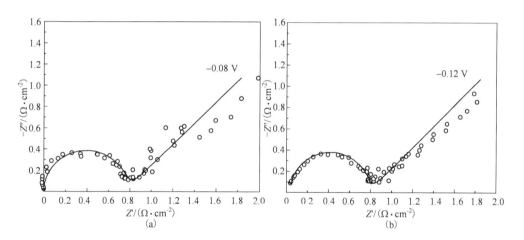

图 3-13　As(Ⅴ)质量浓度为 3.5 g/L 的 H_2SO_4-H_2O-$CuSO_4$ 电解液中 Cu^{2+} 沉积时的奈奎斯特图

低频区的一条直线组成，电极过程为由电化学极化和浓差极化混合控制的简单电荷传递反应，符合图 3-12 所得结果。

　　通过 ZSimpWin 软件对图 3-13 进行模拟，可以得到如图 3-7 所示等效电路图，在极化电势为 $E = -0.08$ V［图（a）］、-0.12 V［图（b）］时，H_2SO_4-H_2O-$CuSO_4$ 电解液中 As(Ⅴ)存在时，电极过程等效电路图中 R_s、R_t、C_d、W 等参数如表 3-5 所示。

表 3-5   等效电路图拟合结果

E	$R_s/(\Omega \cdot cm^{-2})$	$C_d/(F \cdot cm^{-2})$	$R_t/(\Omega \cdot cm^{-2})$	W
−0.08 V	2.45	3.23×10^{-7}	33.47	0.00485
−0.12 V	2.56	2.8×10^{-7}	32.02	0.00592

由表 3-5 和表 3-1 比较可知，As(V)存在于 H_2SO_4–H_2O–$CuSO_4$ 电解液时，溶液电阻增加，电化学电阻 R_t 减小，对电极过程起去极化作用。As(V)也使电极过程中双电层电容 C_d 减小。

3.1.3   锑价态对 Cu^{2+} 阴极还原的影响

3.1.3.1   Sb(III)对 H_2SO_4–H_2O–$CuSO_4$ 电解液中 Cu^{2+} 还原的影响

测试 Sb(III)质量浓度分别为 0.1 g/L、0.2 g/L、0.5 g/L 的 H_2SO_4–H_2O–$CuSO_4$ 电解液中 Cu^{2+} 阴极还原的阴极 Tafel 曲线，扫描过程中控制过电势为 0.05~0.1 V，测试扫描速度为 10 mV/s。由该组 Tafel 曲线可以求出含不同 Sb(III)质量浓度的 H_2SO_4–H_2O–$CuSO_4$ 电解液中 Cu^{2+} 阴极还原时的电化学参数 i^0 和 $\vec{a}$，如表 3-6 所示。

表 3-6   不同 Sb(III)质量浓度的 H_2SO_4–H_2O–$CuSO_4$ 电解液中 Cu^{2+} 阴极还原的电化学参数

Sb(III)质量浓度/$(g \cdot L^{-1})$	i^0	$\vec{a}$
0	2.15×10^{-5}	0.52
0.1	2.25×10^{-5}	0.52
0.2	1.6×10^{-5}	0.59
0.5	1.75×10^{-5}	0.53

由表 3-6 可知，电解液中 Sb(III)的存在并没有明显增加 $\vec{a}$，因此其反应机理不变，但电解液中 Sb(III)含量的增加会减小 i_0，对电解液中的 Cu^{2+} 还原起到极化作用。

对不同扫描速度下，Cu^{2+} 在 Sb(III)质量浓度为 0.5 g/L 的 H_2SO_4–H_2O–$CuSO_4$ 电解液进行阴极循环伏安测试，扫描速度分别为 10 mV/s、17.5 mV/s、25 mV/s、37.5 mV/s、50 mV/s，电极电势从开路电势扫至−0.35 V。测试结果如图 3-14 所示。

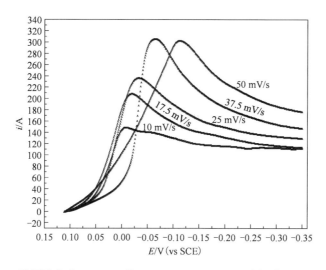

图 3-14　Sb(Ⅲ)质量浓度为 0.5 g/L 的 H₂SO₄-H₂O-CuSO₄ 电解液阴极循环伏安测试曲线

由图 3-14 可知，扫描速度为 25 mV/s 时，Sb(Ⅲ)质量浓度为 0.5 g/L 的 H₂SO₄-H₂O-CuSO₄ 电解液中 Cu^{2+} 阴极还原时的开路电势由不含 Sb(Ⅲ)时的 0.101 V 变化至 0.120 V。电势负扫至-0.033 V 时，LCV 曲线上出现还原峰，为 Cu^{2+} 的还原峰，峰电流为 234 mA/cm²。电势继续负扫到-0.35 V 时，电极上没有峰出现，说明当电极电势从开路电势变化至-0.35 V 时，Sb(Ⅲ)在电极上不发生放电反应，这和 Sb(Ⅲ)在铜电极上还原需要很高的过电势有关。

根据图 3-14，对不同扫描速度下，所得到的 Cu^{2+} 还原阴极峰电流 i_p 与扫描速度 $v^{1/2}$ 的关系作图，如图 3-15 所示。

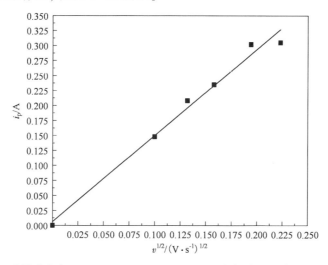

图 3-15　Sb(Ⅲ)质量浓度为 0.5 g/L H₂SO₄-H₂O-CuSO₄ 电解液中 Cu^{2+} 还原的 i_p 与 $v^{1/2}$ 的关系

由图 3-15 可知, 随着扫描速度增加, 峰电流 i_p 与扫描速度 $v^{1/2}$ 同样为一条通过圆点的直线, 由此可知, $i_p/v^{1/2}$ 之比为常数, 和电化学图谱(图 3-2)中曲线 1, 2 相符合, 表明 Sb(Ⅲ)质量浓度为 0.5 g/L 的 $CuSO_4$-H_2SO_4-H_2O 电解液中 Cu^{2+} 阴极还原过程为不含前后置吸附的电荷传递反应。

试验测定了极化电势分别为-0.08 V 和-0.12 V 时, Sb(Ⅲ)质量浓度为 0.5 g/L 的 H_2SO_4-H_2O-$CuSO_4$ 电解液中 Cu^{2+} 阴极还原奈奎斯特图, 如图 3-16 所示。

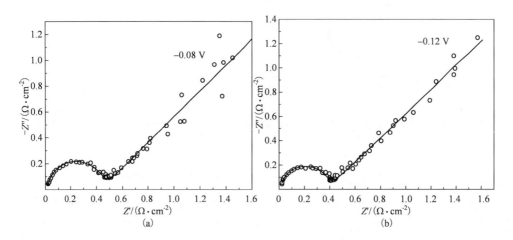

图 3-16 **Sb(Ⅲ)质量浓度为 0.5 g/L 的 H_2SO_4-H_2O-$CuSO_4$ 电解液中 Cu^{2+} 沉积时的奈奎斯特图**

由图 3-16 可知: Sb(Ⅲ)存在于 H_2SO_4-H_2O-$CuSO_4$ 电解液体系中时, 电极过程阻抗复数平面图在 $E=-0.08$(图 a)、-0.12(图 b)时仍皆为由高频区的一半圆加上低频区的一条直线组成, 电极过程为由电化学极化和浓差极化混合控制的简单电荷传递反应, 这符合图 3-15 所示结果。

通过 ZSimpWin 软件对图 3-16 进行模拟, 可以得到如图 3-7 所示等效电路图。电极过程等效电路图中 R_s, R_t, C_d, W 等参数如表 3-7 所示。

表 3-7 等效电路图中参数拟合结果

E/V	R_s/($\Omega \cdot cm^{-2}$)	C_d/($F \cdot cm^{-2}$)	R_t/($\Omega \cdot cm^{-2}$)	W
-0.08	2.71	2.87×10^{-7}	36.37	0.0052
-0.12	2.46	3.18×10^{-7}	36.46	0.0021

由表 3-7 和表 3-1 比较可知, H_2SO_4-H_2O-$CuSO_4$ 电解液中 Sb(Ⅲ)存在时, 会增加溶液电阻 R_s 和电化学电阻 R_t, 从而对电极反应过程起到极化作用。

Sb(Ⅲ)存在会降低 H_2SO_4-H_2O-$CuSO_4$ 电解液双电层电容 C_d，这可能是 SbO^+ 在电极上吸附的影响。

3.1.3.2　Sb(Ⅴ)对 H_2SO_4-H_2O-$CuSO_4$ 电解液中 Cu^{2+} 阴极还原的影响

对 Sb(Ⅴ)质量浓度分别为 0.1 g/L、0.175 g/L、0.35 g/L 的 $CuSO_4$-H_2SO_4-H_2O 电解液进行 Tafel 曲线测试，控制过电势为 0.05~0.1 V，测试扫描速度为 10 mV/s。由该组 Tafel 曲线求出含不同 Sb(Ⅴ)质量浓度的 H_2SO_4-H_2O-$CuSO_4$ 电解液中 Cu^{2+} 阴极还原时的电化学参数 i^0 和 $\vec{a}$，如表 3-8 所示。

表 3-8　不同 Sb(Ⅴ)质量浓度 H_2SO_4-H_2O-$CuSO_4$ 电解液中 Cu^{2+} 阴极还原电化学参数

Sb(Ⅴ)质量浓度/(g·L^{-1})	i^0/(A·cm^{-2})	$\vec{a}$
0	2.15×10^{-5}	0.52
0.1	6.3×10^{-5}	0.39
0.175	4.8×10^{-5}	0.32
0.35	5.7×10^{-5}	0.26

由表 3-8 可知，电解液中 Sb(Ⅴ)的存在并没有增加 $\vec{a}$，因此不改变其反应机理。但电解液中 Sb(Ⅴ)含量的增加 i^0 会减小，对电化学反应起一定的极化作用。

不同扫描速度下，对 Sb(Ⅴ)质量浓度为 0.35 g/L 的 H_2SO_4-H_2O-$CuSO_4$ 电解液中 Cu^{2+} 的阴极还原过程进行 LCV 测试，结果如图 3-17 所示。扫描速度分别为 10 mV/s、17.5 mV/s、25 mV/s、37.5 mV/s、50 mV/s。

由图 3-17 可知，扫描速度为 25 mV/s 时，Sb(Ⅴ)质量浓度为 0.35 g/L 的 H_2SO_4-H_2O-$CuSO_4$ 电解液中 Cu^{2+} 阴极还原时，阴极还原峰电势为 -0.0086 V，峰电流为 217 mA/cm^2。电势继续负扫到 -0.35 V 时，电极上没有峰出现，说明当电极电势从 0.05 V 变化至 -0.35 V 时，Sb(Ⅴ)不在电极上发生反应。

根据图 3-17，对不同扫描速度下所得到的 Cu^{2+} 还原阴极峰电流 i_p 与扫描速度 $v^{1/2}$ 的关系作图，如图 3-18 所示。

图 3-18 可知，随着扫描速度增加，峰电流 i_p 与扫描速度 $v^{1/2}$ 同样也呈线性关系(直线过圆点)，即 $i_p/v^{1/2}$ 比为常数，这和电化学图谱(图 3-2)中曲线 1，2 相符合。因此 Sb(Ⅴ)质量浓度为 0.35 g/L 的 H_2SO_4-H_2O-$CuSO_4$ 电解液中，Cu^{2+} 阴极还原过程为不含前后置吸附的电荷传递反应。

试验测定了极化电势分别为 -0.08 V 和 -0.12 V 时的 Sb(Ⅴ)质量浓度为 0.35 g/L 的 H_2SO_4-H_2O-$CuSO_4$ 电解液的奈奎斯特图，如图 3-19 所示。

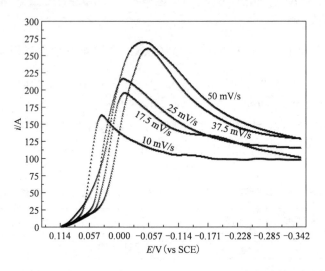

图 3-17 Sb(Ⅴ)质量浓度为 0.35 g/L 的 H₂SO₄-H₂O-CuSO₄ 电解液的阴极循环伏安测试曲线

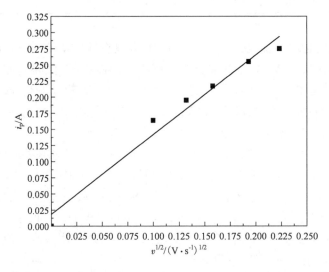

图 3-18 Sb(Ⅴ)质量浓度为 0.35 g/L 的 H₂SO₄-H₂O-CuSO₄ 溶液中 Cu²⁺还原时 i_p 与 $v^{1/2}$ 的关系

由图 3-19 可知:Sb(Ⅴ)存在于 H₂SO₄-H₂O-CuSO₄ 电解液中时,电极过程阻抗复数平面图在 $E=-0.08\ V(a)$、$-0.12\ V(b)$时仍皆为由高频区的一半圆加上低频区的一直线组成,电极过程为由电化学极化和浓差极化混合控制的简单电荷传递反应,这验证了图 3-18 所示结果。

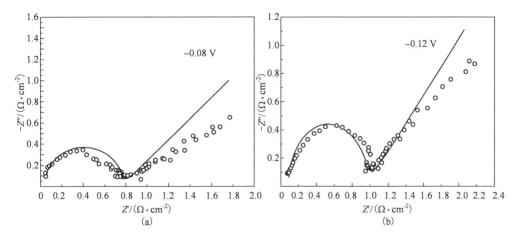

图 3–19 Sb(V)质量浓度为 0.35 g/L 的 H₂SO₄–H₂O–CuSO₄ 电解液中 Cu²⁺沉积时的奈奎斯特图

通过 ZSimpWin 软件对图 3-19 模拟，可以得到如图 3-7 所示等效电路图。电极过程等效电路图中 R_s，R_t，C_d，W 等参数如表 3-9 所示。

表 3–9 等效电路图中参数拟合结果

E/V	$R_s/(\Omega \cdot cm^{-2})$	$C_d/(F \cdot cm^{-2})$	$R_t/(\Omega \cdot cm^{-2})$	W
-0.08 V	3.80	4.58×10^{-7}	32.95	0.0039
-0.12 V	4.3	5.108×10^{-7}	33.12	0.0046

由表 3-9 与表 3-1 比较可知，Sb(V)存在于 H₂SO₄–H₂O–CuSO₄ 电解液时，溶液电阻 R_s 增加，溶液中电化学电阻 R_t 减小，对电化学过程起去极化作用。Sb(V)存在会降低双电层电容 C_d，这可能是因为 SbO_4^{3-} 在电极上吸附。

3.2 电解液深度脱铜电积反应

在铜电解精炼过程中，电解液中加入 As(III)化合物，可以显著抑制电解液中 Sb 和 Bi 的积累，随着电解的进行，铜和砷逐渐积累。一般情况下，深度脱铜电解液中 Cu²⁺质量浓度为 2~3 g/L，H₂SO₄ 质量浓度为 245~255 g/L。由于砷的标准电极电势与铜的标准电极电势相近，砷有可能在阴极析出，影响铜砷的分离，价态调控深度脱铜电积反应研究用于确定深度脱铜反应机理，指导电积脱铜。

3.2.1 深度脱铜电解液阴极极化曲线和循环伏安曲线

采用慢速扫描(2 mV/s)分别对铜离子质量浓度为 2.5 g/L、硫酸质量浓度为 250 g/L 的电解液和硫酸质量浓度为 250 g/L 的电解液进行阴极极化测试，结果如图 3-20 示。

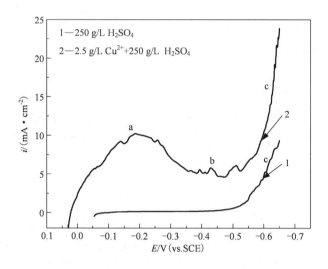

图 3-20 Cu^{2+} 还原的阴极极化曲线

由图 3-20 可知，随电极电势的负移，仅含硫酸的阴极极化曲线(曲线 1)在 -0.5 V 以前电势范围内电流几乎为零，-0.5 V 以后电流急剧上升，出现还原峰 c，铜电极上有气泡析出，因此，峰 c 所对应的反应为 H_2 析出反应。加入 Cu^{2+} 后，电解液阴极极化曲线(曲线 2)在 -0.185 V 附近出现还原峰 a，对应着铜的电沉积反应，平台 b 在 -0.3~-0.5 V 为铜的稳定析出。曲线 2 在电势扫描范围内，出现震荡有三个方面的原因：①随着扫描电势的负移，附着在电极表面的还原产物逐渐积累，从而隔离了电极表面与电解液，使得电极的有效面积减小，导致电流下降；当还原产物逐渐积累到一定程度后，其从电极表面脱落，电极的有效面积得到恢复，电流升高，出现锯齿状电流；②温度升高，电极表面变得活泼，使电势波动大；③硫酸浓度大，电解液黏度大，Cu^{2+} 质量浓度低，因而 Cu^{2+} 的扩散受到影响[141]。试验结束后，发现铜电极上有大量气泡，当电解液中有 Cu^{2+} 时，铜电极表面有红色沉积物。

为确定电极反应产物成分，在 -0.2 V 进行定电势电解，电极表面生成的沉积物为玫瑰红色，对沉积产物进行 XRD 和能谱分析(EDX)，结果如图 3-21 所示。图 3-21 结果表明沉积物为单质 Cu。

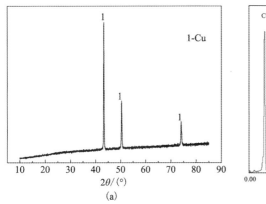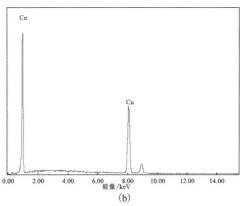

图 3-21 -0.2 V 定电势电解沉积物 XRD 图谱(a)及 EDX 图(b)

温度为 65℃,扫描速度为 25 mV/s 时,对 Cu^{2+} 质量浓度为 2.5 g/L、H_2SO_4 质量浓度为 250 g/L 的电解液进行循环伏安测试,结果如图 3-22 所示。由图 3-22 可知,正扫曲线上有一个还原峰 a,其峰电势为 -0.176 V,反扫曲线上无对应氧化峰。在 10~50 mV/s 扫描速度内,测试 Cu^{2+} 的线性循环伏安曲线,结果如图 3-22 所示。峰 a 的峰电流 i_p 与扫描速度 $v^{1/2}$ 的关系如图 3-23 所示。

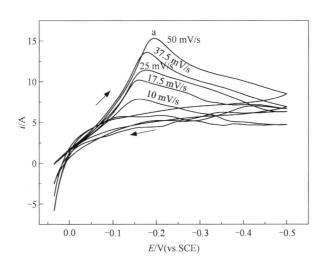

图 3-22 扫描速度 v 对 LCV 的影响

由图 3-22 可知,还原峰 a 的峰电流 i_p 随扫描速度 v 提高而增大,峰电势随扫描速度 v 提高而负移。图 3-23 表明,峰 a 的峰电流 i_p 与扫描速度 $v^{1/2}$ 成直线关

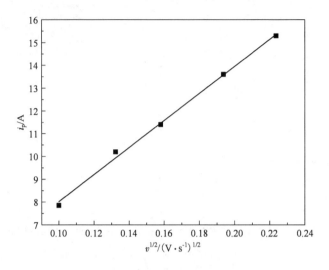

图 3-23　峰电流与扫描速度 $v^{1/2}$ 关系曲线

系，即呈扩散控制过程的特征，根据 Randle-Sevick 方程，i_p 与 $v^{1/2}$ 应成正比关系，但从图中可以看到，两者之间的线性关系没有通过原点，在 y 轴上有大于 0 的截距，这可能是由于在扫描过程中存在双电层充电电流的影响。根据前述电化学理论可知，Cu^{2+} 质量浓度为 2.5 g/L、H_2SO_4 质量浓度为 250 g/L 的铜电解液中 Cu^{2+} 的阴极还原反应为完全不可逆电极反应，这与 Hinatsu J T 等的研究结果一致[195]。发生的反应如下：

$$Cu^{2+} + 2e^- \longrightarrow Cu \tag{3-17}$$

3.2.2　深度脱铜电解液电极反应控制及活化能

循环伏安试验表明深度脱铜电解液中铜电沉积过程为完全不可逆电极过程，但该过程为电化学极化控制还是浓差极化控制还需进一步研究，一般可通过测定电极反应活化能来判断。由电化学原理可知，当电极反应受扩散控制时，反应速度的温度系数较小，电极反应的活化能较低，一般为 12~16 kJ/mol；电化学反应为控制步骤时，反应速度的温度系数较大，电极反应活化能较大，一般在 40 kJ/mol 以上[184, 196]。

根据阿伦尼乌斯公式：

$$k = A\exp\frac{-E_\eta}{RT} \tag{3-18}$$

式中：k 为反应速率常数；A 为频率因子；E_η 为表观活化能，J/mol；R 为气体常数，8.314 J/mol·K；T 为绝对温度，K。电化学体系中采用电流密度来表示反应速度，因此理论表达式可用下式表示：

$$i_{(\eta)} = A\exp\left(\frac{-E_\eta}{RT}\right) \qquad (3-19)$$

两边取对数得：

$$\ln i_{(\eta)} = \ln A - \frac{E_\eta}{RT} \qquad (3-20)$$

由此可知，$\ln i_{(\eta)}$ 与 $1/T$ 成直线关系，直线的斜率为 $-\dfrac{E_\eta}{R}$。试验测得不同温度下电解液阴极极化曲线如图 3-24 所示，根据图 3-24 做不同过电势下电流密度与温度关系曲线，如图 3-25 所示，不同过电势下表观活化能如表 3-10 所示。

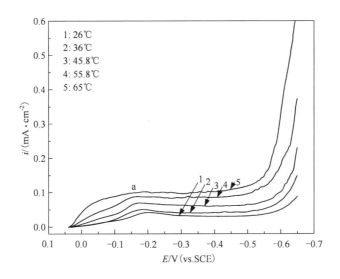

图 3-24　不同温度下铜电解液阴极极化曲线（2 mV/s）

从图 3-24 可以看出，随着电解液温度的升高，Cu^{2+} 的还原峰电势逐渐正移，还原峰电流密度逐渐升高，且随温度的升高，阴极还原峰逐渐不明显。可见升高温度可以促进铜的电沉积。升高温度一方面能降低反应粒子电化学反应的活化能，减少电化学极化，促进电极过程的进行；另一方面能提高电解液中反应粒子的扩散速度，减少扩散层厚度，加速反应粒子向电极表面的迁移[197]。这两方面均说明较高的电解液温度有利于金属阴极还原电流的提高。当温度过高时，在溶解氧和硫酸的作用下，沉积铜重新溶解进入电解液的可能性增大，会降低铜的沉积效率。另外，升高温度将导致能耗增大。因此，铜电积过程中，适宜温度范围在 55~65℃。

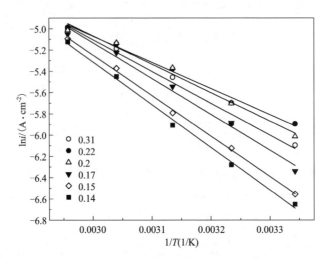

图 3-25　不同过电势下电流密度与温度关系曲线

由图 3-25 可知，过电势分别为 0.14 V、0.15 V、0.17 V、0.2 V、0.22 V、0.31 V 时，$\ln i_{(\eta)}$ 与 $1/T$ 存在良好的线性关系。表 3-10 表明，过电势在上述值时，活化能为 16~40 kJ/mol，表明 Cu^{2+} 质量浓度为 2.5 g/L、H_2SO_4 质量浓度为 250 g/L 的铜电解液中铜电沉积反应受电化学反应和扩散步骤混合控制。

表 3-10　不同过电势下 Cu^{2+} 阴极还原表观活化能

过电势 η/V	表观活化能 $E_{\eta}/(kJ \cdot mol^{-1})$
0.14	33.37
0.15	23.34
0.17	28.00
0.2	22.24
0.22	20.46
0.31	24.89

3.2.3　深度脱铜电解液电化学阻抗

当电解液中 Cu^{2+} 质量浓度为 2.5 g/L、H_2SO_4 质量浓度为 250 g/L，电解液温度为 65℃时，测定了电极电势为 0 V 时的奈奎斯特图，结果如图 3-26 所示。

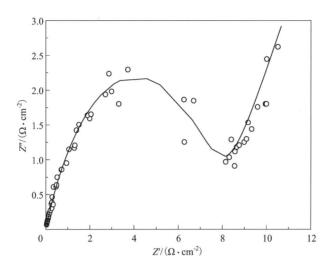

图 3-26　铜电解液中 Cu²⁺ 还原过程的奈奎斯特图

从图 3-26 可以看出，铜电解液中 Cu^{2+} 还原过程的阻抗谱在高频端是一近似半圆的容抗弧，说明此时只有电荷转移引起的反应电阻 R_r 和法拉第电流引起的双电层充电电容 C_d，相当于暂态条件，浓差极化可以忽略；在低频端，曲线从半圆转变成一条倾斜角接近 45° 的 Warburg 阻抗的直线，显示出扩散控制的特征[198]，表明铜的电沉积为电化学极化和浓差极化混合控制，且不存在电化学活性物质吸附的简单电荷传递反应[41, 194]。

从图中可以看出，双电层充电电容与纯电容并不一致，有所偏移，Warburg 阻抗也不是典型的倾斜角为 45° 的 Warburg 阻抗。这种现象称为"弥散效应"，弥散效应一般与电极表面的不均匀性、电极表面吸附层及溶液导电性差有关。所以在分析处理数据时，为了使等效电路与界面反应的实际过程更加一致，引入常相位角元件 CPE 替代双电层电容 C_d 和 Warburg 阻抗，CPE 用 Q 来表示，其阻抗可以表示为[182, 198, 199]：

$$Z_Q = \frac{1}{Y_0}(j\omega)^{-n} \tag{3-21}$$

式中：Z_Q 为 CPE 的阻抗；ω 为角频率；Y_0 为导纳常数，$\Omega^{-1}\cdot S^n$；n 为弥散系数；n 取不同的值时，CPE 代表不同元件。当 $n=0$ 时，CPE 代表电阻 R；$n=0.5$ 时，CPE 代表 Warburg 浓差阻抗；$n=1$ 时，CPE 代表电容 C；$n=-1$ 时，CPE 代表电感 L[200]，当 n 大于 0.5 而小于 1 时，CPE 具有电容性，可代替双电层电容。

拟合所得等效电路的电化学参数见表 3-11。从表 3-11 可知，n 在 0.5 和 1 之间，表明双电层电容 C_d 存在弥散效应，所以采用 CPE 元件代替 C_d 是合理的。

表 3-11　铜电解液中铜电沉积的电化学阻抗谱等效电路模拟参数

$R_s/(\Omega \cdot cm^{-2})$	Q	n	$R_t/(\Omega \cdot cm^{-2})$	W
7.756×10^{-14}	0.00274	0.63	7.955	0.465

3.2.4　深度脱铜电解液中 Cu^{2+} 电沉积表面转化反应的判断

采用恒电流阶跃法可以判断 Cu^{2+} 在电沉积过程中是否经历了表面转化反应[196]。根据 Sand 方程式

$$i\tau^{1/2} = \frac{nF\sqrt{\pi D}}{2}C_O^0$$

式中：i 为电流密度，A/cm^2；τ 为过渡时间，s；n 为电子转移数；F 为法拉第常数；D 为反应物的扩散系数；C_O^0 为反应物的初始浓度。

可知，$i\tau^{1/2}$ 与 i 无关。用 $i\tau^{1/2}$ 对 i 作图，若得到平行电流坐标的直线，表明电极反应不伴随表面转化反应，即电极反应为简单电荷传递反应；否则有表面转化反应[184, 196]。

温度为 65℃、阶跃电流 i 为 0.15 mA 时所得到的电势-时间关系如图 3-27 所示。

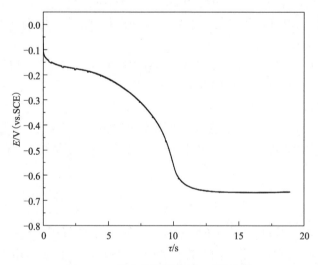

图 3-27　恒电流阶跃电势-时间曲线

由图 3-27 可知，曲线上有 1 个阶梯，对应着 1 个过渡时间为 6.48 s。随着阶跃电流的增大，τ 逐渐减小。图 3-28 为在不同阶跃电流下所得到的 $i\tau^{1/2}$-i 关系

曲线，为一条平行于电流坐标的直线，说明 Cu^{2+} 在还原时无表面转化反应存在。

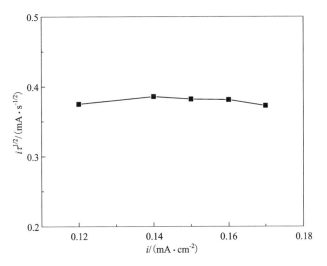

图 3-28　Cu^{2+} 恒电流阶跃的 $i\tau^{1/2}$-i 关系曲线

　　综上所述，深度脱铜电解液中铜电沉积反应为简单电荷反应，电极过程无表面转化反应，受电化学极化和浓差极化混合控制。

3.2.5　深度脱铜电解液中电极反应动力学参数

3.2.5.1　表观传递系数

　　试验测量了电解液中 Cu^{2+} 质量浓度为 2.5 g/L，H_2SO_4 质量浓度为 250 g/L 时在 65℃下稳态阴极极化曲线，根据稳态阴极极化曲线做极化过电势与电流密度的半对数关系曲线，即 Tafel 曲线，如图 3-29 所示。

　　由图 3-29 可知，Tafel 曲线的斜率为 0.1354，截距为 0.4336，根据阴极过程 Tafel 公式：

$$\eta_{k} = \frac{-2.303RT}{\vec{\alpha}nF}\lg i_0 + \frac{2.303RT}{\vec{\alpha}nF}\lg i_k \qquad (3-22)$$

求得阴极表观传递系数 $\vec{\alpha}$ 为 0.49，交换电流密度 i_0 为 6.28×10^{-4} A/cm²。

　　试验测量了电解液在 65℃时稳态阳极极化曲线，根据稳态阳极极化曲线作 Tafel 曲线，如图 3-30 所示。

　　由图 3-30 可知，Tafel 曲线的斜率为 0.047，根据阳极过程 Tafel 公式：

$$\eta_{a} = \frac{-2.303RT}{\overleftarrow{\alpha}nF}\lg i_0 + \frac{2.303RT}{\overleftarrow{\alpha}nF}\lg i_a \qquad (3-23)$$

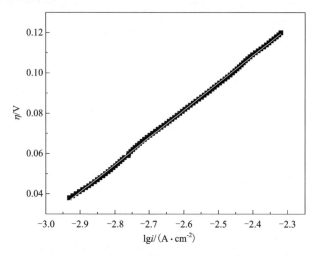

图 **3-29** 铜电解液阴极过程 **Tafel** 曲线

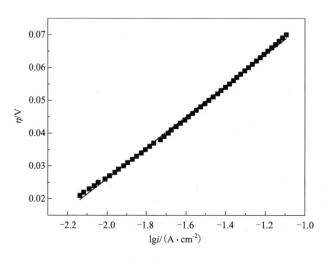

图 **3-30** 铜电解液阳极过程 **Tafel** 曲线

求得电解液阳极过程表观传递系数 $\bar{\alpha}$ 为 1.42。

3.2.5.2 控制步骤化学计量数

多电子电极反应总是分步进行，一般情况下，一个电子传递步骤只有一个电子参加，在许多连续步骤中，常常存在着一个速度控制步骤。有时候，速度控制步骤需要重复 ν 次，才能进行下一步反应。总的电极反应发生一次，速度控制步骤重复的次数称为控制步骤的化学计量数，用 ν 表示，其数值通常可采用下式得到[142]：

$$\nu = \frac{n}{\overrightarrow{\alpha} + \overleftarrow{\alpha}} \tag{3-24}$$

式中：$\overrightarrow{\alpha}$ 和 $\overleftarrow{\alpha}$ 分别为阴极和阳极过程表观传递系数；n 为整个电极反应的电子数，Cu^{2+} 还原反应的电子数 n 为 2。

将求得的阴极过程表观传递系数 $\overrightarrow{\alpha}=0.49$ 和阳极过程表观传递系数 $\overleftarrow{\alpha}=1.42$ 代入上式，可求得铜电解液电极过程控制步骤化学计量数 $\nu=1.05\approx1$。

3.2.5.3　电化学反应级数

65℃电解液中 Cu^{2+} 质量浓度分别为 2.5 g/L、3 g/L、3.5 g/L、4 g/L、5 g/L 时，分别测量对应的阴极极化曲线。在电势 -0.04 V 时，得到 Cu^{2+} 的活度 $a_{Cu^{2+}}$ 与阴极电流密度 i_k 的对数关系如图 3-31(a) 所示，Cu^{2+} 的活度用浓度代替。同理改变电解液中 Cu^{2+} 的活度，分别测量阳极稳态极化曲线，在电势 0.092 V 时，得到 Cu^{2+} 的活度 $a_{Cu^{2+}}$ 与阳极电流密度 i_a 的对数关系如图 3-31(b) 所示。

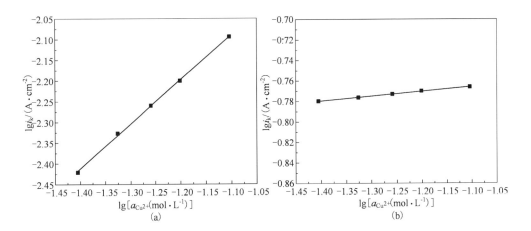

图 3-31　Cu^{2+} 活度与阴极(a)和阳极(b)电流密度的关系(2 mV/s，65℃)

由图 3-31(a) 求得直线斜率为 1.08，所以电解液中 Cu^{2+} 电沉积的阴极反应级数为 $1.08\approx1$。由图 3-31(b) 直线的斜率求出 Cu^{2+} 的阳极反应级数为 $0.046\approx0$。

3.2.6　电极反应动力学方程式

Cu^{2+} 还原的总反应有两个电子传递，基于能量有利的观点，电极反应每进行一步只有一个电子转移，因而 Cu^{2+} 阴极还原时，可能的电极反应历程由两步组成：

$$Cu^{2+} + e^- \longrightarrow Cu^+ \qquad\qquad (\text{I})$$

$$Cu^+ + e^- \longrightarrow Cu \qquad\qquad (\text{II})$$

假设步骤（Ⅰ）为电极反应速度控制步骤，则电极反应机理表示为：

$$Cu^{2+} + e^- \xrightarrow[k_{-1}]{k_1} Cu^+ \qquad\qquad (\text{III})$$

$$Cu^+ + e^- \xrightarrow[k_{-2}]{k_2} Cu \qquad\qquad (\text{IV})$$

k_1、k_{-1} 为反应（Ⅲ）正逆反应速度常数，k_2、k_{-2} 为反应（Ⅳ）正逆反应速度常数，单位均为 cm/s。

由于步骤（Ⅲ）为控制步骤，则电流密度与电势关系为：

$$i = 2F\left\{ k_1 C_{Cu^{2+}} \exp\left(-\frac{\alpha_1 F}{RT}\varphi \right) - k_{-1} C_{Cu^+} \exp\left[\frac{(1-\alpha_1)F}{RT}\varphi \right] \right\} \qquad (3-25)$$

式中，Cu^+ 浓度可由步骤（Ⅳ）求得，因为步骤（Ⅳ）是非控制步骤，处于平衡态，其正逆反应速率相等：

$$Fk_2 C_{Cu^+} \exp\left(-\frac{\alpha_2 F}{RT}\varphi \right) = Fk_{-2}\exp\left[\frac{(1-\alpha_2)F}{RT}\varphi \right] \qquad (3-26)$$

得

$$C_{Cu^+} = \frac{k_{-2}}{k_2}\exp\left(\frac{F\varphi}{RT} \right) \qquad\qquad (3-27)$$

将式（3-27）代入式（3-25）得到铜电解液中铜阴极沉积动力学方程式

$$i = 2F\left\{ k_1 C_{Cu^{2+}} \exp\left(-\frac{\alpha_1 F}{RT}\varphi \right) - k_{-1}\frac{k_{-2}}{k_2}\exp\left(\frac{F\varphi}{RT} \right) \exp\left[\frac{(1-\alpha_1)F}{RT}\varphi \right] \right\}$$

$$= 2F\left\{ k_1 C_{Cu^{2+}} \exp\left(-\frac{\alpha_1 F}{RT}\varphi \right) - k_{-1}\frac{k_{-2}}{k_2}\exp\left[\frac{(2-\alpha_1)F}{RT}\varphi \right] \right\} \qquad (3-28)$$

假设电极电势相对平衡电极电势足够负时，可以忽略阳极反应，则得阴极电流近似表示式[184]：

$$i = 2Fk_1 C_{Cu^{2+}} \exp\left(\frac{-\alpha_1 F\varphi}{RT} \right) \qquad\qquad (3-29)$$

将 $\Delta\varphi = \varphi - \varphi_{平}$ 代入上式得

$$i = 2Fk_1' C_{Cu^{2+}} \exp\left(-\frac{\alpha_1 F}{RT}\Delta\varphi \right) \qquad\qquad (3-30)$$

式中

$$k_1' = k_1\exp\left(-\frac{\alpha F\varphi_{平}}{RT} \right) \qquad\qquad (3-31)$$

k_1' 为平衡电极电势时阴极反应速度常数。

因此，从理论上可推导其阴极过程的反应级数为：

$$\left(\frac{\partial \lg i}{\partial \lg C_{Cu^{2+}}}\right)_{\varphi,\, T} = 1$$

假设速度控制步骤的传递系数 $\alpha = 0.5$，溶液温度为 65℃，则阴极反应 Tafel 斜率由式(3-30)求得：

$$\frac{\partial(-\Delta\varphi)}{\partial \lg i} = \frac{2.303RT}{\alpha F} = 0.134 \text{ V}$$

阴极反应表观传递系数 $\vec{\alpha}$ 为 0.5。

当阳极极化足够大时，阴极电流可以忽略，阳极电流近似表示式为：

$$i = -2Fk_{-1}\frac{k_{-2}}{k_2}\exp\left[\frac{(2-\alpha)F}{RT}\varphi\right] \tag{3-32}$$

将 $\Delta\varphi = \varphi - \varphi_{\Psi}$ 代入上式得

$$i = -2Fk_{-1}'\frac{k_{-2}}{k_2}\exp\left[\frac{(2-\alpha)F}{RT}\Delta\varphi\right] \tag{3-33}$$

式中："-"号表示阳极电流为负值，k_{-1}' 为平衡电极电势时阳极反应速度常数。

因此，从理论上可推导其阳极过程的反应级数为：

$$\left(\frac{\partial \lg i}{\partial \lg \alpha_{Cu^{2+}}}\right)_{\varphi,\, T} = 0$$

假设速度控制步骤的传递系数 $\alpha = 0.5$，溶液温度为 65℃，则理论上可推导阳极 Tafel 斜率：

$$\left(\frac{\partial \Delta\varphi}{\partial \lg -i}\right)_{\alpha_{Cu^{2+}}} = \frac{2.303RT}{(2-\alpha)F} = 0.045 \text{ V}$$

阳极反应的表观传递系数 $\tilde{\alpha} = 2 - \alpha = 1.50$。

根据动力学方程式所推导的电化学参数及实测值比较如表 3-12 所示。

表 3-12　理论推导的电化学参数与实测值比较

参数	阴极反应级数	阳极反应级数	阴极 Tafel 斜率	阳极 Tafel 斜率	$\vec{\alpha}$	$\tilde{\alpha}$
理论值	1	0	0.134	0.045	0.5	1.5
实测值	1.10	0.32	0.135	0.047	0.49	1.42

由表 3-12 可知，实际测定的电化学参数与理论推导的电化学参数相吻合，由此表明所设定的反应机理是正确的。

在多电子电极反应中，可采用表观传递系数 $\vec{\alpha}$ 和 $\tilde{\alpha}$ 来论证电极反应机理的正确性。根据假设的机理，由以下两式可分别计算出阴极和阳极的表观传递系数[184]。

$$\vec{\alpha} = \frac{\vec{\gamma}}{\nu} + \alpha r \qquad (3-34)$$

$$\overleftarrow{\alpha} = \frac{n - \vec{\gamma}}{\nu} - \alpha r \qquad (3-35)$$

其中：$\vec{\alpha}$ 为阴极反应表观传递系数；$\vec{\gamma}$ 为速度控制步骤以前的电子转移数；α 为控制步骤的传递系数；r 为速度控制步骤的交换电子数，ν 为控制步骤化学计量数；$\overleftarrow{\alpha}$ 为阳极反应表观传递系数；n 为整个电极反应的电子转移数。

假设 $\alpha = 0.5$，步骤（Ⅲ）为速度控制步骤时：

$\vec{\gamma} = 0$，$r = 1$，$n = 2$，$\nu = 1$，则 $\vec{\alpha} = 0.5$，$\overleftarrow{\alpha} = 1.5$；

步骤（Ⅳ）为速度控制步骤时：

$\vec{\gamma} = 1$，$r = 1$，$n = 2$，$\nu = 1$，则 $\vec{\alpha} = 1.5$，$\overleftarrow{\alpha} = 0.5$。

根据上述结果，实际测量的 $\vec{\alpha} = 0.49$，$\overleftarrow{\alpha} = 1.42$，与步骤（Ⅰ）为速度控制步骤计算得到的表观传递系数相吻合，这进一步论证所设定的反应机理是正确的。

另外，电极过程中极化电势和电流密度之间的关系可由式（3-15）表示，根据式中的相关参数可以得出 Cu^{2+} 阴极还原过程的速度控制步骤[41, 201]。

对于 Cu^{2+} 阴极还原反应，$n = 2$。由 $\vec{\alpha} = 0.49$，$\overleftarrow{\alpha} = 1.42$，可知 $\vec{\alpha} + \overleftarrow{\alpha} = 1.91$，其值与电子转移数 2 接近，$\vec{\alpha}/\overleftarrow{\alpha} = 0.34$，位于 0 和 1 之间，因此，铜电解液中 Cu^{2+} 阴极还原过程为第一个得电子反应为速度控制步骤的分步放电过程[41]。

因此，铜沉积过程反应机理为：

$Cu^{2+} + e^- \longrightarrow Cu^+$（速度控制步骤）　　$E^0 = 0.158\ V$　　$E^0_{338\ K} = 0.186\ V$

$Cu^+ + e^- \longrightarrow Cu$　　　　$E^0 = 0.52\ V$　　　　$E^0_{338\ K} = 0.494\ V$

338 K 时，因为 $E^0_2 - E^0_1 = 0.308\ V > 0.180\ V$，即第二步比第一步容易还原，因此，在线性极化曲线上只能观察到直接 $2e^-$ 还原单一峰（$Cu^{2+} + 2e^- =\!=\!= Cu$）的特征[184, 195]。

综上所述，深度脱铜电解液中 Cu^{2+} 阴极还原过程为第一个得电子反应为速度控制步骤的分步放电的简单电荷传递反应，电极过程无表面转化反应，阴极沉积动力学方程为：

$$i = 2F\left\{ k_1 C_{Cu^{2+}} \exp\left(-\frac{\alpha F}{RT}\varphi \right) - k_{-1} \frac{k_{-2}}{k_2} \exp\left[\frac{(2 - \alpha)F}{RT}\varphi \right] \right\} \qquad (3-36)$$

Cu^{2+} 质量浓度为 45 g/L、H_2SO_4 质量浓度为 185 g/L 铜电解液中铜电沉积机理研究表明铜电沉积过程为两步简单电荷传递反应，电极过程无前置转化反应，无电化学吸附，阴极沉积动力学方程与式（3-36）相同。说明 H_2SO_4 浓度、Cu^{2+} 浓度对铜电沉积机理无影响。

3.3　价态调控深度脱铜电积反应机理

3.3.1　价态调控深度脱铜阴极极化曲线

在 250 g/L H_2SO_4 溶液中分别加入 As_2O_3 和 As_2O_5，分别配制含 10 g/L As(Ⅲ)和 10 g/L As(Ⅴ)与 10 g/L 硫酸的溶液，扫描速度为 2 mV/s，温度为 65℃，扫描范围为开路电势~-0.65 V，扫描曲线如图 3-32(a)和(b)所示。

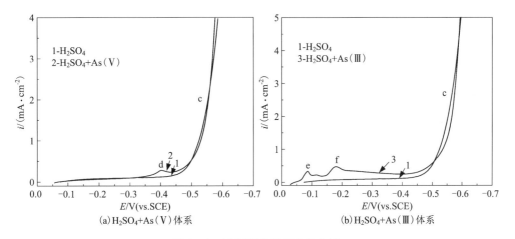

图 3-32　砷沉积的阴极极化曲线

由图 3-32(a)可知，H_2SO_4+As(Ⅴ)溶液的阴极极化曲线上出现两个还原峰，峰 d 和峰 c，峰 d 的电势为-0.403 V，当电势负移至-0.5 V 时，电流密度急剧上升，铜电极上有气泡析出。为确定峰 d 和峰 c 对应着什么反应，分别于电势-0.43 V 和-0.6 V 进行定电势电解，在电势为-0.43 V 时电极表面生成了黑色物质，所得产物应为单质砷，在-0.6 V 处电解时，有大量气泡产生，用 HgBr 试纸检测，证明有 AsH_3 气体析出。

当硫酸质量浓度为 250 g/L 时，溶液 pH 约为-0.41，电解液中 As(Ⅴ)主要以 H_3AsO_4 形态存在，因此，峰 d 对应的反应为：

$$H_3AsO_4 + 5H^+ + 5e^- \rightleftharpoons As + 4H_2O \qquad (3-37)$$

H_3AsO_4 还原为单质 As 的过程为第一个得电子反应为速度控制步骤的电荷传递反应[202]。

在酸性溶液中，AsH_3 和 H_2 的析出常常叠加在一起[203]，因此，峰 c 对应的气体析出反应为[202]：

$$H_3AsO_4 + 8H^+ + 8e^- = AsH_3 + 4H_2O \tag{3-38}$$

$$2H^+ + 2e^- = H_2 \tag{3-39}$$

由图 3-32(b) 可知，H_2SO_4+As(Ⅲ) 溶液的阴极极化曲线上出现三个还原峰，峰 e 电势为 -0.086 V，峰 f 电势为 -0.179 V。在 -0.09 V 进行定电势电解，发现电极表面生成了黑色物质，因此所得产物为单质砷。在 -0.6 V 处进行定电势电解时，有大量气泡产生，用 HgBr 试纸检测，证明有 AsH_3 气体析出。

当电解液 H_2SO_4 质量浓度为 250 g/L 时，As(Ⅲ) 以 AsO^+ 和 $HAsO_2$ 存在。所以阴极极化曲线上峰 e 和峰 f 分别为电解液中不同形态 As(Ⅲ) 还原为单质 As 的反应。

根据 As(Ⅲ) 组分百分数计算式：

$$\alpha_{HAsO_2} = [HAsO_2]/[As(Ⅲ)]_T = \{[H^+]/([H^+] + K_1 + K_2[H^+]^2)\} \times 100\% \tag{3-40}$$

$$\alpha_{AsO^+} = [AsO^+]/[As(Ⅲ)]_T = \{K_2[H^+]^2/([H^+] + K_1 + K_2[H^+]^2)\} \times 100\% \tag{3-41}$$

25℃ 时，$K_1 = 10^{-9.20}$，$K_2 = 10^{-0.33}$[121]，可以计算得知 $\alpha_{AsO^+} = 53.46\%$，$\alpha_{HAsO_2} = 44.46\%$。因此，当 As(Ⅲ) 质量浓度为 10 g/L 时：$C_{(AsO^+)} = 0.071$ mol/L；$C_{(HAsO_2)} = 0.062$ mol/L。

对于反应 $AsO^+ + 2H^+ + 3e^- = As + H_2O$ 有：

$$E_{AsO^+/As} = 0.254 + 0.0197\lg[AsO^+] - 0.0394pH = 0.247 \text{ V}$$

对于反应 $HAsO_2 + 3H^+ + 3e^- = As + 2H_2O$ 有：

$$E_{HAsO_2/As} = 0.248 + 0.0197\lg[HAsO_2] - 0.0591pH = 0.248 \text{ V}$$

因此，峰 e 对应的反应为 $HAsO_2$ 还原为单质 As 的反应，峰 f 为 AsO^+ 还原为单质 As 的反应，峰 f 电势比计算值负移，是因为砷在砷上沉积存在过电势。

含 As(Ⅲ) 的电解液中峰 c 对应的气体析出反应除 H_2 外还有：

$$HAsO_2 + 6H^+ + 6e^- = AsH_3 + 2H_2O \tag{3-42}$$

$$AsO^+ + 5H^+ + 6e^- = AsH_3 + H_2O \tag{3-43}$$

在基础电解液中 Cu^{2+} 质量浓度为 2.5 g/L，H_2SO_4 质量浓度为 250 g/L 加入不同量 As_2O_5 配制含不同 As(Ⅴ) 浓度的电解液，扫描速度为 2 mV/s 时，对电解液进行阴极极化曲线测试，结果如图 3-33 所示。

从图 3-33 可以看出，随电极电势的负移，基础电解液的阴极极化曲线上出现两个还原峰，还原峰 a 峰电势为 -0.185 V，峰电流密度为 10.1 mA/cm²，对应铜的还原反应，平台 b 为铜的稳定析出区域，还原峰 c 对应 H_2 的析出反应。

加入 As(Ⅴ) 后，还原峰 a 峰电势负移至 g，还原峰 g 电流密度大于还原峰 a

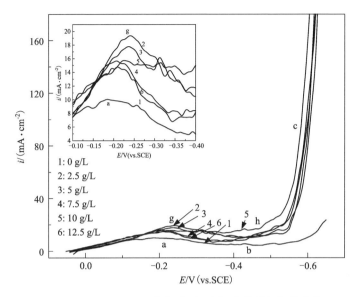

图 3-33　不同 As(V)浓度时，铜电解液的阴极极化曲线

的电流密度。当 As(V)质量浓度为 10 g/L 时，还原峰 g 的峰电势为-0.224 V，峰电流密度为 15.7 mA/cm²。还原峰 g 之后，出现还原平台 h，且电流密度大于基础电解液的还原平台 b 的电流密度。还原峰 c 处为气体析出反应。

随着电流密度的增大，阴极过电势增大，为与 H_2SO_4+As(V)体系及基础电解液中不同电势下电极反应进行对比，并研究随电极电势的负移，电极表面发生的电化学反应，取 Cu 质量浓度为 2.5 g/L、As(V)质量浓度为 10 g/L、H_2SO_4 质量浓度为 250 g/L 的电解液分别在-0.2 V、-0.43 V、-0.6 V 处定电势电解，并对沉积物进行 XRD 和 EDX 分析。

结果表明，电势为-0.2 V 时得到的沉积物为玫瑰红色，其 XRD 图谱如图 3-34(a)所示，因此，沉积物含金属 Cu 和 Cu_2O；对沉积物进行 EDX 分析，结果如图 3-34(b)所示，表明沉积物中 Cu、O、As 分别为 99.07%、0.21%、0.70%。电势为-0.43 V 处所得沉积物为疏松黑色，XRD 图谱如图 3-35(a)所示，表明沉积物含 Cu_3As、Cu_2O 和 Cu_5As_2；对沉积物进行 EDX 分析，结果如图 3-35(b)所示，表明沉积物中 Cu、O、As、Cl 分别为 75.84%、22.87%、0.80%、0.49%，Cl 来自盐桥中的 KCl 溶液[204]。在-0.6 V 处定电势电解时，铜电极表面析出大量气泡，采用 HgBr 试纸检测，试纸变为黄色，表明电极表面生成了 AsH_3。

根据以上-0.2 V 和-0.43 V 处定电势电解所得沉积物的 XRD 和 EDX 图谱可知，电解液中加入 As(V)后，当电极电势较正时，电极表面主要发生 Cu^{2+} 还原为

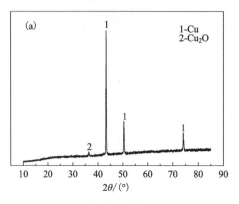 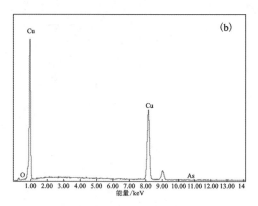

图 3-34 -0.2 V 定电势电解沉积物 XRD 图谱(a)和 EDX 图(b)[As(Ⅴ)质量浓度为 10 g/L]

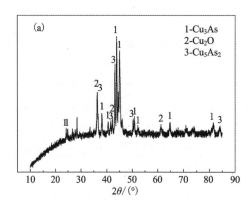 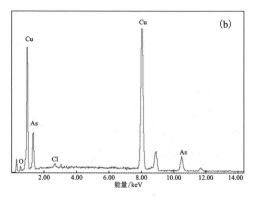

图 3-35 -0.43 V 定电势电解沉积物 XRD 图谱(a)和 EDX 图(b)[As(Ⅴ)质量浓度为 10 g/L]

单质 Cu 的反应,在 Cu^{2+} 还原过程中,形成的中间物 Cu^+ 由于来不及还原,会发生反应(3-44),所以电极表面生成了少量 Cu_2O[38]。

$$2Cu^+ + H_2O \rlap{=}= Cu_2O + 2H^+ \tag{3-44}$$

当电极电势负移至一定值时,电极表面发生以下反应:

$$H_3AsO_4 + 3H^+ + 2e^- \rlap{=}= AsO^+ + 3H_2O \tag{3-45}$$

$$H_3AsO_4 + 2H^+ + 2e^- \rlap{=}= HAsO_2 + 2H_2O \tag{3-46}$$

$$3Cu^{2+} + HAsO_2 + 3H^+ + 9e^- \rlap{=}= Cu_3As + 2H_2O \tag{3-47}$$

$$3Cu^{2+} + AsO^+ + 2H^+ + 9e^- \rlap{=}= Cu_3As + H_2O \tag{3-48}$$

$$2HAsO_2 + 5Cu^{2+} + 6H^+ + 16e^- \rlap{=}= Cu_5As_2 + 4H_2O \tag{3-49}$$

沉积物中未发现单质 As,表明当电解液中含有 Cu^{2+} 时,H_3AsO_4 不会发生生成单质 As 的反应。还原峰 c 处发生式(3-38)和式(3-39)反应,电极表面生成了 H_2 和 AsH_3 气体。

上述控制电势电解试验研究表明,当阴极电势高于-0.2 V 时,电极表面主要发生铜的电沉积,因此,在开路电势~-0.2 V 电势范围内拟合塔菲尔区,求得不同 As(V)浓度时,阴极表观传递系数 α 和交换电流密度 i_0 如表 3-13 所示。

表 3-13　As(V)质量浓度对铜电沉积阴极表观传递系数和交换电流密度的影响

As(V)质量浓度/(g·L^{-1})	i_0/(A·cm^{-2})	α
0	0.000628	0.49
2.5	0.001494	0.37
5	0.001798	0.31
7.5	0.002164	0.31
10	0.00233	0.28
12.5	0.00317	0.19

由表 3-13 可知,铜沉积反应的交换电流密度 i_0 随 As(V)质量浓度的增加而增大,阴极表观传递系数 α 随 As(V)质量浓度的增加而降低,说明 As(V)对铜沉积过程起去极化作用,能增大铜沉积反应的速度常数[205]。在控制电势电解试验中,发现电解液中存在 As(V)时,铜沉积速率明显比基础电解液中铜沉积速率快,表面 As(V)能加速铜沉积过程。

电积过程中,阴极电势与阴极附近 Cu^{2+} 浓度相关,当阴极附近 Cu^{2+} 浓度高时,阴极电势较正,随阴极附近 Cu^{2+} 浓度的降低,阴极电势逐渐降低。电流密度是影响电极表面附近 Cu^{2+} 浓度的一个重要因素,电流密度高,则电极表面 Cu^{2+} 浓度容易贫乏,因而导致阴极电势的降低,以致铜砷化合物、H_2 和 AsH_3 气体析出。因此,在电积过程中,为避免砷的共析出,应适当降低电流密度。

基础电解液中 Cu^{2+} 质量浓度为 2.5 g/L,H_2SO_4 质量浓度为 250 g/L,在基础电解液中加入不同量 As_2O_3 配制含不同 As(III)浓度的电解液,扫描速度为 2 mV/s 时,对电解液进行阴极极化曲线测试,结果如图 3-36 所示。

从图 3-36 可以看出,铜电解液中加入 As(III)时,随电极电势的负移,出现两个还原平台 i 和 j,平台 i 电势范围为-0.1~-0.3 V,平台 j 电势范围为-0.3~-0.55 V,且在电势扫描范围内,电流密度均大于基础电解液的还原电流密度,说明 As(III)对铜沉积过程起去极化作用。

为与 H_2SO_4+As(III)体系及基础电解液中不同电势下电极反应进行对比,取

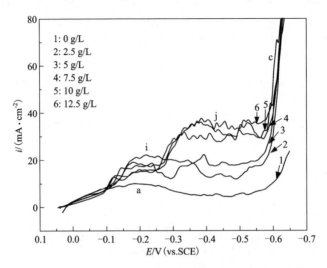

图 3-36　不同 As(Ⅲ) 浓度时，铜电解液的阴极极化曲线

Cu 质量浓度为 2.5 g/L、As(Ⅲ) 质量浓度为 10 g/L、H_2SO_4 质量浓度为 250 g/L 的电解液分别在 -0.2 V、-0.43 V、-0.6 V 处进行定电势电解，并对沉积产物进行 XRD 和 EDX 分析。

结果表明，在电势为 -0.2 V 时得到的沉积物为黑色粉末状，XRD 图如图 3-37(a) 所示，表明沉积物为 As_2O_3 和 Cu_5As_2，Si 为玻璃载样台的衍射峰；对沉积物进行 EDX 分析，结果如图 3-37(b) 所示，表明沉积物中 Cu、As、O、Cl 分别为 54.55%、43.57%、0.77%、1.12%，Cl 来自盐桥中的 KCl 溶液。在电势为 -0.43 V 处所得沉积物为黑色粉末状，XRD 图谱如图 3-38(a) 所示，表明所得沉积物为 Cu_3As 和 Cu_5As_2，Si 为玻璃载样台的衍射峰；对沉积物进行 EDX 分析，结果如图 3-38(b) 所示，表明沉积物中 Cu、As、O、Cl 分别为 67.01%、32.47%、0.19%、0.33%。在 -0.6 V 处定电势电解时，铜电极表面析出大量气泡，采用 HgBr 试纸检测，试纸变为黄色，表明电极表面生成了 AsH_3。

根据 -0.2 V 处定电势电解所得沉积物的 XRD 和 EDX 图谱可知，在基础电解液中加入 As(Ⅲ) 后，在平台 i 电势范围内发生了式(3-49)和式(3-50)反应：

$$2HAsO_2 \rightleftharpoons As_2O_3 + H_2O \tag{3-50}$$

根据 -0.43 V 处定电势电解所得沉积物的 XRD 和 EDX 图谱可知，在平台 j 电势范围内发生了式(3-47)~式(3-49)反应。

还原峰 c 处发生了式(3-42)和式(3-43)反应，电极表面生成了 H_2 和 AsH_3 气体。

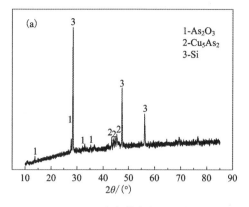
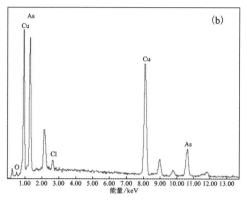

图 3-37　-0.2 V 定电势电解沉积物 XRD 图谱(a)和 EDX 图(b)[As(Ⅲ)质量浓度为 10 g/L]

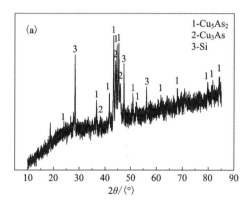
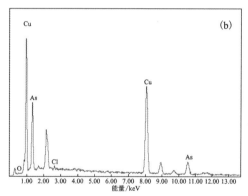

图 3-38　-0.43 V 定电势电解沉积物 XRD 图谱(a)和 EDX 图(b)[As(Ⅲ)质量浓度为 10 g/L]

以上研究表明, 电解液中 Cu^{2+} 质量浓度为 2.5 g/L, As 质量浓度为 10 g/L, H_2SO_4 质量浓度为 250 g/L, As 以 As(Ⅴ)形式存在时, 在低电流密度下可以得到单质 Cu, As 基本不析出; As 以 As(Ⅲ)形式存在时, 电极表面无单质 Cu 析出, 因此, 在电积脱铜分离铜砷过程中, 应尽量保证电解液中 As 以 As(Ⅴ)形式存在, 且控制较低的电流密度。

3.3.2　价态调控深度脱铜循环伏安曲线

Cu^{2+} 质量浓度为 2.5 g/L, H_2SO_4 质量浓度为 250 g/L, 不同 As(Ⅴ)浓度时对电解液进行循环伏安测试, 扫描速度为 10 mV/s, 扫描范围为开路电势~-0.5 V~开路电势, As(Ⅴ)浓度对铜电沉积循环伏安曲线的影响如图 3-39 所示。

由图 3-39 可知, 循环伏安曲线上均只出现一个阴极还原峰, 无氧化峰。电解液中加入 As(Ⅴ)时, 阴极还原峰峰电势由 a 负移至 g, 峰 g 峰电流大于还原峰

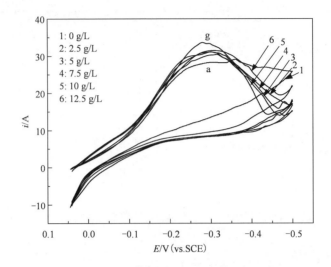

图 3-39　不同 As(V) 浓度对，铜电解液的循环伏安曲线

a 峰电流，表明 As(V) 对铜沉积反应起去极化作用，这与阴极极化曲线测试得到的结果一致。

　　Cu^{2+} 质量浓度为 2.5 g/L，H_2SO_4 质量浓度为 250 g/L，不同 As(Ⅲ) 浓度时对电解液进行循环伏安测试，扫描速度为 10 mV/s，扫描范围为开路电势 ~-0.5 V ~ 开路电势，As(Ⅲ) 浓度对铜电沉积循环伏安曲线的影响如图 3-40 所示。

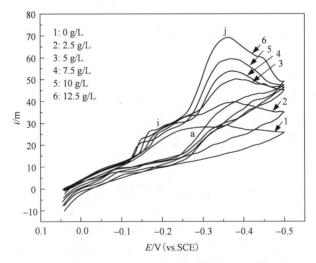

图 3-40　不同 As(Ⅲ) 浓度时，铜电解液的循环伏安曲线

　　由图 3-40 可知，电解液中加入 As(Ⅲ) 后，循环伏安曲线上出现两个阴极还

原峰，还原峰 i 和 j，无氧化峰，且在电势扫描范围内，电流均大于基础电解液的阴极还原电流。还原峰 i 电势较还原峰 a 电势正移，还原峰 j 较还原峰 a 电势负移。还原峰 j 峰电流随 As(Ⅲ)浓度的增加而增加，峰电势基本不变。这与阴极极化曲线测试得到的结果一致。

3.3.3　价态调控深度脱铜电化学阻抗

铜离子质量浓度为 2.5 g/L，硫酸质量浓度为 250 g/L，As(Ⅴ)质量浓度分别为 2.5 g/L、10 g/L 时，在电势为 0 V 进行电化学阻抗谱测试，结果如图 3-41 所示。

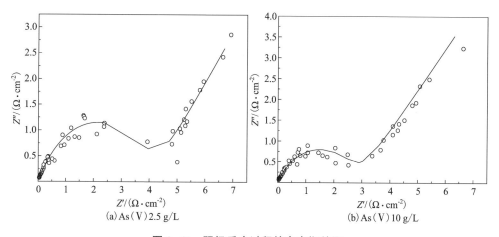

图 3-41　阴极反应过程的奈奎斯特图

从图 3-41 可以看出，电解液中存在 As(Ⅴ)时，阴极反应过程的阻抗谱在高频端是一近似半圆的容抗弧，在低频端，曲线从半圆转变成一条倾斜角接近 45°的 Warburg 阻抗的直线，显示出扩散控制的特征，表明 As(Ⅴ)存在下电极过程为电化学极化和浓差极化混合控制，且不存在电化学活性物质吸附的简单电荷传递反应[194]。用软件 ZSimpWin 对试验得到的阴极反应过程的谱图进行拟合，可以看出拟合所得的曲线与试验曲线重合，其等效电路图如图 7-12 所示，拟合参数如表 3-14 所示。

表 3-14　等效电路图中参数拟合结果

As(Ⅴ)质量浓度/(g·L^{-1})	R_s/($\Omega \cdot cm^{-2}$)	Q	n	R_r/($\Omega \cdot cm^{-2}$)	W
0	7.756×10^{-14}	0.00274	0.632	7.955	0.465
2.5	3.508×10^{-8}	0.00261	0.630	4.189	0.426
10	1.512×10^{-7}	0.00273	0.633	2.86	0.341

由表 3-14 可知，随 As(V)浓度的增加，溶液电阻增大，电极反应电阻减小，表明 As(V)能够促进铜的电沉积，这与阴极极化测试和循环伏安测试结果一致。

铜离子质量浓度为 2.5 g/L，硫酸质量浓度为 250 g/L，As(Ⅲ)质量浓度分别为 2.5 g/L、10 g/L 时，在电势为 0 V 进行电化学阻抗谱测试，结果如图 3-42 所示。

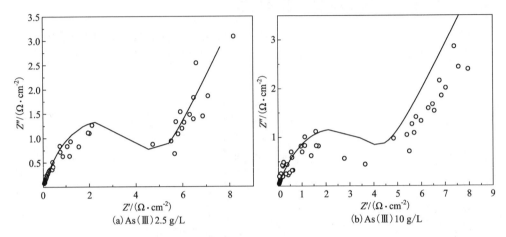

(a) As(Ⅲ)2.5 g/L (b) As(Ⅲ)10 g/L

图 3-42 阴极反应过程的奈奎斯特图

从图 3-42 可以看出，电解液中存在 As(Ⅲ)时，阴极反应过程的阻抗谱由高频端的容抗弧和低频端的直线组成，表明 As(Ⅲ)存在下阴极反应过程为电化学极化和浓差极化混合控制，且不存在电化学活性物质吸附的简单电荷传递反应[194]。用软件 ZSimpWin 对试验得到的阴极反应过程的谱图进行拟合，可以看出拟合所得的曲线与试验曲线重合得非常好，其等效电路图如图 3-7 所示，拟合参数如表 3-15 所示。

表 3-15 等效电路图中参数拟合结果

As(Ⅲ)质量浓度/(g·L^{-1})	R_s/(Ω·cm^{-2})	Q	n	R_t/(Ω·cm^{-2})	W
0	7.756×10^{-14}	0.00274	0.632	7.955	0.465
2.5	7.58×10^{-9}	0.00242	0.632	4.851	0.385
10	2.42×10^{-7}	0.00471	0.611	4.288	0.342

由表 3-15 可知，随 As(Ⅲ)浓度的增加，溶液电阻增大，电极反应电阻减小，表明 As(Ⅲ)能够促进阴极还原过程，这与阴极极化测试和循环伏安测试结果一致。

第 4 章　铜电解液中砷价态调控方法

随着铜需求量增长，铜冶炼产量不断增加。但是，铜矿资源越来越贫乏，铜精矿越来越复杂，铜精矿中砷锑铋杂质含量的变化以及含量的增加导致阳极铜砷锑铋杂质含量不稳定，最终造成铜电解液中砷锑铋杂质含量增加以及其浓度变化不定，导致电解液中总砷浓度偏低，而锑铋偏高，甚至出现 $\rho_{Sb} \geqslant 0.8$ g/L，$\rho_{Bi} \geqslant 0.5$ g/L 非正常情况。一般，铜电解液中砷维持在较高浓度有利于 Sb、Bi 杂质的沉淀，特别是电解液中砷价态的改变，有利于 Sb、Bi 的去除。因此，价态调控铜电解最为重要的是铜电解液中砷价态的调控。

4.1　三氧化二砷调控 As(Ⅲ)

铜电解精炼中，电解液中 As(Ⅴ) 占到 90% 以上，甚至由于电解时电解液中活性物的氧化以及阳极氧化，铜电解液中 As(Ⅴ) 达到 100%。电解中砷价态调控主要是加入 As(Ⅲ)，三氧化二砷溶于铜电解液，加入三氧化二砷可以调控铜电解液中砷的价态。

4.1.1　As$_2$O$_3$ 加入量对 As$_2$O$_3$ 溶解率及锑铋脱除率的影响

称取一定量的 As$_2$O$_3$，加入 100 mL 铜电解液中，铜电解液成分如表 4-1 所示。在 65℃ 下搅拌反应 2 h 后过滤电解液。As$_2$O$_3$ 质量浓度对 As$_2$O$_3$ 溶解率及电解液中 As 浓度的影响如图 4-1 所示；As$_2$O$_3$ 质量浓度对 Sb、Bi 脱除率的影响如图 4-2 所示。

表 4-1　实验所用铜电解液成分的质量浓度　　　　　　　单位：g/L

Cu^{2+}	H$_2$SO$_4$	As	Sb	Bi
44.47	183.54	4.16	0.62	0.15

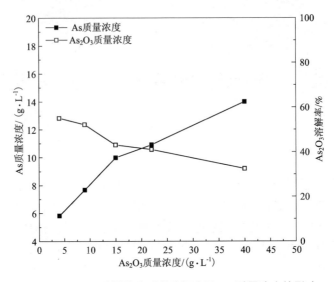

图4-1　As₂O₃ 质量浓度对其溶解率及 As 质量浓度的影响

由图4-1可知，当 As₂O₃ 质量浓度分别为 4 g/L、9 g/L、15 g/L、22 g/L、40 g/L 时，其在电解液中的溶解率分别为 55.12%、52.21%、43.11%、41.07%、32.48%，电解液中 As 质量浓度分别为 5.83 g/L、7.67 g/L、9.99 g/L、10.91 g/L、14 g/L。

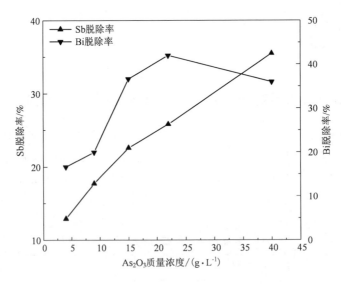

图4-2　As₂O₃ 质量浓度对 Sb、Bi 脱除率的影响

由图 4-2 可知，当 As_2O_3 质量浓度分别为 4 g/L、9 g/L、15 g/L、22 g/L、40 g/L 时，Sb 脱除率分别为 12.90%、17.74%、22.58%、25.81%、35.48%；Bi 脱除率分别为 16.67%、20.0%、36.67%、42.0%、36.0%。

结果表明 As_2O_3 在电解液中的溶解率较低，为 30%~50%。铜电解液中的溶解率随着 As_2O_3 质量浓度增加而减小，铜电解液中 As 质量浓度随着 As_2O_3 质量浓度增加而增大。Sb、Bi 脱除率随着 As_2O_3 质量浓度增加而增大。当质量浓度达到 40 g/L 时，Sb、Bi 脱除率分别为 35.48% 和 36.00%，但 As_2O_3 溶解率仅为 32.48%；当质量浓度为 22 g/L 时，Sb、Bi 脱除率也可达到 25.81% 和 42.0%，溶解率为 40.51%。

4.1.2　反应温度对 As_2O_3 溶解率的影响

电解液中加入 As_2O_3 能够有效去除锑铋，但 As_2O_3 溶解量小，溶解速度慢。实验在 100 mL 铜电解液中加入 2.2 g As_2O_3，搅拌溶解 2 h，反应温度对 As_2O_3 在电解液的溶解率及其 As 浓度的影响如图 4-3 所示。

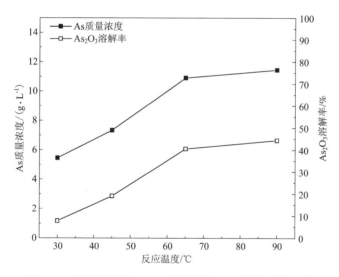

图 4-3　反应温度对 As_2O_3 溶解率及 As 质量浓度的影响

由图 4-3 可知，当反应温度分别为 30℃、45℃、65℃、90℃时，As_2O_3 在电解液中的溶解率分别为 7.74%、19.08%、40.51%、44.36%，电解液中 As 质量浓度分别为 5.45 g/L、7.34 g/L、10.91 g/L、11.45 g/L。

显然，As_2O_3 在铜电解液中的溶解率随温度升高而增大，但当温度为 65℃ 和 90℃ 时，As_2O_3 溶解率增加不大。由于电解精炼中电解液温度为 65℃，因此在采用 As_2O_3 净化电解液时，其合适的温度为 65℃。

4.1.3 反应时间对 As$_2$O$_3$ 溶解率及锑铋脱除率的影响

为进一步考察 As$_2$O$_3$ 合适的净化条件，实验还考察了反应时间对 As$_2$O$_3$ 溶解率及电解液净化的影响。As$_2$O$_3$ 质量浓度为 22 g/L，反应温度为 65℃时，反应时间对 As$_2$O$_3$ 溶解率及 As 质量浓度影响如图 4-4 所示；反应时间对 Sb、Bi 脱除率影响如图 4-5 所示。

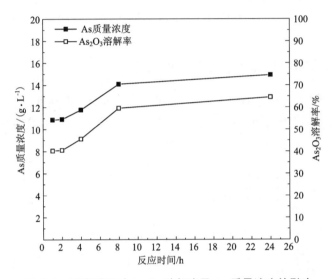

图 4-4 反应时间对 As$_2$O$_3$ 溶解率及 As 质量浓度的影响

由图 4-4 可知，当反应时间分别为 1 h、2 h、4 h、8 h、24 h 时，As$_2$O$_3$ 在电解液中的溶解率分别为 40.27%、40.51%、45.61%、59.59%、64.57%；As 质量浓度分别为 10.87 g/L、10.91 g/L、11.76 g/L、14.09 g/L、14.92 g/L。由图 4-5 可知，当反应时间分别为 1 h、2 h、4 h、8 h、24 h 时，Sb 脱除率分别为 25.81%、25.81%、41.94%、45.16%、43.55%；Bi 脱除率分别为 16.67%、42.0%、42.0%、55.33%、72.0%。随着反应时间增大，As$_2$O$_3$ 在铜电解液中的溶解率增大，As 浓度增大，Sb、Bi 脱除率增大，但当反应时间达到 8 h 时，Sb、Bi 脱除率变化不大，分别为 45.16% 和 55.33%。

上述结果表明 As$_2$O$_3$ 质量浓度为 22 g/L，反应温度为 65℃，反应时间为 8 h 条件下，铜电解液 As、Sb、Bi 质量浓度分别为从 4.16 g/L、0.62 g/L、0.15 g/L 变化为 14.09 g/L、0.34 g/L、0.067 g/L，As 溶解率为 59.59%，Sb、Bi 脱除率分别为 45.16% 和 55.33%。

铜电解液加入三氧化二砷，能够起到价态调控效果。但是，在溶液表层漂着

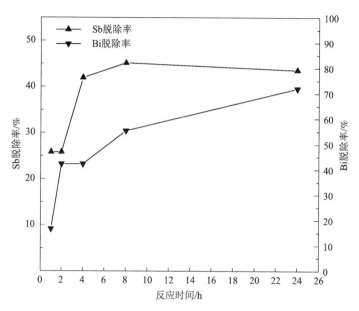

图 4-5　加入 As_2O_3 后反应时间对 Sb、Bi 脱除率的影响

一层白色粉末，反应过程中 As_2O_3 沉于容器底部，加入 As_2O_3 价态调控铜电解液生产应用时存在安全与环境问题。

4.2　亚砷酸铜调控 As(Ⅲ)

4.2.1　亚砷酸铜的制备

实验发现亚砷酸铜易溶于铜电解液，其价态调控效果好。由于市场上亚砷酸铜少，有必要制备亚砷酸铜。将三氧化二砷加入氢氧化钠溶液中，在一定温度下搅拌 1 h 后加入浓硫酸调节溶液 pH 为 6.0。加入一定量硫酸铜，待完全溶解后加入氢氧化钠溶液调节溶液 pH，搅拌反应 2 h。然后过滤、洗涤、烘干。亚砷酸铜制备工艺流程如图 4-6 所示。

4.2.1.1　氢氧化钠与砷物质的量比对亚砷酸铜产率的影响

当铜砷物质的量之比为 3∶2，碱液摩尔浓度为 3 mol/L，终点 pH 为 6.0，反应温度为 20℃时，氢氧化钠与砷物质的量之比对亚砷酸铜产率影响如图 4-7 所示。

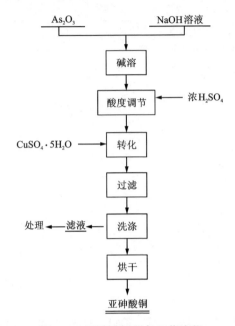

图 4-6　亚砷酸铜制备工艺流程

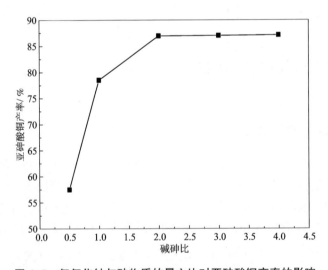

图 4-7　氢氧化钠与砷物质的量之比对亚砷酸铜产率的影响

　　图 4-7 表明，亚砷酸铜产率随氢氧化钠与砷物质的量比增加而增加，当氢氧化钠与砷物质的量之比大于等于 2：1 时，亚砷酸铜产率基本不变。

反应中溶液表面有一层白色漂浮物，当氢氧化钠与砷物质的量之比小于等于 1 : 1 时，在烧杯底部有少量白色沉淀物，将该白色沉淀物进行 XRD 分析结果如图 4-8 所示。

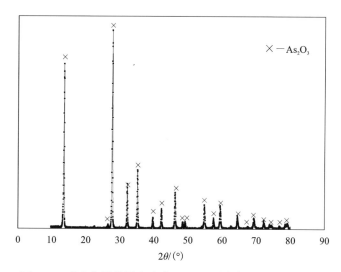

图 4-8　碱砷物质的量之比为 0.5 : 1 时白色沉淀的 XRD 图

由图 4-8 可知，当氢氧化钠与砷物质的量之比为 0.5 : 1 时，容器底部的白色沉淀沉为 As_2O_3。当氢氧化钠与砷物质的量之比小于等于 1 : 1 时，As_2O_3 不能完全溶解，当氢氧化钠与砷物质的量比大于等于 2 : 1 时，As_2O_3 完全溶解，亚砷酸铜产率不变，适宜的氢氧化钠与砷物质的量比为 2 : 1。碱溶时发生如下反应：

$$As_2O_3 + 2NaOH = 2NaAsO_2 + H_2O \qquad (4-1)$$

$$As_2O_3 + 6NaOH = 2Na_3AsO_3 + 3H_2O \qquad (4-2)$$

4.2.1.2　氢氧化钠浓度对亚砷酸铜产率的影响

当氢氧化钠与砷物质的量为 2 : 1 时，氢氧化钠浓度对亚砷酸铜产率的影响如图 4-9 所示。

由图 4-9 可知，随着氢氧化钠浓度增大，亚砷酸铜产率略有降低。实验发现，氢氧化钠浓度提高，溶液体积减小，当溶液调至接近中性时，As_2O_3 溶解度降低，As_2O_3 会析出，亚砷酸铜产率降低。氢氧化钠适宜的摩尔浓度为 1 mol/L。

4.2.1.3　铜砷物质的量之比对亚砷酸铜产率的影响

其他条件不变，当碱液摩尔浓度为 1 mol/L 时，铜砷物质的量比对亚砷酸铜产率影响如图 4-10 所示。

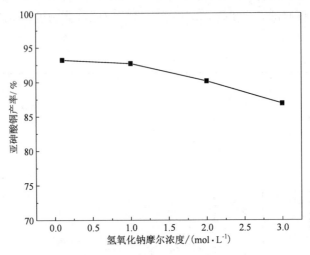

图 4-9 氢氧化钠浓度对亚砷酸铜产率的影响

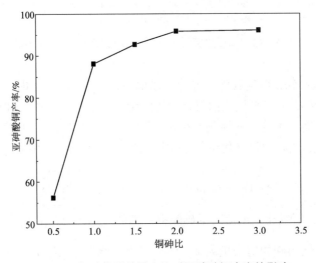

图 4-10 铜砷物质的量之比对亚砷酸铜产率的影响

由图 4-10 可知, 随着铜砷比增大, 亚砷酸铜产率提高, 当铜砷比大于等于 2∶1 时, 亚砷酸铜产率基本不变。

4.2.1.4 终点 pH 对亚砷酸铜产率的影响

上述其他实验条件不变, 当铜砷物质的量之比为 2∶1 时, 用氢氧化钠调节溶液终点 pH, 实验发现终点 pH 为 1 时, 在溶液底部析出部分白色物质; pH 为 4.0

时,得到黄绿色产品;pH 为 6.0 时,得到绿色产品;pH 为 10 时,得到浅绿色产品。终点 pH 对亚砷酸铜产率影响如图 4-11 所示。

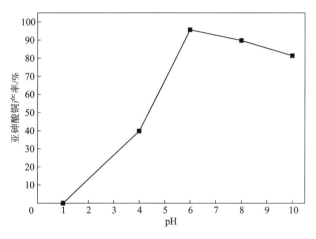

图 4-11　终点 pH 对亚砷酸铜产率的影响

由图 4-11 可知,亚砷酸铜产率随着终点 pH 的增大,先增加后减小。

终点 pH 分别为 1、4、6、10 时,其产物 XRD 衍射实验结果如图 4-12 至图 4-15 所示。由图 4-12 和图 4-15 可知,当 pH 为 1 时,溶液中析出 As_2O_3;当 pH 为 4 时,得到偏亚砷酸铜$[Cu(AsO_2)_2]$和未知物相;当 pH 为 6 时,不能确定其产物物象;当 pH 为 10 时,为非晶态亚砷酸铜。

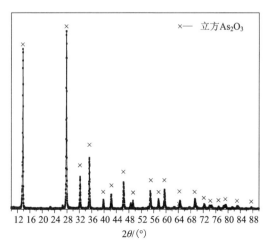

图 4-12　pH=1 产物 XRD 图

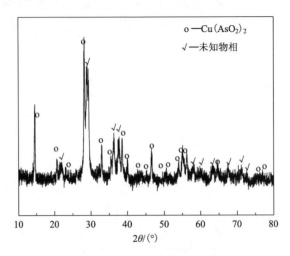

图 4-13　pH=3 产物 XRD 图

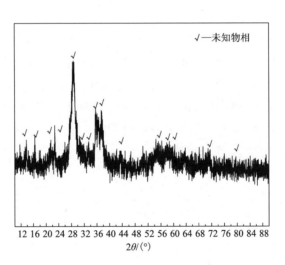

图 4-14　pH=6 产物 XRD 图

在制备亚砷酸铜过程中，As_2O_3 与 NaOH 反应，生成亚砷酸钠。加入硫酸铜后浓硫酸调节 pH 为 1 时，亚砷酸钠与硫酸反应生成亚砷酸，析出 As_2O_3。

当 pH 为 4 时，溶液中 As(Ⅲ)与 Cu^{2+} 反应生成偏亚砷酸铜，其反应为：

$$2AsO_2^- + Cu^{2+} \longrightarrow Cu(AsO_2)_2 \downarrow \qquad (4-3)$$

随着 pH 升高，pH 为 6.0 和 10 时，偏亚砷酸铜结构向非晶体结构转化。

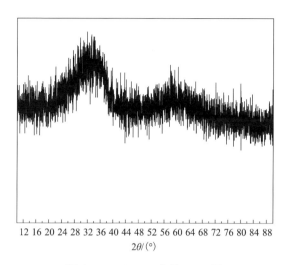

图 4-15　pH=10 产物 XRD 图

4.2.1.5　反应温度对亚砷酸铜产率的影响

上述其他条件不变,当 pH 为 6.0 时,反应温度对亚砷酸铜产率影响如图 4-16 所示。

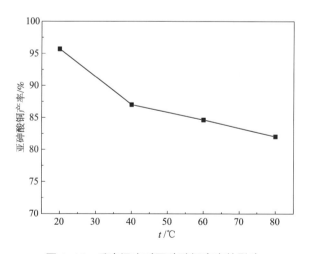

图 4-16　反应温度对亚砷酸铜产率的影响

由图 4-16 可知,亚砷酸铜产率随着反应温度升高而降低,实验说明亚砷酸铜溶解度随着温度升高而增加。因此,亚砷酸铜产率减小。

当氢氧化钠与砷物质量的比为 2 : 1, 氢氧化钠摩尔浓度为 1 mol/L, 铜砷物质的量比为 2 : 1, pH 为 6.0, 反应温度为 20℃条件下, 40 g 三氧化二砷制备得到 80 g 绿色的亚砷酸铜。产物的 Cu、As 质量分数分别为 39.18%、37.00%, 产物铜砷物质的量比为 5 : 4, 亚砷酸铜产率为 98.65%。

在 pH 为 4~10, 溶液中 As(Ⅲ)以 $HAsO_2$、H_3AsO_3、AsO_2^- 存在, Cu(Ⅱ)以 Cu^{2+}、$HCuO_2^-$ 存在, 溶液中可能发生以下反应:

$$2HAsO_2 + Cu^{2+} \Longrightarrow Cu(AsO_2)_2 \downarrow + 2H^+ \qquad (4-4)$$

$$2AsO_2^- + Cu^{2+} \Longrightarrow Cu(AsO_2)_2 \downarrow \qquad (4-5)$$

$$2HAsO_2 + HCuO_2^- \Longrightarrow Cu(AsO_2)_2 \downarrow + H_2O + OH^- \qquad (4-6)$$

$$2AsO_2^- + HCuO_2^- + 3H^+ \Longrightarrow Cu(AsO_2)_2 \downarrow + 2H_2O \qquad (4-7)$$

$$2AsO_3^{3-} + 3Cu^{2+} \Longrightarrow Cu_3(AsO_3)_2 \qquad (4-8)$$

$$5Cu_3(AsO_3)_2 + 2H_3AsO_3 \Longrightarrow 3Cu_5H_2(AsO_3)_4 \downarrow \qquad (4-9)$$

产物 $Cu_5H_2(AsO_3)_4$ 中铜砷物质的量比为 5 : 4, pH = 6 时所得亚砷酸铜化学式可能为 $Cu_5H_2(AsO_3)_4$。

4.2.2 亚砷酸铜调控 As(Ⅲ)

4.2.2.1 亚砷酸铜质量浓度对锑铋脱除率的影响

将亚砷酸铜加入铜电解液中, 铜电解液成分如表 4-2 所示。于 65℃下搅拌反应 8 h, 亚砷酸铜质量浓度在电解液中溶解率及对 As 浓度影响如图 4-17 所示, 亚砷酸铜对 Sb、Bi 脱除率影响如图 4-18 所示。

表 4-2 铜电解液成分的体积质量浓度 单位: g/L

成 分	Cu^{2+}	H_2SO_4	As	Sb	Bi
质量浓度/$(g \cdot L^{-1})$	45.78	185.48	4.18	0.75	0.21

由图 4-17~图 4-18 可知, 当亚砷酸铜质量浓度分别为 10 g/L、20 g/L、30 g/L、48 g/L 时, 亚砷酸铜溶解率分别为 96.12%、95.52%、93.23%、90.87%; 溶液中 As 质量浓度分别为 7.00 g/L、10.61 g/L、13.48 g/L、19.54 g/L; Sb 脱除率分别为 25.81%、51.61%、51.61%、51.61%; Bi 脱除率分别为 26.67%、50.0%、55.33%、54.67%。

亚砷酸铜在电解液中的溶解率很高, 随着亚砷酸铜质量浓度增大, 溶解率略有降低。Sb 脱除率随电解液中 As 浓度增加而增加, 当亚砷酸铜质量浓度达到 20 g/L 时, Bi 脱除率变化不大。

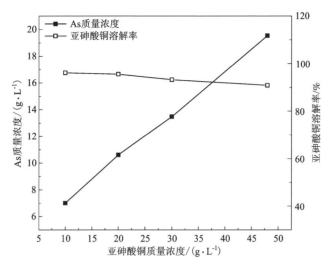

图 4-17　亚砷酸铜质量浓度对其溶解率及 As 质量浓度的影响

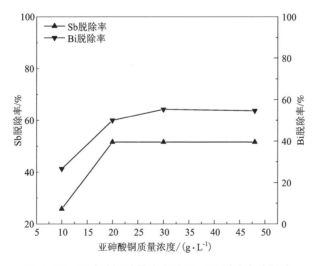

图 4-18　亚砷酸铜质量浓度对 Sb、Bi 脱除率的影响

当亚砷酸铜质量浓度为 20 g/L 时，取 1 L 铜电解液在 65℃下净化 8 h，电解液 As 质量浓度由 4.16 g/L 增加至 10.5 g/L 时，Sb、Bi 质量浓度分别由 0.62 g/L、0.15 g/L 降低至 0.30 g/L、0.067 g/L，脱除率分别为 51.61% 和 55.33%。

4.2.2.2　反应温度对锑铋脱除率的影响

当亚砷酸铜质量浓度为 20 g/L 时，反应温度对 Sb、Bi 脱除率影响如图 4-19 所示。

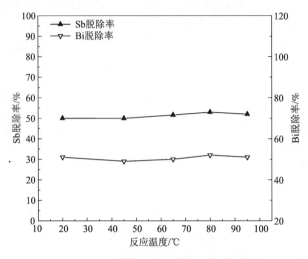

图 4-19   反应温度对 Sb、Bi 脱除率的影响

由图 4-19 可知，反应温度对 Sb、Bi 脱除率没有影响，锑铋脱除率分别约为 50% 和 30%，适宜的反应温度为 65℃。

4.2.2.3   反应时间对锑铋脱除率的影响

上述其他条件不变，当反应温度为 65℃ 时，反应时间对 Sb、Bi 脱除率的影响如图 4-20 所示。

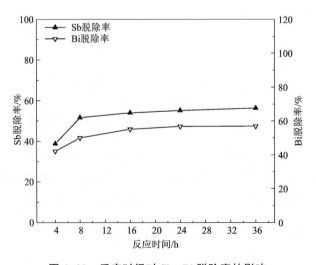

图 4-20   反应时间对 Sb、Bi 脱除率的影响

由图 4-20 可知,当反应时间分别为 4 h、8 h、16 h、24 h、32 h,Sb 脱除率分别为 38.78%、51.61%、53.98%、55.12%、56.32%,Bi 脱除率分别为 42.17%、50%、55.12%、56.78%、56.86%。随着反应时间增加,Sb、Bi 脱除率略有增加,当反应时间超过 8 h 后,Sb、Bi 脱除率无明显增加。

4.2.2.4　搅拌速度对锑铋脱除率的影响

当反应时间为 8 h 时,搅拌速度对 Sb、Bi 脱除率的影响如图 4-21 所示。

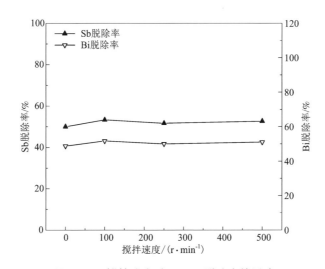

图 4-21　搅拌速度对 Sb、Bi 脱除率的影响

由图 4-21 可知,当搅拌速度分别为 0、100 r/min、250 r/min、500 r/min 时,杂质 Sb 脱除率分别为 49.95%、53.25%、51.61%、52.61%,Bi 脱除率分别为 48.78%、51.73%、50%、51%。搅拌速度对铜电解液净化的影响不大,为了加快亚砷酸铜的溶解,适宜的搅拌速度为 250 r/min。

采用亚砷酸铜价态调控铜电解液适宜条件为亚砷酸铜质量分数为 20 g/L,反应温度为 65℃,反应时间为 8 h,搅拌速度为 250 r/min,该条件下电解液中 As 从 4.18 g/L 增加到 10.6 g/L,Sb 质量浓度由 0.75 g/L 降至 0.34 g/L,Bi 质量浓度由 0.21 g/L 降至 0.096 g/L,Sb、Bi 脱除率分别为 54.67% 和 54.29%。

4.2.2.5　$n_{As(III)}/n_{As(V)}$ 对电解液净化的影响

在实际生产中,电解液中的 As 以 As(III)、As(V)共存,为考察不同形态的砷共存对电解液净化的影响,加入砷酸铜和亚砷酸铜至电解液中进行价态调控。当总砷质量浓度约为 10 g/L,反应温度为 65℃,搅拌强度为 250 r/min,反应时间为 8 h 时，$n_{As(Ⅲ)}/n_{As(Ⅴ)}$ 对铜电解液中 Sb、Bi 脱除率的影响如图 4-22 所示。

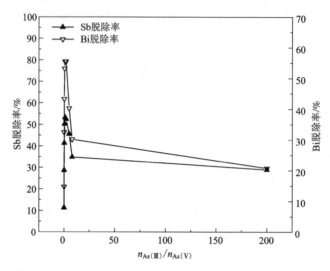

图 4-22 $n_{As(Ⅲ)}/n_{As(Ⅴ)}$ 对 Sb、Bi 脱除率的影响

由图 4-22 可知，当 $n_{As(Ⅲ)}/n_{As(Ⅴ)}$ 分别为 200∶1、8∶1、5∶1、2∶1、1∶1、1∶2、1∶5、1∶8、1∶200 时，电解液中 Sb 脱除率分别为 28.92%、34.87%、45.52%、52.36%、53.14%、50.21%、41.28%、28.64%、11.24%，Bi 脱除率分别为 20.75%、30.13%、40.23%、55.48%、55.48%、53.13%、43.23%、32.47%、14.72%。

$n_{As(Ⅲ)}/n_{As(Ⅴ)}$ 对锑铋脱除率具有显著影响，当 $n_{As(Ⅲ)}/n_{As(Ⅴ)}$ 为 2∶1~1∶2 时，杂质脱杂效果最佳。价态调控前电解液 As(Ⅲ)质量浓度为 0.2 g/L，As(Ⅴ)质量浓度为 4.16 g/L。加入亚砷酸铜至 As 质量浓度为 10.6 g/L 后，As(Ⅲ)质量浓度增加至 6.44 g/L，$n_{As(Ⅲ)}/n_{As(Ⅴ)}=1.55∶1$，可控制在 2∶1~1∶2。

4.2.2.6　As_T 对电解液净化的影响

上述净化条件不变，当 $n_{As(Ⅲ)}/n_{As(Ⅴ)}=1∶1$ 时，As_T（砷总浓度）对 Sb、Bi 脱除率的影响如图 4-23 所示。

由图 4-23 可知，随着砷总浓度的增大，Sb、Bi 脱除率增大，但当总砷质量浓度达到 10 g/L 时，Sb、Bi 脱除率基本不变。因此在亚砷酸铜净化电解液中，总砷质量浓度宜控制在 10 g/L 左右。

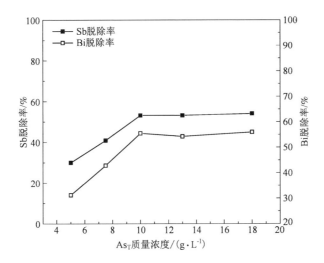

图 4-23 As$_T$ 质量浓度对 Sb、Bi 质量浓度的影响

4.3 二氧化硫还原价态调控

以脱镍后铜电解液为原料，SO$_2$ 还原脱镍后铜电解液进行砷的价态调控。

4.3.1 反应温度对 As(V) 还原率和砷锑脱除率的影响

脱镍后电解液成分见表 4-3，在 300 mL 脱镍后铜电解液中通入二氧化硫，当 SO$_2$ 气流量为 100 mL/min 时，通气 2 h 后，As(V)还原率只有 14.8%。在常温下 (21℃) 静置 5 天，溶液中产生白色沉淀产生。SO$_2$ 还原后静置 5 天，反应温度对 As(V)还原率及 As、Sb 脱除率的影响如图 4-24 和图 4-25 所示。

表 4-3 脱镍后铜电解液成分的质量浓度　　　　　　　　单位：g/L

Cu	As	Sb	Bi	Fe	Ni	H$_2$SO$_4$
2.110	31.248	1.148	0.0295	3.793	7.378	580

由图 4-24 可以看出，SO$_2$ 还原后静置 5 天，脱镍后铜电解液 As(V)的还原率随着反应温度的升高而逐渐降低。由图 4-25 可知，As、Sb 的脱除率也随着反应温度的升高而降低。当温度由 21℃ 升高到 80℃ 时，As(V)的还原率由 65.47%

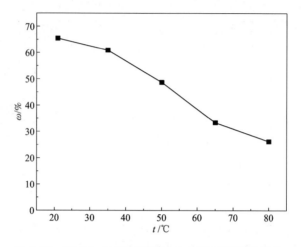

图 4-24　通 SO₂ 时反应温度对 As(V) 还原率的影响

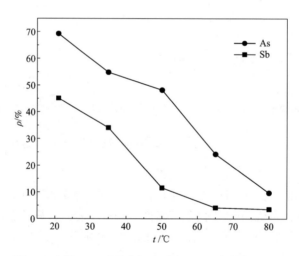

图 4-25　通 SO₂ 时反应温度对 As、Sb 脱除率的影响

下降到 26.23%，As 和 Sb 的脱除率由 69.28% 和 45.16% 降低到 9.66% 和 3.58%。

As(V) 的还原与 As、Sb 的脱除效果与 SO_2 的溶解相关，SO_2 在硫酸溶液中的溶解度如表 4-4 所示。

表 4-4[124]　**SO₂ 在 0.1 mol/L 硫酸溶液中的溶解度**　　单位：mol/L

SO₂ 分压/Pa	温度/℃					
	17	25	40	50	60	70
0.07	0.138	0.093	0.058	0.048	0.029	0.02
0.105	0.2	0.144	0.084	0.062	0.045	0.035
0.181	0.315	0.218	0.131	0.092	0.069	0.055
0.466	0.739	0.506	0.31	0.228	0.175	0.133
0.948	1.592	1.17	0.755	0.533	0.391	0.302

从表 4-4 中可以看出，在 0.1 mol/L 硫酸溶液中，SO₂ 溶解度随着温度的升高而降低，随着 SO₂ 分压的升高而升高。当温度升高时，相同时间内溶解在溶液中的 SO₂ 的量随之减少，As(Ⅴ) 的还原率降低。升高温度不利于脱镍后铜电解液中和 As、Sb 的脱除。因此，反应温度 21℃ 条件下 As(Ⅴ) 还原率可达 65.47%，As、Sb 的脱除率分别可达 69.28%、45.16%。

4.3.2　反应时间对 As(Ⅴ) 还原率和砷锑脱除率的影响

上述其他条件不变，当反应温度为 21℃ 时，反应时间对 As(Ⅴ) 还原率及 As、Sb 脱除率的影响如图 4-26 和图 4-27 所示。

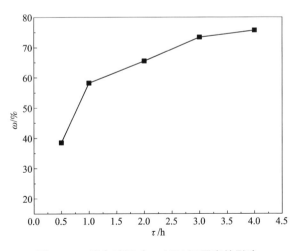

图 4-26　反应时间对 As(Ⅴ) 还原率的影响

由图 4-26 可以看出，As(Ⅴ) 的还原率随着反应时间的增加而增加，图 4-27

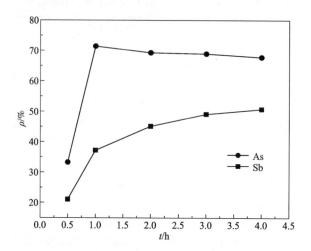

图 4-27　反应时间对 As、Sb 脱除率的影响

说明 As、Sb 的脱除率随着通入 SO_2 反应时间的延长而增加。当通入 SO_2 条件下反应时间由 0.5 h 延长到 4 h 时，As(V) 的还原率从 38.49% 升高到 75.66%，As、Sb 的脱除率由 33.25%、21.02% 升高到 67.80%、50.74%。但当通气时间达到 2 h 以上后，溶液中溶解的 SO_2 已经达到饱和，继续延长通气时间，As(V) 的还原率和 As、Sb 的脱除率均没有明显增加。当通入 SO_2 反应时间达到 2 h 时，As(V) 还原率可达 65.47%，As、Sb 脱除率分别可达 45.09%、69.28%。

　　研究表明[125]，SO_2 还原净化脱镍后铜电解液的过程主要由五个连续的步骤组成：①SO_2 气泡从液体表面向内部的扩散；②SO_2 气体在液相中的溶解；③液相的混合；④As(V) 被还原成为 As(Ⅲ)；⑤As_2O_3 的结晶和沉淀分离。采用搅拌器搅拌可以加速 SO_2 气泡的分散和溶解，延长通气时间在一定时间内增加 SO_2 溶解量。

4.3.3　稀释倍数对 As(V) 还原率和砷锑脱除率的影响

　　脱镍后铜电解液中通入 SO_2，控制步骤应为 As(V) 的还原。As(V) 在溶液中主要以下述几种形式存在：H_3AsO_4、$H_2AsO_4^-$、$HAsO_4^{2-}$、AsO_4^{3-}，25℃ 下，As 形态分布与 pH 的关系如图 4-28 所示。

　　从图 4-28 可以看出，在 pH<1.0 时，溶液中的 As(V) 主要以 H_3AsO_4 形态存在。实验采用的脱镍后铜电解液，硫酸质量浓度为 580 g/L，理论计算 pH 为 -1.07，该溶液中的 As(V) 以 H_3AsO_4 形式存在。通入 SO_2 后主要发生的反应为：

$$SO_2 + H_3AsO_4 \rightleftharpoons HAsO_2 + HSO_4^- + H^+ \tag{4-10}$$

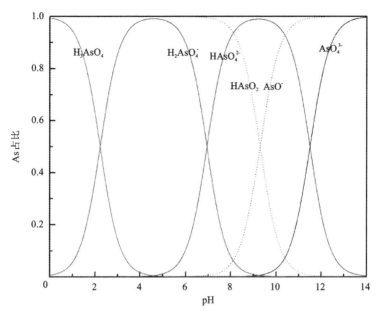

图 4-28　25℃时 As 的各形态分布与溶液 pH 的关系

但硫酸浓度较高时, H_3AsO_4 与溶液中的 H^+ 会发生质子化反应[67]:

$$H_3AsO_4 + H^+ \rightleftharpoons H_4AsO_4^+ \tag{4-11}$$

反应(4-11)生成的 $H_4AsO_4^+$ 活性较差, 不利于 As(V)的还原。为了增加脱镍后铜电解液的还原效果, 采用稀释脱镍后铜电解液进行 SO_2 还原。上述实验条件不变, 当通入 SO_2 反应时间为 2 h 时, 稀释倍数对 As(V)还原率及 As、Sb 脱除率的影响如图 4-29 和图 4-30 所示。

由图 4-29 可知, As(V)的还原率随着稀释倍数的增加先升高后降低。从图 4-30 可知, As 和 Sb 脱除率同样随着稀释倍数的增加先升高后降低。当稀释倍数从 1 倍增加到 1.2 倍时, As(V)的还原率从 65.57% 升高到 98.93%, As 的脱除率从 45.09% 升高到 64.78%; 当稀释倍数增加到 3 倍时, As(V)的还原率又降低到 54.45%, As 和 Sb 的脱除率为 0。

SO_2 在溶液中的溶解度随着溶液酸度的增加而减小, 所以在稀释溶液的时候, 随着酸度的降低溶液中溶解的 SO_2 增加, 从而使 As(V)的还原率及 As、Sb 的脱除率均有所增加。但当稀释倍数过大时, 溶液中的 As、Sb 的浓度降低, 式(4-10)反应速度减慢, As(V)的还原率降低, 从而导致 As 和 Sb 的脱除率降低。故适宜的稀释倍数为 1.2, 即稀释至溶液硫酸质量浓度为 483 g/L, 在此条件下 As 还原率可达 98.01%, As、Sb 的脱除率分别为 64.78%、56.99%。

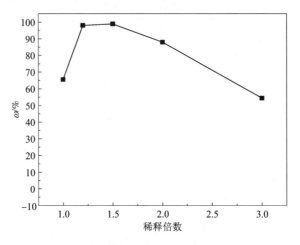

图 4-29　稀释倍数对 As(V) 还原率的影响

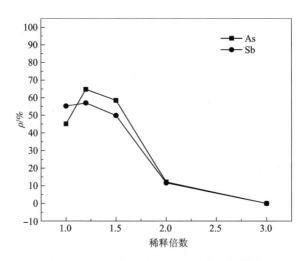

图 4-30　稀释倍数对 As、Sb 脱除率的影响

4.3.4　通入 SO₂ 后静置时间对 As(V) 还原率和砷锑脱除率的影响

上述实验条件不变，当稀释倍数为 1.2 倍时，通入 SO₂ 饱和后静置反应时间对于脱镍后铜电解液还原净化效率的影响如图 4-31 和图 4-32 所示。

由图 4-31 可以看出，As(V) 的还原率随着静置时间的延长而增加。由图 4-32 可以看出，As、Sb 的脱除率随着静置反应时间的延长而逐渐增加。当静置反应时

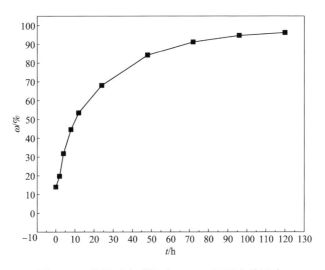

图 4-31　静置反应时间对 As(V) 还原率的影响

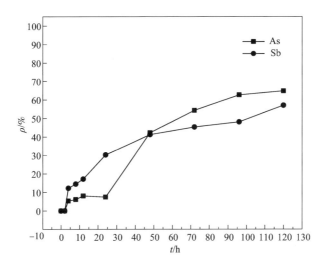

图 4-32　静置反应时间对 As、Sb 脱除率的影响

间延长至 5 天时, As(V) 的还原率由 13.98% 升高至 96.23%, As、Sb 的脱除率分别增加到 64.78% 和 56.99%。

　　将此条件下价态调控后得到的固体渣烘干后进行 XRF 和 XRD 分析, 其结果分别如表 4-5 和图 4-33 所示。

表 4-5　还原净化渣成分(质量分数)　　　　　　　　单位: %

As	O	Mg	Sb	S	Fe	Si	Ni	Cu	Zn
69.58	24.6	4.78	0.708	0.261	0.0216	0.018	0.006	0.0178	0.002

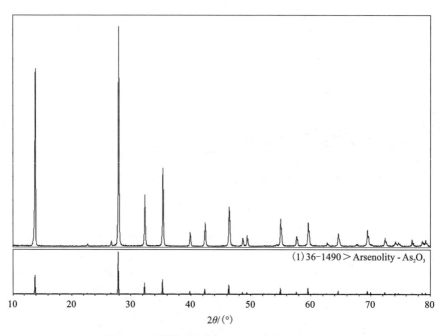

(1)36-1490 > Arsenolity - As$_2$O$_3$

$2\theta/(°)$

图 4-33　脱镍后铜电解液还原净化渣 XRD 图

从表 4-5 可以看出, 还原净化渣中的主要元素为 As 和 O, 其中 As 占 69.58%, O 占 24.6%。从图 4-33 的 XRD 分析结果可知, 还原净化渣中的主要物相为 As$_2$O$_3$, 根据 As 的含量计算, As$_2$O$_3$ 的质量分数占渣重的 91.85%。SO$_2$ 还原价态调控净化脱镍后铜电解液, 能够达到脱除 As、Sb、Bi 的效果, 还可以得到纯度较高的 As$_2$O$_3$。同时, 可利用 SO$_2$ 还原净化后电解液返回铜电解液进行砷价态调控。

第 5 章　价态调控铜电解

在铜电解液中进行价态调控，铜电解液中产生砷锑铋沉淀，因此，铜电解液得到净化。随着电解的进行，电解液中 As、Sb 和 Bi 沉淀得到控制，砷锑铋形成沉淀进入阳极泥，从而降低 As、Sb 和 Bi 在电解液中的积累。

5.1　亚砷酸铜价态调控铜电解精炼

亚砷酸铜价态调控铜电解液中 As(Ⅲ) 和 As(Ⅴ) 浓度以调整 $n_{As(Ⅲ)}/n_{As(Ⅴ)}$。

5.1.1　As(Ⅲ) 对阴极铜表观质量的影响

将亚砷酸铜加入铜电解液中，铜电解液成分如表 5-1 所示，按 40 mg/L 骨胶和明胶及 20 mg/L 硫脲加入电解添加剂，补加量为吨铜胶 120 g、硫脲 60 g，在尺寸为 130 mm×100 mm×100 mm 的电解槽中进行电解，阳极铜和铜阴极始极片尺寸均为 100 mm×100 mm。循环电解液采用下进上出，控制循环流量为 200 ~ 250 mL/h，电解液温度为 65±2℃，当阴极电流密度为 240~250 A/m³ 时，As(Ⅲ) 对电解阴极铜表观质量影响如表 5-2 所示。

表 5-1　实验所用铜电解液成分

组分	Cu^{2+}	H_2SO_4	As	Sb	Bi
质量浓度 /(g·L^{-1})	44.47	183.54	4.16	0.62	0.15

表 5-2 亚砷酸铜质量浓度对阴极铜表观质量的影响

编号	亚砷酸铜质量浓度 /(g·L⁻¹)	As 质量浓度 /(g·L⁻¹)	阴极质量
1	0	4.16	板面平滑，结晶细致，无粒子
2	10	7.00	板面平滑，结晶细致，有 2 个细小粒子
3	20	10.61	板面平滑，结晶细致，有 1 个细小粒子
4	30	13.48	板面平滑，结晶细致，无粒子
5	48	19.54	板面平滑，结晶细致，无粒子

表 5-2 表明，加入亚砷酸铜后增加 As(Ⅲ)进行价态调控铜电解，电解 24 h 后板面光滑平整，结晶细致，板面及边缘基本无粒子。

5.1.2 $n_{As(Ⅲ)}/n_{As(V)}$ 对阴极铜表观质量的影响

将亚砷酸铜、砷酸铜加入电解液中调整 As 的各价态形态比例，并控制 As_T 质量浓度为 10 g/L 左右，按上述条件加入添加剂后电解，$n_{As(Ⅲ)}/n_{As(V)}$ 对电解阴极铜表观质量影响如表 5-3 所示。

表 5-3 $n_{As(Ⅲ)}/n_{As(V)}$ 对阴极铜表观质量的影响

编号	$n_{As(Ⅲ)}/n_{As(V)}$	$\rho(As_T)/(g·L⁻¹)$	电解 24 h 阴极质量
1	200:1	10.56	板面平滑，结晶细致，有 1 个小粒子
2	8:1	10.60	板面平滑，结晶细致，无粒子
3	5:1	10.42	板面平滑，结晶细致，无粒子
4	2:1	10.48	板面平滑，结晶细致，无粒子
5	1:1	10.74	板面平滑，结晶细致，无粒子
6	1:2	10.76	板面平滑，结晶细致，板面有 2 个小粒子
7	1:5	10.80	板面平滑，结晶细致，有 3 个粒子
8	1:8	10.32	板面平滑，结晶细致，有 2 个粒子
9	1:200	10.38	板面平滑，结晶细致，无粒子

由表 5-3 可知，通过砷酸铜和亚砷酸铜调整电解液中 $n_{As(Ⅲ)}/n_{As(V)}$，所得阴极铜板面光滑平整，结晶细致，基本无粒子。

5.1.3 Cu^{2+} 浓度对阴极铜表观质量的影响

在 $\rho(As_T) \approx 10$ g/L，$n_{As(III)}/n_{As(V)} = 1:1$ 条件下，调整电解液中 Cu^{2+} 浓度，按照上述条件电解，Cu^{2+} 浓度对阴极铜表观质量影响如表 5-4 所示。

表 5-4 Cu^{2+} 质量浓度对阴极铜表观质量的影响

编号	$\rho(Cu^{2+})/(g \cdot L^{-1})$	$\rho(As_T)/(g \cdot L^{-1})$	电解 24 h 阴极质量
1	30	10.65	板面平滑，结晶细致，无粒子
2	38	10.61	板面平滑，结晶细致，无粒子
3	44	10.55	板面平滑，结晶细致，无粒子
4	50	10.45	板面平整，结晶粗糙，有 2 个粒子

由表 5-4 可知，采用亚砷酸铜净化电解液后，当 $\rho(Cu^{2+})$ 为 30 g/L 时，阴极铜板面光滑平整，结晶细致，基本无粒子；当 $\rho(Cu^{2+})$ 为 50 g/L 时，阴极铜板面平整，结晶粗糙，表面出现粒子。

5.1.4 硫酸浓度对阴极铜表观质量的影响

在 $\rho(As_T) \approx 10$ g/L，$n_{As(III)}/n_{As(V)} = 1:1$，通过 NaOH 调整电解液的硫酸浓度，按照上述条件电解 24 h，硫酸浓度对阴极铜表观质量影响如表 5-5 所示。

表 5-5 硫酸浓度对阴极铜表观质量的影响

编号	$\rho(H_2SO_4)/(g \cdot L^{-1})$	$\rho(As_T)/(g \cdot L^{-1})$	电解 24 h 阴极质量
1	100	10.40	板面平滑，结晶细致，有 1 个粒子
2	140	10.79	板面平滑，结晶细致，无粒子
3	185	10.55	板面平滑，结晶细致，无粒子
4	220	10.45	板面平滑，结晶细致，有 2 个粒子

由表 5-5 可知，$\rho(H_2SO_4) < 220$ g/L 时，其对阴极铜表观质量基本无影响，电解 24 h 所得阴极铜板面光滑平整，结晶细致，基本无粒子。

加入亚砷酸铜价态调控铜电解能得到板面光滑、结晶细致、表面无粒子的阴极铜。

5.1.5 亚砷酸铜价态调控连续铜电解精炼

5.1.5.1 亚砷酸铜价态调控连续铜电解电解液中砷锑铋浓度变化

采用亚砷酸铜进行价态调控, 实验所用铜电解液成分如表 5-6 所示。实验电解液中 As(Ⅲ) 初始质量浓度分别为 0.185 g/L 和 5.0 g/L 时, 在电流密度 235 A/m² 下连续电解 168 h。工业实验时, 电解液中 As(Ⅲ) 的初始质量浓度为 7.62 g/L, 在电流密度为 235 A/m² 下连续电解 144 h。

表 5-6　铜电解液初始成分(质量浓度)　　　　　单位: g/L

试样	Cu	As_T	As(Ⅲ)	Sb	Bi	H₂SO₄
1#	47.96	9.53	0.185	0.309	0.13	187.03
2#	43.60	10.00	5.00	0.40	0.22	185.00
3#	46.96	11.16	7.62	0.22	0.086	183.26

注: 1#和 2#: 为实验室实验用电解液成分; 3#为工业实验用电解液成分。

铜电解液中 As_T, As(Ⅲ), Sb 和 Bi 浓度随电解时间的变化如图 5-1 所示[91]。电解结束后, 铜电解液中 As_T, As(Ⅲ), Sb 和 Bi 浓度如表 5-7 所示。

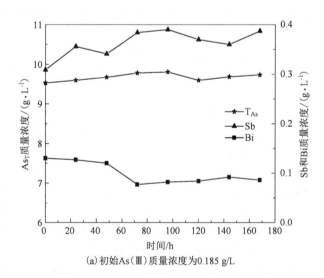

(a)初始As(Ⅲ)质量浓度为0.185 g/L

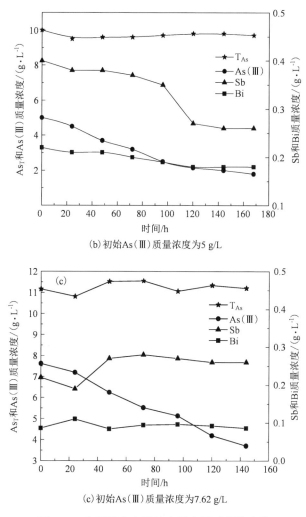

(b) 初始As(Ⅲ)质量浓度为5 g/L

(c) 初始As(Ⅲ)质量浓度为7.62 g/L

图 5-1 电解液中杂质浓度随电解时间的变化

表 5-7 电解结束后铜电解液中杂质的质量浓度 单位：g/L

试样	As$_T$	As(Ⅲ)	Sb	Bi
1#	9.73	0.077	0.387	0.086
2#	9.71	1.80	0.26	0.18
3#	11.20	3.71	0.26	0.086

从表 5-6 和表 5-7 计算得知，电解 168 h 后，1#铜电解液中 As$_T$ 和 Sb 的质量

浓度分别增加 2.10% 和 25.24%，Bi 的质量浓度降低 33.85%，然而 2#铜电解液中 As_T，Sb 和 Bi 的质量浓度分别降低 2.9%，35% 和 18.18%。工业实验电解 144 h 后，3#铜电解液中 As_T 和 Sb 的质量浓度分别增加 0.36% 和 18.18%，Bi 的质量浓度不变。

由图 5-1(a) 可知，电解液中 As(Ⅲ) 初始质量浓度为 0.185 g/L 时，As_T 和 Sb 的浓度随电解时间延长而增加，Bi 的浓度随电解时间延长而降低。当电解时间大于 72 h 时，Bi 的浓度基本保持不变。而由图 5-1(b) 可知，电解液中初始 As(Ⅲ) 质量浓度为 5.00 g/L 时，As_T，As(Ⅲ)，Sb 和 Bi 的浓度随电解时间延长而下降。由图 5-1(c) 可知，工业实验时，电解液中初始 As(Ⅲ) 质量浓度为 7.62 g/L，电解液中 As(Ⅲ) 的浓度随电解时间延长而下降，As_T 和 Bi 的浓度基本保持不变，Sb 的浓度随电解时间延长而下降，当电解时间大于 24 h 时，Sb 的浓度随电解时间延长逐渐上升，当电解时间大于 48 h 后，Sb 的浓度基本保持不变。

5.1.5.2　亚砷酸铜价态调控连续铜电解阳极泥成分及结构

阳极泥经水洗、80℃烘干至恒重。阳极泥成分如表 5-8 所示。1#电解液所得阳极泥 XRD 图谱如图 5-2 所示，红外光谱如图 5-3 所示。

表 5-8　铜阳极泥砷锑铋含量(质量分数)　　　　　　单位：%

试样	Cu	As_T	As(Ⅲ)	Sb_T	Sb(Ⅲ)	Bi
1#	28.1	4.05	2.12	3.87	3.00	1.15
2#	19.57	5.84	1.55	6.14	3.13	2.02
3#	—	4.86	—	11.74	—	3.37

注：3#样品"—"为未检测。

由表 5-8 可知，铜阳极泥中均含有 As(Ⅲ)、As(Ⅴ)、Sb(Ⅲ)、Sb(Ⅴ) 和 Bi，电解液中 As(Ⅲ) 的质量浓度为 5 g/L 和 7.62 g/L 时，阳极泥 Sb_T 和 Bi 含量显著提高，说明价态调控有利于锑铋的沉降。铜电解精炼中 As(Ⅴ) 和 As(Ⅲ) 价态的调控对电解液中杂质 As、Sb 和 Bi 的沉淀起很重要的作用[84, 126]。

由图 5-2 可知，1#电解液电解所得阳极泥结晶性能较好，含有 $PbSO_4$，AgCl，Sb_2O_3，$Bi_{14}O_{20}(SO_4)$ 和 Cu_2S 等晶相。

电解过程阳极铜中 As，Sb 和 Bi 以三价离子形式进入电解液，而后在 Cu^+ 和溶解氧的作用下，As(Ⅲ) 逐渐被氧化为 As(Ⅴ)，Sb(Ⅲ) 逐渐被氧化为 Sb(Ⅴ)，电解液中 Bi 主要以 Bi(Ⅲ) 存在。在铜电解液中，As(Ⅲ) 以 AsO^+ 和 $HAsO_2$ 形式存在，As(Ⅴ) 以 H_3AsO_4 形式存在[79, 127]，由于在铜电解精炼过程中，Sb(Ⅲ) 被

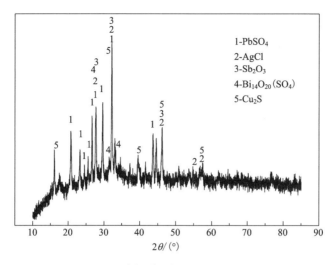

图 5-2　1#电解液所得阳极泥 XRD 图谱

空气氧化为 Sb(Ⅴ)速率非常慢,因此 Sb 主要以 SbO^+ 形式存在,且 Sb(Ⅲ)约占总锑量的 70%~80%[40],Bi 通常以 Bi^{3+} 和 BiO^+ 形式存在。铜电解液中 As(Ⅲ),As(Ⅴ),Sb(Ⅲ),Sb(Ⅴ),Bi(Ⅲ)之间能发生化学反应生成砷锑酸盐及亚砷锑酸锑等溶解性较小的化合物进入阳极泥[83, 84, 92, 126, 128, 129]。反应如下:

$$aH_3AsO_4 + bH[Sb(OH)_6] + cMeO^+ \longrightarrow$$

$$Me_cAs_aSb_bO_{(3a+5b+c/2+1)}H_{(a+5b-2c+2)} \cdot xH_2O + cH^+ + (a+b+c/2-1-x)H_2O$$

$$[Me = As(Ⅲ), Sb(Ⅲ), Bi(Ⅲ); a \geqslant 1; b \geqslant 1; c \leqslant (3a+b)] \quad (5-1)$$

$$26H^+ + 6HAsO_2 + 4SbO^+ + 8HSb(OH)_6 \longrightarrow$$

$$3H_2O + H_{30}(As_2O_3)_3 \cdot (Sb_2O_3)_2 \cdot (Sb_2O_5)_4 \cdot 26H_2O \quad (5-2)$$

因此,随电解时间的延长,电解液中 As_T,As(Ⅲ),Sb 和 Bi 的质量浓度逐渐降低。提高电解液中 As(Ⅲ)的质量浓度,可显著去除电解液中 Sb 和 Bi 杂质,As(Ⅲ)对铜电解液具有良好的净化能力。

由图 5-3 可知,位于 3437.22 cm^{-1} 和 1629.04 cm^{-1} 的两个峰分别是 O—H 的对称和反对称伸缩振动吸收峰[110];位于 1107.83 cm^{-1} 的峰是 SO_4^{2-} 的吸收峰、As—OH 峰或 Sb—OH 峰[111, 114];位于 1058.42 cm^{-1} 和 596.56 cm^{-1} 处的峰为 Sb—OH 峰,位于 441.03 cm^{-1} 处的峰为 Sb—OY(Y = As, Sb, Bi)[113, 114];位于 816.07 cm^{-1} 的峰是 As—OX(X = As, Sb)的反伸缩振动吸收峰[116];位于 505.70 cm^{-1} 的峰是 Sb—OY(Y = As, Sb)的反伸缩振动吸收峰[113];位于 1629.04 cm^{-1} 的峰为 C=O, C=C 伸缩振动峰;位于 1402.44 cm^{-1} 的峰为 CH_2 的非对称振动吸收峰;位于 625.63 cm^{-1} 的峰为环 CH 振动峰或 NH_2 形变振动吸收峰;位于 965.03 cm^{-1} 处的峰为 CH_2 峰;位于 3333.31 cm^{-1} 处的峰为 N—H 峰,说明阳极

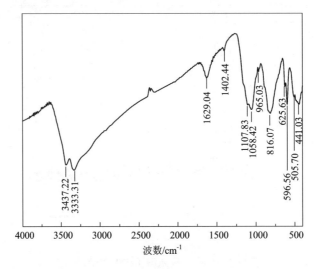

图 5-3　1#电解液所得阳极泥红外光谱图

泥中存在砷锑酸盐，亚砷锑酸锑和添加剂，添加剂被阳极泥吸附沉淀。

5.1.5.3　亚砷酸铜价态调控连续铜电解阴极铜质量

1#电解液电解所得阴极铜为玫瑰红色，表面可见平行细条纹，2#和3#电解液电解所得阴极铜为玫瑰红色，表面无粒子。阴极铜化学成分如表5-9所示。

表 5-9　阴极铜化学成分（质量分数）　　　　　单位：%

检测项目		GB/T 467—2010	检测结果/%		
元素组	元素	≤（%）	1#	2#	3#
1	Se	0.00020	0.00002	0.00006	0.00005
	Te	0.00020	0.00048	0.00010	0.00010
	Bi	0.00020	0.00011	0.00005	0.00005
2	Cr	—	0	0.00006	0.00006
	Mn	—	0	0.00006	0.00006
	Sb	0.0004	0.000458	0.00011	0.00010
	Cd	—	0	0.00005	0.00005
	As	0.0005	0.000072	0.00009	0.00005
	P	—	0	0.00005	0.00005

续表5-9

检测项目		GB/T 467—2010	检测结果/%		
元素组	元素	≤（%）	1#	2#	3#
3	Pb	0.0005	0.00042	0.00011	0.00010
4	S	0.0015	0.00099	0.00093	0.00093
5	Sn	—	0.00018	0.00010	0.00010
	Ni	—	0	0.00016	0.00014
	Fe	0.0010	0	0.00046	0.00044
	Si	—	0.00004	0.00005	0.00005
	Zn	—	0	0.00005	0.00005
	Co	—	0	0.00006	0.00006
6	Ag	0.0025	0	0.00092	0.00090
Se+Te		0.00030	0.0005	0.00016	0.00015
一组元素总量		0.0003	0.00061	0.00021	0.0002
二组元素总量		0.0015	0.00053	0.00042	0.00037
五组元素总量		0.0020	0.00022	0.00088	0.00084
7	杂质总和	0.0065	0.00277	0.00347	0.00334
综合评价			未达标	各项指标均优于国家标准	

由表 5-9 可知，当电解液中 As(Ⅲ) 的初始质量浓度为 0.185 g/L 时，Te，Sb 和一组元素含量超过 A 级阴极铜(Cu-CATH-1)标准(GB/T 467—2010)。当电解液中 As(Ⅲ) 的初始质量浓度为 5 g/L 和 7.62 g/L 时，各项指标均优于国家标准，其电流效率分别为 98.76%、97.99% 和 98.06%。

5.2　价态调控下分段控制电流密度电积脱铜

价态调控能够抑制铜电解液中 Sb 和 Bi 的增加，实现铜电解液自净化[81，82，92]。但是，铜电解过程中铜砷不断增加，必须脱铜脱砷。国内外主要采用诱导法脱铜脱砷，一段脱铜控制终液铜质量浓度在 38 g/L 左右获得标准阴极铜[59]。价态调控下分段控制电流密度电积脱铜可以增加阴极铜产量以及提高阴极铜质量。

5.2.1 电流密度为 200 A/m² 时价态调控电积脱铜

5.2.1.1 添加剂用量对阴极铜表面质量和铜电解液成分的影响

实验取铜电解液 1.6 L，其成分如表 5-10 所示，采用两块 Pb-Ag(1%) 合金作不溶阳极(103 mm×96 mm)，用一块铜始极片作阴极(110 mm×100 mm)，阴极置于两块阳极之间，阴阳极极距约为 45 mm。

表 5-10 铜电解液成分(质量浓度)   单位：g/L

Cu	As_T	As(Ⅲ)	Sb	Bi	Fe	Ni	H_2SO_4
48.78	10.09	3.19	0.40	0.30	0.74	8.83	188.00

按骨胶、明胶、硫脲质量比为 6：4：5 配制成溶液，将配制好的添加剂溶液滴加在电解液中。当电流密度为 200 A/m²，电解液温度为 55℃，电解液循环速度为 10 mL/min，循环方式为下出上进，电解时间为 8 h 时，添加剂用量对阴极铜表面质量的影响如表 5-11 所示，对 Cu，As，Sb 和 Bi 脱除率的影响如图 5-4 所示。

表 5-11 添加剂用量对阴极铜表面质量的影响

添加剂质量浓度/(mg·L⁻¹)	阴极铜表面质量
0	表面十分粗糙，有大量针眼和粒子
20	表面光滑，晶粒较为粗糙，底部及四周有发白的现象
40	表面光滑，结晶致密，玫瑰红色
60	表面光滑，结晶致密，局部颜色发黑
80	表面光滑，结晶致密，局部颜色发黑

由表 5-11 可知，添加剂用量对阴极铜表面质量有重要影响，当添加剂用量从 0 增加至 40 mg/L 时，阴极铜表面质量不断改善；随添加剂用量继续增加，阴极铜表面质量逐渐变差。

由图 5-4 可知，添加剂用量对阴极铜表面质量有明显影响，对铜电解液中 Cu，As，Sb 和 Bi 脱除率影响不大，Cu 的脱除率约为 40%，As，Sb 和 Bi 脱除率均小于 10%。

添加剂对阴极铜表面结晶及晶粒的生长有重要影响[106, 130, 131]：骨胶和明胶是一种动物蛋白，相对分子量在 15000 至 25000 之间，在电解过程中起两方面作

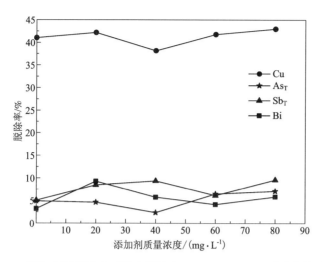

图 5-4　添加剂质量浓度对铜电解液中 Cu, As, Sb, Bi 脱除率的影响

用, 一是吸附在阴极表面高电流密度区, 增大阴极极化值, 抑制晶体的突出生长; 二是降低电解液的表面张力, 在电解过程中起到润湿剂的作用, 防止铜阴极长气孔, 保证得到平整光滑的阴极铜。硫脲的分子式为 $(NH_2)_2CS$, 可直接在阴极表面或在阴极液层中生成两种化合物, 即 $[Cu(N_2H_4CS)_4]SO_4$ 和 Cu_2S。当硫脲浓度很低时, 在阴极表面生成的 Cu_2S 微晶作为补充的结晶中心, 起到细化晶粒的作用[132, 133]; 当硫脲质量浓度高于 10 mg/L 时, 络合物离子 $[Cu(N_2H_4CS)_4]^+$ 在阴极液层中形成胶膜, 使 Cu^{2+} 在阴极放电发生困难, 促使阴极极化增加, 有利于得到致密光滑的阴极铜。

　　添加剂浓度过高时, 由于极化与吸附作用, 导致 Cu^{2+} 在阴极表面还原不完全, 生成较多的 Cu^+, 降低电流效率, 并生成 Cu_2O 或 Cu 粒子, 使得阴极表面粗糙, 同时过量的硫脲还会导致阴极铜中硫含量超标[134]。因此, 添加剂适量时, 才能保证电积铜的表面质量[135]。

5.2.1.2　电解液循环速度对阴极铜表面质量和铜电解液成分的影响

　　上述其他条件不变, 添加剂用量为 40 mg/L 时, 电解液循环速度对阴极铜表面质量的影响如表 5-12 所示, 对铜电解液中 Cu, As, Sb 和 Bi 脱除率的影响如图 5-5 所示。

表 5-12 电解液循环速度对阴极铜表面质量的影响

循环速度/(mL·min⁻¹)	阴极铜表面质量
0	表面较光滑，底部有少量粒子，晶粒较为粗糙
5	表面光滑，结晶致密，颜色较暗
10	表面光滑，结晶致密，玫瑰红色
15	表面光滑，结晶致密，玫瑰红色

由表 5-12 可知，阴极铜表面质量随电解液循环速度的增大逐渐变好，当循环速度为 10 mL/min 和 15 mL/min 时，得到的阴极铜表面质量都很好。

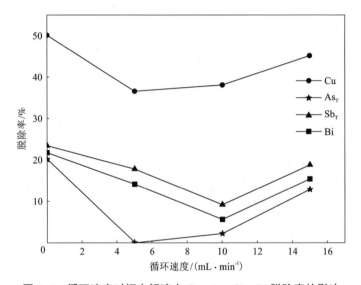

图 5-5 循环速度对铜电解液中 Cu，As，Sb，Bi 脱除率的影响

由图 5-5 可以看出，当电解液不循环和循环速度为 15 mL/min 时，Cu，As，Sb 和 Bi 脱除率均较大。Cu 的脱除率达 50%，As，Sb 和 Bi 脱除率高于 10%。脱除率与电解电流和电流效率有关。电解时间相同时，电解电流大，则脱除率高。

适当的电解液循环速度有利于保持电解液温度均匀，有利于溶液中离子扩散，减小阴极表面 Cu^{2+} 的浓差极化，从而改善阴极铜质量，并降低槽电压；但循环速度过大则不利于漂浮阳极泥的沉降[85, 136, 137]，容易黏附在阴极表面，导致阴极质量恶化，同时增加循环速度，增加能耗。

5.2.1.3 电解液温度对阴极铜表面质量和铜电解液成分的影响

上述其他条件不变,电解液循环速度为 10 mL/min 时,电解液温度对阴极铜表面质量的影响如表 5-13 所示,对铜电解液中 Cu,As,Sb 和 Bi 脱除率的影响如图 5-6 所示。

表 5-13　电解液温度对阴极铜表面质量的影响

电解液温度/℃	阴极铜表面质量
35	表面有大量粒子,晶粒粗糙
45	表面有大量粒子,晶粒粗糙
55	表面光滑,晶粒致密,玫瑰红色
65	表面光滑,晶粒较致密,玫瑰红色

由表 5-13 可知,电解液温度对阴极铜表面质量有重要的影响,随着电解液温度升高,阴极铜表面质量逐渐变好。

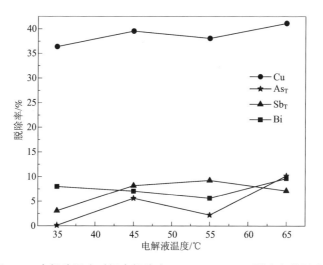

图 5-6　电解液温度对铜电解液中 Cu,As,Sb,Bi 脱除率的影响

由图 5-6 可知,电解液温度对铜电解液中 Cu,As,Sb 和 Bi 脱除率无明显影响,Cu 的脱除率约为 40%,As,Sb 和 Bi 脱除率均小于 10%。

电解液温度高,有利于降低电解液黏度,增加电解液导电性,降低槽电压,增加离子扩散速度,使溶液均匀,减小阴极表面铜离子浓差极化,改善铜离子沉积条件，也有利于促进电解液中难溶物的沉降[138, 139]。但是，电解液温度过高，将增加蒸汽消耗，并加快胶和硫脲的分解[18, 137]。

当电解液温度分别为 55℃ 和 65℃ 时，电解所得阴极铜化学成分如表 5-14 所示。

表 5-14　阴极铜化学成分（质量分数）　　　　　　　　　　单位：%

温度/℃	Bi	Sb	As	P	Pb	S	Cu
55	0.000194	0.000231	0.000142	0.000017	0.000065	0.0007	>99.99
65	0.000938	0.00136	0.000937	0.000225	0.00007	0.000928	>99.95

由表 5-14 可知，电解液温度为 55℃ 时所得阴极铜中杂质含量低于 65℃ 所得阴极铜。由于电解温度越高，铜结晶和生长速度越快，导致杂质夹杂量增多。

5.2.1.4　H_2SO_4 浓度对阴极铜表面质量和铜电解液成分的影响

上述其他条件不变，电解液温度为 55℃ 时，H_2SO_4 浓度对阴极铜表面质量的影响如表 5-15 所示，对铜电解液中 Cu，As，Sb 和 Bi 脱除率的影响如图 5-7 所示。

表 5-15　H_2SO_4 质量浓度对阴极铜表面质量的影响

H_2SO_4 质量浓度/$(g \cdot L^{-1})$	阴极铜表面质量
154.61	表面较粗糙，有少量粒子
188.00	表面光滑，无粒子，晶粒致密，玫瑰红色
202.42	表面较光滑，无粒子，晶粒致密，玫瑰红色
220.00	表面较光滑，无粒子，晶粒致密，玫瑰红色

由表 5-15 可知，阴极铜表面质量受 H_2SO_4 质量浓度的影响较小。适当增加硫酸质量浓度能够降低电解液的电阻，降低槽电压，节省电耗[140]。硫酸浓度过高，电解液黏度增大，会降低溶液中铜离子的扩散系数，加剧铜离子在电解液中分布不均匀的程度，导致浓差极化增大[141]。

由图 5-7 可知，Cu，As，Sb 和 Bi 脱除率随 H_2SO_4 浓度增加逐渐降低。当 H_2SO_4 质量浓度从 154.61 g/L 增加到 220 g/L 时，Cu、As、Sb 和 Bi 脱除率分别从 43.21%、6.58%、20.54%、17.30% 降低到 39.11%、0.37%、5.41%、2.23%。H_2SO_4 质量浓度为 202.42 g/L 时，As，Sb 和 Bi 的脱除率升高，这是由于过滤时

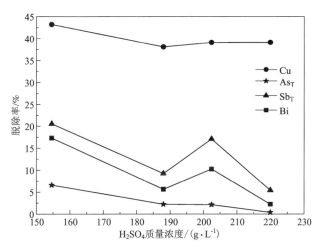

图 5-7　H₂SO₄ 质量浓度对铜电解液中 Cu，As，Sb 和 Bi 脱除率的影响

电解液温度降低所引起的。

5.2.1.5　电流密度对阴极铜表面质量和铜电解液成分的影响

上述其他条件不变，H₂SO₄ 质量浓度为 188 g/L 时，电流密度对阴极铜表面质量的影响如表 5-16 所示，对铜电解液中 Cu，As，Sb 和 Bi 脱除率的影响如图 5-8 所示。

表 5-16　电流密度对阴极铜表面质量的影响

电流密度/(A·m⁻²)	阴极铜表面质量
180	表面光滑，无粒子，结晶细致，玫瑰红色
200	表面光滑，无粒子，结晶细致，玫瑰红色
220	表面较光滑，有少量粒子
235	表面粗糙，有大量粒子

由表 5-16 可知，当电流密度不大于 200 A/m² 时，得到的阴极铜表面质量都很好，继续增大电流密度，阴极铜表面质量逐渐变差。

由图 5-8 可知，Cu 的脱除率随电流密度增加而增加。当电流密度小于 200 A/m² 时，As，Sb 和 Bi 脱除率均小于 10%。当电流密度大于 200 A/m² 时，As 的脱除率约为 10%，Sb 和 Bi 的脱除率随电流密度的增加而增加。

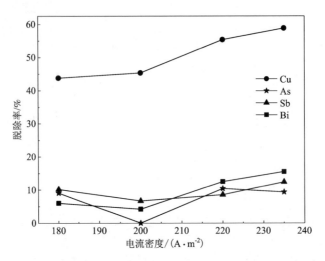

图 5-8　电流密度对铜电解液中 **Cu**, **As**, **Sb** 和 **Bi** 脱除率的影响

电积过程中阴极铜还原过电势与电流的关系可用下式表示[142]：

$$\eta_k = \frac{RT}{\alpha nF}\ln\frac{i_k}{i_o} + \frac{RT}{\alpha nF}\ln\frac{i_d}{i_d - i_k} \qquad (5-3)$$

其中：η_k 为阴极过电势，V；R 为气体常数，$R=8.314$ J/(mol·K)；T 为热力学温度，K；α 为传递系数；n 为反应电子数；F 为法拉第常数，96485.338 C/mol；i_o 为交换电流密度；i_d 为极限电流密度；i_k 为阴极电流密度，A/cm²。

i_k 可用下式表示：

$$i_k = nFD_o\frac{C_o^0 - C_o^s}{\delta} \qquad (5-4)$$

其中：D_o 为扩散系数，cm²/s；C_o^0 为本体溶液中 Cu^{2+} 质量浓度，mol/cm³；C_o^s 为电极表面 Cu^{2+} 质量浓度，mol/cm³；δ 为扩散层厚度，cm。

由式(5-3)和式(5-4)可知，增大阴极电流密度，阴极过电势升高。电极表面 Cu^{2+} 浓度降低，阴极电势降低。当阴极电势下降至一定值后，杂质 As、Sb、Bi 的析出使得阴极铜质量恶化，电流效率降低。同时，电流密度越高，阴极上 Cu^{2+} 还原沉积速率越快，阴极铜结晶速度越大，表面越粗糙，不仅易黏附电解液中的悬浮物，而且易于在粗糙的凸瘤粒子之间夹杂电解液，使阴极铜杂质含量增高。

5.2.1.6　终点 Cu^{2+} 浓度对阴极铜表面质量和铜电解液成分的影响

其他条件不变，电流密度为 200 A/m²，终点 Cu^{2+} 浓度对阴极铜表面质量的影响如表 5-17 所示，对铜电解液中 As，Sb 和 Bi 脱除率的影响如图 5-9 所示。

表 5-17 终点 Cu²⁺质量浓度对阴极铜表面质量的影响

终点 Cu²⁺质量浓度/(g·L⁻¹)	阴极铜表面质量
30.16	表面光滑，无粒子，结晶细致，玫瑰红色
25.88	表面较光滑，底部有几个粒子，玫瑰红色
19.99	表面十分粗糙，有大量粒子和黑斑
14.53	表面十分粗糙，有大量粒子和黑斑

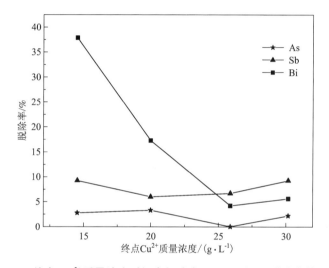

图 5-9 终点 Cu²⁺质量浓度对铜电解液中 As，Sb 和 Bi 脱除率的影响

由表 5-17 可知，随电积终点 Cu²⁺浓度的降低，阴极铜表面质量逐渐变差。由图 5-9 可知，随着终点 Cu²⁺质量浓度的降低，As 和 Sb 脱除率变化不大，As 的脱除率均小于 4%，Sb 的脱除率均小于 10%。当终点 Cu²⁺质量浓度降低到 25.88 g/L 以下时，随着终点 Cu²⁺浓度的降低，Bi 的脱除率迅速升高。

电积至终点 Cu²⁺质量浓度分别为 30.16 g/L 和 25.88 g/L 时，阴极铜化学成分如表 5-18 所示，电解液成分如表 5-19 所示。

表 5-18 终点不同 Cu²⁺质量浓度阴极铜化学成分(质量分数) 单位：10⁻⁶

$\rho(Cu^{2+})$ /(g·L⁻¹)	Bi	Sb	As	Pb	S	Te	Fe	Ag	Se	其他	总和
30.16	1.94	2.31	1.42	0.65	7	0.32	—	—	—	8.92	22.56
25.88	10.78	8.26	6.02	13.28	7.2	1.45	—	—	13.73	5.65	66.37

表 5-19　电积结束后铜电解液成分(质量浓度)　　　　单位: g/L

电解液	Cu	As	As(Ⅲ)	Sb	Bi	Fe	Ni	H₂SO₄
1#终点电解液	30.16	9.87	2.84	0.37	0.28	0.73	8.83	216.71
2#终点电解液	25.88	10.08	2.78	0.38	0.29	0.73	8.83	223.31

由表 5-18 可知, 终点 Cu^{2+} 质量浓度为 30.16 g/L 时, 阴极铜中杂质总含量为 0.0022%, 其质量达到 A 级阴极铜(Cu-CATH-1)标准(GB/T 467—2010)。终点 Cu^{2+} 质量浓度为 25.88 g/L 时, 除了 Bi 和 Pb, 阴极铜质量达到 1 号标准阴极铜 (Cu-CATH-2)标准(GB/T 467—2010)。阴极铜中的 Pb 来源于 Pb-Ag 阳极的腐蚀。

由表 5-18 和表 5-19 可知, 随着铜的析出, 电解液中硫酸浓度升高, 杂质 As、As(Ⅲ)、Sb、Bi 浓度下降。终点 Cu^{2+} 质量浓度为 25.88 g/L(2#电解液)时, 电解液中 As、Sb、Bi 的浓度稍高于终点 Cu^{2+} 质量浓度为 30.16 g/L(1#电解液)时电解液中 As、Sb、Bi 浓度。

结合表 5-10、表 5-18 和表 5-19 可知, 电解液中 As、Sb、Bi 主要生成沉淀被除去, 反应见式(5-1)、式(5-2)。

电积过程中, 阳极可能发生的反应为[1]:

$$Pb - 2e^- \longrightarrow Pb^{2+} \tag{5-5}$$
$$Pb^{2+} + SO_4^{2-} \longrightarrow PbSO_4 \tag{5-6}$$
$$PbSO_4 + 2e^- \Longrightarrow Pb + SO_4^{2-} \tag{5-7}$$
$$PbSO_4 + 2H_2O - 2e^- \longrightarrow PbO_2 + 4H^+ + SO_4^{2-} \tag{5-8}$$
$$H_2O - 2e^- \longrightarrow 2H^+ + 1/2O_2 \tag{5-9}$$

因此, 随着 Cu^{2+} 浓度的降低, 溶液中硫酸浓度增加。电解脱铜时, 电解液中与 Cu^{2+} 还原电势接近的 As、Sb、Bi 也可能发生沉积, 相关电化学反应和电势-pH 关系式如下[1, 143-146]:

$$Cu^{2+} + 2e^- \Longrightarrow Cu \tag{5-10}$$
$$E_{Cu^{2+}/Cu} = 0.337 + 0.0296lg[Cu^{2+}]$$
$$H_3AsO_4 + 3H^+ + 2e^- \Longrightarrow AsO^+ + 3H_2O \tag{5-11}$$
$$E_{H_3AsO_4/AsO^+} = 0.550 + 0.0296lg\frac{[H_3AsO_4]}{[AsO^+]} - 0.0887pH$$
$$H_3AsO_4 + 2H^+ + 2e^- \Longrightarrow HAsO_2 + 2H_2O \tag{5-12}$$
$$E_{H_3AsO_4/HAsO_2} = 0.56 + 0.0296lg\frac{[H_3AsO_4]}{[HAsO_2]} - 0.0592pH$$
$$H_3AsO_4 + 5H^+ + 5e^- \Longrightarrow As + 4H_2O \tag{5-13}$$

$$E_{\mathrm{H_3AsO_4/As}} = 0.373 + 0.0118\lg[\mathrm{H_3AsO_4}] - 0.059167\mathrm{pH}$$

$$\mathrm{AsO^+ + 2H^+ + 3e^- \Longrightarrow As + H_2O} \tag{5-14}$$

$$E_{\mathrm{AsO^+/As}} = 0.254 - 0.0394\mathrm{pH} + 0.0197\lg[\mathrm{AsO^+}]$$

$$\mathrm{HAsO_2 + 3H^+ + 3e^- \Longrightarrow As + 2H_2O} \tag{5-15}$$

$$E_{\mathrm{HAsO_2/As}} = 0.248 + 0.0197\lg[\mathrm{HAsO_2}] - 0.0591\mathrm{pH}$$

$$3\mathrm{Cu^{2+} + AsO^+ + 2H^+ + 9e^- \Longrightarrow Cu_3As + H_2O} \tag{5-16}$$

$$E_{\mathrm{Cu^{2+},\,AsO^+/Cu_3As}} = 0.0435 + 0.0131\mathrm{pH} + 0.0197\lg[\mathrm{Cu^{2+}}] + 0.0066\lg[\mathrm{AsO^+}]$$

$$3\mathrm{Cu^{2+} + HAsO_2 + 3H^+ + 9e^- \Longrightarrow Cu_3As + 2H_2O} \tag{5-17}$$

$$E_{\mathrm{Cu^{2+},\,HAsO_2/Cu_3As}} = 0.433 - 0.0197\mathrm{pH} + 0.0197\lg[\mathrm{Cu^{2+}}] + 0.0066\lg[\mathrm{HAsO_2}]$$

$$2\mathrm{HAsO_2 + 5Cu^{2+} + 6H^+ + 16e^- \Longrightarrow Cu_5As_2 + 4H_2O} \tag{5-18}$$

$$\mathrm{SbO^+ + 2H^+ + 3e^- \Longrightarrow Sb + H_2O} \tag{5-19}$$

$$E_{\mathrm{SbO^+/Sb}} = 0.212 - 0.0394\mathrm{pH} + 0.0197\lg[\mathrm{SbO^+}]$$

$$\mathrm{BiO^+ + 2H^+ + 3e^- \Longrightarrow Bi + H_2O} \tag{5-20}$$

$$E_{\mathrm{BiO^+/Bi}} = 0.32 - 0.0394\mathrm{pH} + 0.0197\lg[\mathrm{BiO^+}]$$

$$2\mathrm{H^+ + 2e^- \Longrightarrow H_2} \tag{5-21}$$

$$E_{\mathrm{H^+/H_2}} = -0.0296\lg p_{\mathrm{H_2}} - 0.0591\mathrm{pH}$$

$$\mathrm{H_3AsO_4 + 8H^+ + 8e^- \Longrightarrow AsH_3 + 4H_2O} \tag{5-22}$$

$$E_{\mathrm{H_3AsO_4/AsH_2}} = 0.144 - 0.0591\mathrm{pH} + 0.0074\lg\frac{[\mathrm{H_3AsO_4}]}{p_{\mathrm{AsH_3}}}$$

$$\mathrm{AsO^+ + 5H^+ + 6e^- \Longrightarrow AsH_3 + H_2O} \tag{5-23}$$

$$E_{\mathrm{AsO^+/AsH_3}} = -0.212 - 0.0493\mathrm{pH} + 0.0099\lg\frac{[\mathrm{AsO^+}]}{p_{\mathrm{AsH_3}}}$$

$$\mathrm{HAsO_2 + 6H^+ + 6e^- \Longrightarrow AsH_3 + 2H_2O} \tag{5-24}$$

$$E_{\mathrm{HAsO_2/AsH_3}} = 0.005 + 0.0099\lg\frac{[\mathrm{HAsO_2}]}{p_{\mathrm{AsH_3}}} - 0.0591\mathrm{pH}$$

$$\mathrm{As + 3H^+ + 3e^- \Longrightarrow AsH_3} \tag{5-25}$$

$$E_{\mathrm{As/AsH_3}} = -0.238 - 0.0197\lg p_{\mathrm{AsH_3}} - 0.0591\mathrm{pH}$$

　　根据表 5-19 中 Cu、$\mathrm{H_2SO_4}$、As、Sb 和 Bi 的浓度，可以计算出电极反应式 (5-10)~式 (5-25) 对应的电极电势，列于表 5-20。

表 5-20　电极反应电势　　　　　　　　单位：V

电极	E_e（1#电解液）	E_e（2# 电解液）
$E_{Cu^{2+}/Cu}$	0.327	0.325
$E_{H_3AsO_4/AsO^+}$	0.592	0.594
$E_{H_3AsO_4/HAsO_2}$	0.592	0.594
$E_{H_3AsO_4/As}$	0.38	0.38
$E_{AsO^+/As}$	0.239	0.240
$E_{HAsO_2/As}$	0.240	0.241
$E_{Cu^{2+},\ AsO^+/Cu_3As}$	0.0322	0.0311
$E_{Cu^{2+},\ HAsO_2/Cu_3As}$	0.314	0.313
$E_{SbO^+/Sb}$	0.176	0.177
$E_{BiO^+/Bi}$	0.277	0.278
E_{H^+/H_2}	0.020	0.021
$E_{H_3AsO_4/AsH_3}$	0.2	0.2
E_{AsO^+/AsH_3}	−0.15	−0.15
E_{HAsO_2/AsH_3}	0.070	0.071
E_{As/AsH_3}	−0.10	−0.098

注：假设 p_{H_2} 为 1×10^5 Pa，p_{AsH_3} 为 $10^{-6}\times10^5$ Pa；As（Ⅲ）全为 AsO^+ 或 $HAsO_2$。

由表 5-20 可知，当 Cu^{2+} 还原为单质 Cu 时，电解液中 As（Ⅴ）可被还原为 AsO^+ 和 $HAsO_2$。电解时，阳极产生的 O_2 可将电解液中 As（Ⅲ）氧化为 As（Ⅴ）。2#电解液中 Sb 和 Bi 的析出电势稍高于 1#电解液中 Sb 和 Bi 的析出电势，说明 Cu^{2+} 浓度越低，Sb 和 Bi 越易在阴极析出。

5.2.1.7　As 质量浓度对阴极铜表面质量和铜电解液成分的影响

其他条件不变，终点 Cu^{2+} 质量浓度为 25 g/L，As 质量浓度对阴极铜表面质量的影响如表 5-21 所示，As 质量浓度对铜电解液中 As，Sb 和 Bi 脱除率的影响如图 5-10 所示。

表 5-21　As 质量浓度对阴极铜表面质量的影响

As 质量浓度/$(g \cdot L^{-1})$	阴极铜表面质量
10.09	表面光滑，无粒子，结晶细致，玫瑰红色
14.84	表面光滑，无粒子，结晶细致，玫瑰红色
19.39	表面光滑，无粒子，结晶细致，玫瑰红色
29.93	表面光滑，底部有少量粒子，结晶细致，玫瑰红色

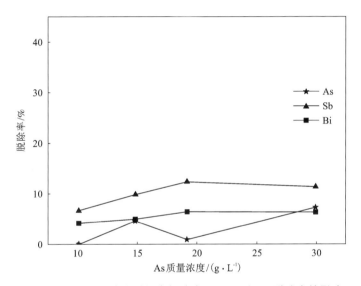

图 5-10　As 质量浓度对铜电解液中 As，Sb 和 Bi 脱除率的影响

　　由表 5-21 可知，终点 Cu^{2+} 质量浓度约为 25 g/L 时，As 质量浓度对阴极铜表面质量基本无影响。由图 5-10 可知，随 As 质量浓度的增加，As 和 Bi 脱除率低于 7.3%，Sb 脱除率为 10%。

　　当添加剂用量为 40 mg/L，电解液循环速度为 10 mL/min，电解液温度为 55℃，电流密度为 200 A/m²，控制电解终点 Cu^{2+} 质量浓度不低于 30.16 g/L 时，电积所得阴极铜中 $w(Cu) > 99.99\%$，As、Sb 和 Bi 的质量分数分别为 0.000142%、0.000231% 和 0.000194%，铜脱除率达到 38.17%，脱铜电流效率为 99.69%。As，Sb 和 Bi 在电解液中产生沉析，脱除率分别为 2.22%，9.25% 和 5.62%。

5.2.2 电流密度为 100 A/m² 价态调控深度脱铜

5.2.2.1 电流密度对铜电解液成分及脱铜电流效率的影响

采用两块 Pb-Ag(1%)合金作不溶阳极(103 mm×96 mm),用一块铜始极片作阴极(110 mm×100 mm),阴极置于两块阳极之间,阴阳极极距约为 45 mm,铜电解液成分如表 5-22 所示。

表 5-22 铜电解液成分(质量浓度) 单位: g/L

Cu	As	As(Ⅲ)	Sb	Bi	Fe	Ni	H₂SO₄
10.49	9.76	2.46	0.16	0.11	0.36	2.65	246.19

当电解液温度为 55℃,电解液循环速度为 10 mL/min,电解过程中输入电量为 24375 C 时,考察电流密度对电解液中 Cu、As、Sb 和 Bi 脱除率及脱铜电流效率的影响,结果如图 5-11 所示。

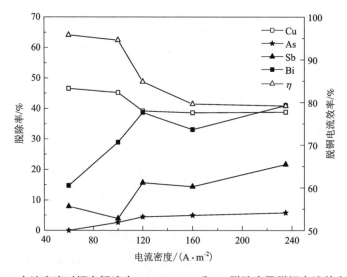

图 5-11 电流密度对铜电解液中 Cu、As、Sb 和 Bi 脱除率及脱铜电流效率的影响

由图 5-11 可知,Cu 的脱除率和脱铜电流效率随电流密度的降低而升高,而 As、Sb 和 Bi 的脱除率随电流密度的降低而降低。当电流密度从 235 A/m² 降低到 60 A/m² 时,Cu 的脱除率从 38.83% 升高至 46.54%,脱铜电流效率从 79.20% 升高至 95.85%,As、Sb 和 Bi 的脱除率分别从 5.78%、21.63% 和 40.98% 下降至 0、

7.90% 和 14.70%。同时，沉积物表面质量随电流密度的变化而变化，当电流密度较大时，得到的是疏松、黑色、粒状的沉积物，而电流密度逐渐降低时，沉积物逐渐变得紧密、光滑、细致，这可能与电解临界电流密度有关[147]。

　　电流密度增加时，单位时间内在阴极上放电析出的铜量亦随之增加，当电解液中 Cu^{2+} 浓度低时，由于阴极上铜离子来不及补充，阴极电势降低，导致杂质离子如 As、Sb、Bi 等放电析出。显而易见，电流密度越低，铜与砷分离效果越好。然而，电流密度低时，电解时间长，生产效率低。

5.2.2.2　电解液温度对铜电解液成分及脱铜电流效率的影响

　　其他条件不变，电流密度为 100 A/m² 时，电解液温度对铜电解液中 Cu、As、Sb 和 Bi 脱除率及脱铜电流效率的影响如图 5-12 所示。

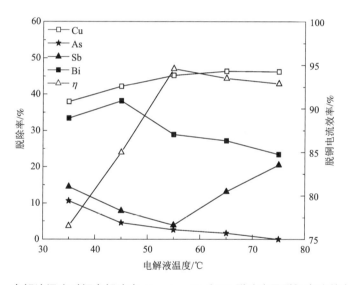

图 5-12　电解液温度对铜电解液中 Cu、As、Sb 和 Bi 脱除率及脱铜电流效率的影响

　　图 5-12 表明，Cu 的脱除率随电解液温度的升高而增加，当电解液温度高于 65℃时，随电解液温度的继续升高，Cu 的脱除率缓慢下降。脱铜电流效率随电解液温度的升高而增加，当电解液温度高于 55℃时，脱铜电流效率随电解液温度的升高而缓慢下降。As、Sb 和 Bi 的脱除率随电解液温度的升高而下降，当电解液温度高于 55℃时，Sb 的脱除率升高。另外，当电解液温度低于 45℃时，阴极沉积物粗糙、疏松，有大量粒子析出，提高电解液温度可以改善沉积物的质量。

　　提高电解液温度可以促进离子的扩散，阴极表面铜离子的及时获得可以减少浓差极化，增加阴极电势，降低槽电压[1]。因此，随电解液温度的升高，Cu 的脱除率和脱铜电流效率增加，As、Sb 和 Bi 的脱除率下降。然而，过高的电解液温度将导致阴极铜化学溶解进入电解液，降低电流效率。另外，电解液温度高，电解液蒸发量大，能耗增大，且电解液液面难以控制。综合考虑，选择适宜的电解液温度为 65℃，此时，Cu、As、Sb 和 Bi 的脱除率分别为 46.37%，1.67%，13.13% 和 27.18%，脱铜电流效率为 93.49%。

5.2.2.3　电解液循环速度对铜电解液成分及脱铜电流效率的影响

其他条件不变，电解液温度为 65℃时，考察循环速度对铜电解液中 Cu、As、Sb 和 Bi 脱除率及脱铜电流效率的影响，如图 5-13 所示。

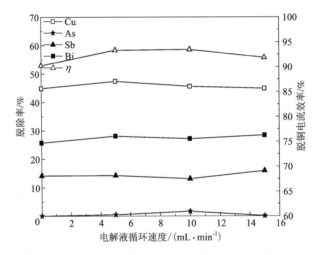

图 5-13　电解液循环速度对铜电解液中 Cu、As、Sb 和 Bi 脱除率及脱铜电流效率的影响

由图 5-13 可见，电解液循环速度对铜电解液中 Cu、As、Sb 和 Bi 脱除率及脱铜电流效率无明显影响。但是当电解液循环速度小于 5 mL/min 时，阴极表面有少量粒子，随循环速度逐渐增大，阴极表面质量逐渐改善。循环速度低时，阴极附近铜离子浓度补充不及时，导致杂质在阴极析出。

5.2.2.4　H₂SO₄ 浓度对铜电解液成分及脱铜电流效率的影响

其他条件不变，电解液循环速度为 10 mL/min 时，H_2SO_4 浓度对铜电解液中 Cu、As、Sb 和 Bi 脱除率及脱铜电流效率的影响如图 5-14 所示。

图 5-14 表明，Cu 的脱除率和脱铜电流效率随 H_2SO_4 质量浓度的升高而降低，As 的脱除率随 H_2SO_4 质量浓度的升高而缓慢增加，Sb 和 Bi 的脱除率随 H_2SO_4 质量浓度的升高无明显变化。当 H_2SO_4 质量浓度从 246.19 g/L 升高到

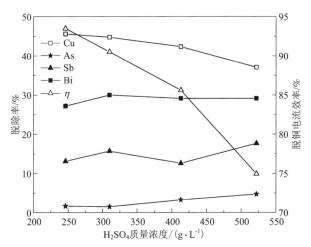

图 5-14　H₂SO₄ 质量浓度对铜电解液中 Cu、As、Sb 和 Bi 脱除率及脱铜电流效率的影响

522 g/L 时，Cu 的脱除率从 45.59% 降低到 37.06%，As 的脱除率从 1.67% 升高到 4.73%，脱铜电流效率从 93.49% 下降至 74.94%。

由于电解液中含有氧，电解液温度高，在硫酸的作用下，阴极沉积的铜会返溶至电解液中，因此随硫酸浓度的升高，铜的脱除率降低，脱铜电流效率下降。因此，H₂SO₄ 浓度低的情况下铜砷分离效果好。

5.2.2.5　As 浓度对铜电解液成分及脱铜电流效率的影响

其他条件不变，H₂SO₄ 质量浓度为 246.19 g/L 时，As 浓度对铜电解液中 Cu、As、Sb 和 Bi 脱除率及脱铜电流效率的影响如图 5-15 所示。

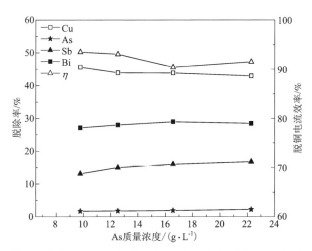

图 5-15　As 质量浓度对铜电解液中 Cu、As、Sb 和 Bi 脱除率及脱铜电流效率的影响

图 5-15 表明，As 浓度对 Cu、As、Sb 和 Bi 脱除率及脱铜电流效率无明显影响。电解液中 As、Sb 和 Bi 之间相互反应生成沉淀而除去。

5.2.2.6 As(Ⅲ)浓度对铜电解液成分及脱铜电流效率的影响

其他条件不变，用 SO_2 将表 5-22 铜电解液中 As(Ⅴ)还原为 As(Ⅲ)，当 As(Ⅲ)质量浓度分别为 2.46 g/L 和 9.76 g/L 时，铜电解液中 Cu、As、Sb 和 Bi 的脱除率及脱铜电流效率结果如表 5-23 所示。

表 5-23 As(Ⅲ)质量浓度对铜电解液中 Cu，As，Sb 和 Bi 脱除率及
脱铜电流效率(η)的影响　　　　　　　单位：%

$\rho[As(Ⅲ)]/(g \cdot L^{-1})$	Cu	As	Sb	Bi	η
9.76	45.75	3.85	11.01	29.44	92.51
2.46	45.10	5.41	5.19	29.87	94.6

由表 5-23 可以看出，As(Ⅲ)浓度对 Cu、As 和 Bi 的脱除率及脱铜电流效率无明显影响。As(Ⅲ)质量浓度越大，Sb 的脱除率越高。

5.2.2.7 终点 Cu^{2+} 浓度对铜电解液成分及脱铜电流效率的影响

其他条件不变，As(Ⅲ)浓度为 0 时，控制终点 Cu^{2+} 质量浓度分别为 5.66 g/L、2.52 g/L、1.32 g/L、0.69 g/L，下一段电积以前段电积终液为初始电解液，终点 Cu^{2+} 浓度对铜电解液中 Cu、As、Sb 和 Bi 脱除率及脱铜电流效率的影响如表 5-24 所示。

表 5-24 终点 Cu^{2+} 质量浓度对铜电解液中 Cu、As、Sb 和 Bi 脱除率及
脱铜电流效率(η)的影响　　　　　　　单位：%

$\rho(Cu^{2+}_{终点})/(g \cdot L^{-1})$	Cu	As	Sb	Bi	η
5.66	46.37	1.67	13.13	27.18	93.49
2.52	50.36	5.33	15.00	46.48	63.94
1.32	51.80	9.87	21.82	48.15	40.98
0.69	37.61	3.34	29.69	26.57	18.03

由表 5-24 可见，随着终点 Cu^{2+} 浓度的降低，As、Sb 和 Bi 脱除率逐渐升高，脱铜电流效率逐渐降低。当 Cu^{2+} 质量浓度为 2.52 g/L 时，As、Sb 和 Bi 开始大量

析出。此时，阴极表面析出大量黑色粒状沉积物。

5.2.2.8　Sb 浓度对铜电解液成分及脱铜电流效率的影响

在铜电解液中加入 Sb_2O_3 调节其中 Sb 浓度，电解液经过滤后用于电解。初始铜电解液成分如表 5-25 所示，控制电解液温度为 65℃，电流密度为 100 A/m^2，电解液循环速度为 10 mL/min，输入电量为 36792 C。电解结束后，电解液中 Cu、As、Sb 和 Bi 脱除率及脱铜电流效率结果如表 5-26 所示。

表 5-25　铜电解液初始成分（质量浓度）　　　　　　单位：g/L

铜电解液	Cu	As	Sb	Bi	H_2SO_4
1#	2.52	7.86	0.10	0.038	243
2#	2.44	7.37	0.46	0.025	243
3#	2.47	7.80	0.55	0.076	243

表 5-26　Sb 质量浓度对铜电解液中 Cu、As、Sb 和 Bi 脱除率及脱铜电流效率（η）的影响　　　　　　单位：%

铜电解液	Cu	As	Sb	Bi	η
1#	68.81	11.76	11.37	25.45	30.32
2#	92.07	15.17	45.90	69.90	29.66
3#	88.37	20.64	55.08	85.03	28.74

由表 5-26 可知，As、Sb 和 Bi 脱除率随 Sb 浓度的增加而增加，脱铜电流效率随 Sb 浓度的增加而降低。

在酸性铜电解液中锑可能发生以下反应：

$$SbO^+ + 2H^+ + 3e^- \rightleftharpoons Sb + H_2O \tag{5-26}$$

$$E_{SbO^+/Sb} = 0.211 - 0.0394pH + 0.0197lg[SbO^+]$$

当 Cu^{2+} 质量浓度为 2.5 g/L 时，Cu^{2+} 还原反应的平衡电势为 0.295 V。H_2SO_4 质量浓度为 243 g/L，pH 为 -0.39。因此，Sb 质量浓度分别为 0.10 g/L、0.46 g/L、0.55 g/L 时，Sb 析出的平衡电势分别为 0.166 V、0.179 V、0.180 V，说明随 Sb 浓度的升高，Sb 越易在阴极上析出。杂质 As、Sb、Bi 在阴极析出，导致脱铜电流效率降低。

5.2.2.9 Bi 浓度对铜电解液成分及脱铜电流效率的影响

取铜电解液 1.6 L，加入 $Bi(NO_3)_3 \cdot 5H_2O$ 调节其中 Bi 浓度，电解液经过滤后用于电解。初始铜电解液成分如表 5-27 所示，控制电解液温度为 65℃，电流密度为 100 A/m²，电解液循环速度为 10 mL/min，输入电量为 33480 C。电解结束后，电解液中 Cu、As、Sb 和 Bi 脱除率及脱铜电流效率如表 5-28 所示。

表 5-27 铜电解液初始成分(质量浓度)   单位: g/L

铜电解液	Cu	As	Sb	Bi	H_2SO_4
1#	2.54	8.08	0.35	0.28	243
2#	2.43	7.86	0.33	0.6	243
3#	2.46	8.00	0.31	0.77	243

表 5-28 Bi 质量浓度对铜电解液中 Cu, As, Sb 和 Bi 脱除率及
脱铜电流效率(η)的影响   单位: %

铜电解液	Cu	As	Sb	Bi	η
1#	79.58	18.59	26.56	71.18	29.36
2#	72.85	13.17	34.76	60.38	25.57
3#	75.92	8.09	40.43	56.90	27.16

由表 5-28 可知，随电解液中 Bi 浓度的增加，As 和 Bi 脱除率逐渐降低，Sb 脱除率逐渐升高。脱铜电流效率与初始电解液中 Cu^{2+} 浓度成正相关性，初始电解液中 Cu^{2+} 浓度高，则脱铜电流效率高。

在酸性铜电解液中，铋可能发生以下反应：

$$BiO^+ + 2H^+ + 3e^- \rule[0.5ex]{2em}{0.4pt} Bi + H_2O \tag{5-27}$$

$$E_{BiO^+/Bi} = 0.32 - 0.0394pH + 0.0197lg[BiO^+]$$

当电解液中 Bi 质量浓度分别为 0.28 g/L、0.60 g/L、0.77 g/L 时，铋的析出电势分别为 0.279 V、0.285 V、0.287 V，接近 Cu^{2+} 的析出电势，因此 Bi 在阴极析出。

采用电流密度为 100 A/m²，电解液温度为 65℃，电解液循环速度为 10 mL/min，在循环方式为上进下出的条件下深度脱铜，铜电解液成分如表 5-29 所示，脱铜后将电解液过滤，滤液成分见表 5-29。黑铜泥经纯净水洗，105℃烘干至恒重后，XRF 和 XRD 分析结果分别如表 5-30 和图 5-16 所示。

表 5-29 电积前后铜电解液成分(质量浓度) 单位:g/L

电解液	Cu	As	As(Ⅲ)	Sb	Bi	Fe	Ni	H₂SO₄
电积前	24.69	10.07	2.50	0.48	0.36	0.85	5.50	216.66
电积后	0.45	8.23	0.06	0.15	0.04	0.83	5.43	255.44

由表 5-29 可计算得知,Cu、As、Sb 和 Bi 的脱除率分别为98.16%、18.25%、68.54%和 88.61%。脱铜电流效率为 71.45%。

表 5-30 黑铜泥化学成分(质量分数) 单位:%

O	Cu	As	Bi	Sb	S	Cl	Pb	Ni	其他
21.70	51.34	23.43	1.31	0.93	0.81	0.12	0.078	0.088	0.19

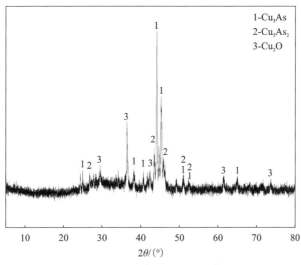

图 5-16 黑铜泥 XRD 图谱

由表 5-30 可知,黑铜泥的主要成分为 Cu、As 和 O。图 5-16 表明,黑铜泥的主要成分是 Cu_3As、Cu_2O 和 Cu_5As_2。黑铜泥中没有单质 As,说明 As 不会以单质砷的形式在阴极上析出。主要的电极反应为[1, 143, 145, 146]:

$$H_3AsO_4 + 3H^+ + 2e^- = AsO^+ + 3H_2O \qquad (5-28)$$

$$H_3AsO_4 + 2H^+ + 2e^- = HAsO_2 + 2H_2O \qquad (5-29)$$

$$3Cu^{2+} + AsO^+ + 2H^+ + 9e^- = Cu_3As + H_2O \qquad (5-30)$$

$$3Cu^{2+} + HAsO_2 + 3H^+ + 9e^- = Cu_3As + 2H_2O \qquad (5-31)$$

$$2HAsO_2 + 5Cu^{2+} + 6H^+ + 16e^- = Cu_5As_2 + 4H_2O \qquad (5-32)$$

$$2Cu^{2+} + H_2O + 2e^- \Longrightarrow Cu_2O + 2H^+ \qquad (5-33)$$

在电积后期检测到有 AsH_3 气体析出。有研究指出单质砷获得三个电子与氢气结合生成砷化氢的过程是不可能发生的，通过铁铜置换实验，发现在没有单质砷的情况下，锌铁等电极电势较负的金属与含砷酸性溶液接触时均可产生 AsH_3。因此在阴极表面析出砷化氢的过程中，三价砷和单质砷只能以中间价态粒子的形式存在。综上所述，在阴极表面析出砷化氢的过程应该为下述电极反应过程[148]：

$$H_3AsO_4 + 8H^+ + 8e^- \Longrightarrow AsH_3 + 4H_2O \qquad (5-34)$$

5.2.3 分段控制电流密度价态调控脱铜优化

5.2.3.1 一段电积制备 A 级阴极铜

取铜电解液 1.6 L，电解液温度为 55℃，电解液循环速度为 10 mL/min，循环方式为下出上进，添加剂用量为 40 mg/L(骨胶、明胶、硫脲质量比为 6∶4∶5)，电流密度为 200 A/m²，输入电量为 910656 C，电积结束后，趁热过滤，取样分析电解液中各元素成分。电积前后铜电解液成分如表 5-31 所示。

表 5-31 铜电积前后电解液成分(质量浓度) 单位：g/L

铜电解液	Cu	As	As(Ⅲ)	Sb	Bi	H$_2$SO$_4$
电积前	49.51	10.75	2.83	0.369	0.299	181
电积后	29.99	10.75	2.12	0.355	0.284	210

由表 5-31 计算得知，铜电解液中 Cu、As、Sb 和 Bi 的脱除率分别为 39.43%、0、3.79% 和 5.02%。

一段电积得到的阴极铜表面光滑、平整、无粒子、玫瑰红色，脱铜电流效率为 98.45%。阴极铜化学成分如表 5-32 所列，由表 5-32 可知，一段电积得到的阴极铜质量达到 A 级阴极铜标准。

表 5-32 阴极铜化学成分(质量分数) 单位：%

检测项目		Cu-CATH-1 (GB/T 467—2010)	Cu-CATH-2 (GB/T 467—2010)	检测结果/%	
元素组	元素	≤(%)	≤(%)	一段阴极铜	二段阴极铜
1	Se	0.00020	—	0.0000204	—
	Te	0.00020	—	0.0000136	0.000854
	Bi	0.00020	0.0006	0.0001951	0.000604

续表5-32

检测项目		Cu-CATH-1 (GB/T 467—2010)	Cu-CATH-2 (GB/T 467—2010)	检测结果/%	
2	Cr	—	—	—	—
	Mn	—	—	—	—
	Sb	0.0004	0.0015	0.0001183	0.000358
	Cd	—	—	—	1.96×10^{-6}
	As	0.0005	0.0015	0.0001511	0.000725
	P	—	0.001	0.0000234	0.000729
3	Pb	0.0005	0.002	0.000307	0.001872
4	S	0.0015	0.0025	0.0011	0.002
5	Sn	—	0.001	0.000901	—
	Ni	—	0.002	—	—
	Fe	0.0010	0.0025	—	—
	Si	—	—	—	—
	Zn	—	0.002	—	—
	Co	—	—	—	—
6	Ag	0.0025		—	
7	Cu	—	不小于 99.95	99.99	
8	杂质总和	0.0065	—	0.00283	—
Se+Te		0.00030	—	0.000034	—
一组元素总量		0.0003	—	0.000229	—
二组元素总量		0.0015	—	0.000293	—
五组元素总量		0.0020	—	0.000901	—

5.2.3.2　二段电积制备标准阴极铜

将第一段电积终液作为初始电解液继续电积，电解液温度为65℃，电解液循环速度为 10 mL/min，循环方式为下出上进，电流密度为 100 A/m²，输入电量为 102984 C。电积前后铜电解液成分如表5-33所示。

表 5-33　电积前后铜电解液成分（质量浓度）　　　　　　单位：g/L

铜电解液	Cu	As	As(Ⅲ)	Sb	Bi	H_2SO_4
电积前	29.99	10.75	2.12	0.355	0.284	210
电积后	8.94	10.72	0.17	0.353	0.259	242

由表 5-33 计算得知，铜电解液中 Cu、As、Sb 和 Bi 的脱除率分别为 70.19%、0.28%、0.56% 和 8.80%。

二段电积得到的阴极铜表面光滑、平整、无粒子、玫瑰红色，但结晶较粗，脱铜电流效率为 94.86%。阴极铜化学成分如表 5-32 所示，结果表明化学成分基本达到 1 号标准阴极铜标准。

由表 5-31 和表 5-33 可知，电积过程中砷、锑、铋浓度逐渐下降，由表 5-32 可知，一段和二段脱铜过程中砷、锑、铋未进入阴极铜，电解液中砷、锑、铋的去除是因为砷、锑、铋之间产生了自沉降作用。

5.2.3.3　三段电积深度脱铜

将第二段电积终液作为第三段电积初始电解液，电解液温度为 65℃，电解液循环速度为 10 mL/min，循环方式为下出上进，电流密度为 100 A/m²，输入电量为 58563 C，电积前后铜电解液成分如表 5-34 所示。

表 5-34　铜电积前后电解液成分（质量浓度）　　　　　　单位：g/L

铜电解液	Cu	As	As(Ⅲ)	Sb	Bi	H_2SO_4
电积前	8.92	10.69	0.17	0.352	0.259	242
电积后	1.69	8.46	0.084	0.276	0.073	254

由表 5-34 计算得知，铜电解液中 Cu、As、Sb 和 Bi 的脱除率分别为 81.05%、20.86%、21.59% 和 71.81%。

本阶段阴极产物主要为黑铜泥，无 AsH_3 气体析出，脱铜电流效率为 59.94%。将黑铜泥经水洗后于 105℃烘干至恒重，XRD 图谱如图 5-17 所示，黑铜泥经溶解后成分分析如表 5-35 所示。

表 5-35　黑铜主要化学成分(质量分数)　　　　　单位: %

Cu	As	Bi	Sb	Ni
51.82	17.03	0.971	0.397	0.379

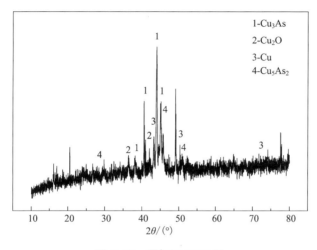

图 5-17　黑铜泥 XRD 图

由表 5-35 可知,黑铜中含 Cu 和 As 分别为 51.82% 和 17.03%。图 5-17 表明,黑铜泥的主要成分是 Cu_3As、Cu_2O、Cu、Cu_5As_2。

采用电流密度调控分段电积分离铜电解液中铜与砷,铜电解液中 Cu、As、Sb 和 Bi 总的脱除率分别为 96.59%、21.30%、25.20%、75.58%。采用诱导脱铜脱砷电积法,As 的脱除率为 70% ~ 85%,Sb 和 Bi 的脱除率为 70% ~ 90%[51]。两种方法中 Bi 的脱除率相近,而前者 As 的脱除率明显降低。由此表明,采用电流密度调控法可以实现铜电解液中 Cu 与 As 的分离。

采用电流密度为 200 A/m^2,铜质量浓度从 49.51 g/L 下降到 29.99 g/L 时,A 级阴极铜产率为 39.43%。采用电流密度为 100 A/m^2,铜质量浓度从 29.99 g/L 下降到 8.94 g/L,标准阴极铜,产率为 42.52%。脱铜铜总产率达到 81.95%。采用电流密度为 100 A/m^2,铜质量浓度从 8.94 g/L 下降到 1.69 g/L 时,产生黑铜泥,脱除 1 t 铜约产生 0.26 t 黑铜泥。

一段、二段、三段电积脱铜,槽电压分别为 1.79 V、1.62 V、1.79 V,相应阶段脱铜电流效率为 98.45%、94.86%、59.54%,吨铜直流电耗分别为 1533 kW·h、1440 kW·h、2535 kW·h。采用诱导脱铜脱砷电积法,槽电压为 1.8 ~ 2.5 V,脱铜电流效率为 80% ~ 30%[60],吨铜脱铜直流电耗为 4995 kW·h[55],比较可知采用电流密度分段控制,直流电耗大大降低。

第6章 价态调控蒸发结晶净化铜电解液

传统电积净化铜电解液存在能耗高、黑铜粉量大、废酸量增加等缺点。价态调控处理电解液后，电解液中 As、Sb、Bi 相互作用产生沉淀，使得电解液具有自净化效果。因此，同样价态调控铜电解液后通过蒸发结晶，电解液中的砷锑铋也随硫酸铜结晶被脱除。

6.1 价态调控蒸发结晶净化一段脱铜电解液

6.1.1 价态调控蒸发结晶对 As、Sb、Bi 的脱除

铜电解液中 Bi 以 Bi(III) 存在，价态很难改变；Sb 主要是 Sb(III)，Sb(III) 变为 Sb(V) 需要强氧化剂氧化，且 Sb(V) 在铜电解液中不稳定；As 以 As(III) 和 As(V) 稳定存在于电解液中，采用 SO_2 还原 As(V) 进行价态调控，然后蒸发结晶，其工艺简单可行。

6.1.1.1 浓缩体积比对杂质 As，Sb 和 Bi 脱除率的影响

取一段脱铜电解液 500 mL，成分如表 6-1 所示。通入 SO_2 还原 As(V)，反应温度为 25℃，反应 2 h 后，调整电解液中 $n[Sb(III)]/n(Sb_T)$ 和 $n[As(III)]/n(As_T)$ 为 0.95。加热蒸发，浓缩体积比对铜电解液中 As，Sb 和 Bi 脱除率的影响如图 6-1 所示，浓缩体积比对铜电解液中 Cu 脱除率和 H_2SO_4 质量浓度的影响如表 6-2 所示。

表 6-1 一段铜电解液成分(质量浓度) 单位：g/L

Cu	As_T	As(V)	Sb	Bi	Ni	H_2SO_4
32	6.0	5.7	0.75	0.42	8.0	203

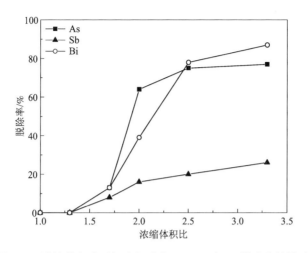

图 6-1　浓缩体积比对铜电解液中 As, Sb 和 Bi 脱除率的影响

表 6-2　浓缩体积比对铜电解液中 H_2SO_4 质量浓度和 Cu 脱除率的影响

浓缩体积比	1.0	1.3	1.7	2.0	2.5	3.3
H_2SO_4 质量浓度/$(g \cdot L^{-1})$	208	270	351	411	518	645
Cu 脱除率/%	0	50	62	75	82	88

由图 6-1 可知，铜电解液中杂质 As, Sb 和 Bi 脱除率随浓缩体积比增加而增加。当浓缩体积比从 1 增加至 3.3 时，As, Sb 和 Bi 的脱除率分别从 0 增加至77%，26% 和 87%。当浓缩体积比为 2.5 时，电解液中 As, Sb 和 Bi 的脱除率分别为 75%，20% 和 78%[41]。

由表 6-2 可知，当浓缩体积比从 1.0 增加至 3.3 时，H_2SO_4 质量浓度从 208 g/L增加至 645 g/L，Cu 的脱除率从 0 增加到 88%。当浓缩体积比为 3.3 时，结晶产物黏度增大，其中 H_2SO_4 和 Ni 含量增加[1]。因此，适宜的浓缩体积比为 2.5[41]。

实验取铜电解液 500 mL，成分如表 6-1 所示。加热蒸发浓缩铜电解液，控制浓缩体积比为 2.5，冷却至 10℃结晶，过滤后用少量去离子水清洗杯壁，得到滤液 200 mL。电解液净化后化学成分如表 6-3 所示。

表 6-3　净化后电解液成分(质量浓度)　　　　　　单位：g/L

元素	Cu	As	Sb	Bi
ρ/$(g \cdot L^{-1})$	15.2	13.61	1.70	0.95
脱除率/%	81	9.27	9.33	9.52

将表 6-3 与表 6-2 和图 6-1 比较可知，电解液经 SO_2 还原、蒸发结晶，电解液中砷、锑、铋脱除率明显提高。

铜电解液经 SO_2 还原后，As(V) 还原成 As(Ⅲ)，As(Ⅲ) 在酸性溶液中的溶解度远低于 As(V)[41, 120]。图 6-2 为 As_2O_3 在不同温度和不同硫酸溶液浓度下的溶解度曲线[156]。

从图 6-2 可以看出，As_2O_3 溶解度随温度升高而增加，当硫酸质量浓度低于 850 g/L 左右时，As_2O_3 溶解度随硫酸浓度增加而降低。铜电解液蒸发浓缩过程中，温度的降低、硫酸浓度的增加及 $CuSO_4 \cdot 5H_2O$ 晶体的形成，有利于 $HAsO_2$ 和 AsO^+ 生成 As_2O_3，使 As 得以脱除。其反应如下所示[41, 157]：

$$2HAsO_2 \Longrightarrow As_2O_3 \downarrow + H_2O \tag{6-1}$$

$$2AsO^+ + H_2O \Longrightarrow As_2O_3 + 2H^+ \tag{6-2}$$

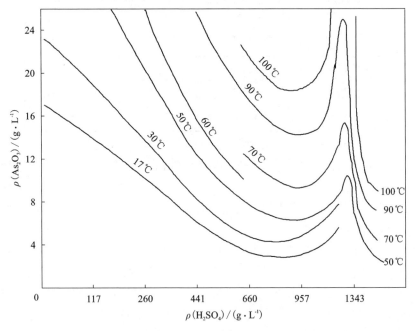

图 6-2　不同温度下 As_2O_3 在硫酸溶液中溶解度曲线

As_2O_3 结晶过程包括晶核的形成和生长，晶核的形成是控制步骤，As_2O_3 结晶过程相当缓慢[158]。$CuSO_4 \cdot 5H_2O$ 等结晶物的形成能显著降低 As_2O_3 的晶核形成能，促使 As_2O_3 结晶析出[159]。在 SO_2 还原作用下，Sb(V) 还原为 Sb(Ⅲ)[85]，Bi^{3+} 生成 BiO 和 $(Bi_2O_3)_4 \cdot 3SO_3$[41, 146]［见式（6-3）和（6-4）］，由于浓缩过程中 $CuSO_4 \cdot 5H_2O$ 及 As_2O_3 的结晶作用，使得电解液中以各种形态存在的 Sb 和 Bi 杂

质得以脱除[41]。

$$H_2SO_3 + HSb(OH)_6 \Longrightarrow SbO^+ + HSO_4^- + 4H_2O \qquad (6-3)$$
$$3H_2SO_3 + 14Bi^{3+} + 18H_2O \Longrightarrow 6BiO\downarrow + (Bi_2O_3)_4 \cdot 3SO_3\downarrow + 42H^+ \qquad (6-4)$$

6.1.1.2　As_T 浓度对杂质 As，Sb 和 Bi 脱除率的影响

其他条件不变，加入 As_2O_5 调节铜电解液中 As_T 的浓度，通入 SO_2 还原，$n[As(\text{III})]/n(As_T)$ 为 0.95，浓缩体积比为 2.5 时，电解液中 As_T 浓度对 As，Sb 和 Bi 脱除率的影响如图 6-3 所示[41]。

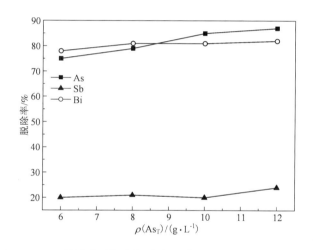

图 6-3　As_T 的浓度对铜电解液中 As，Sb 和 Bi 脱除率的影响

由图 6-3 可知，As 脱除率随铜电解液中 As_T 浓度增加而增加，当总砷质量浓度达到 10 g/L 时，As 脱除率达到 85%。As_T 浓度越高，还原率越高，还原后 $As(\text{III})$ 以三氧化二砷析出，As 脱除率越高[41]。As_T 浓度的增加使 Sb 和 Bi 脱除率有所增加。

6.1.1.3　$n[As(V)]/n(As_T)$ 对杂质 As，Sb 和 Bi 脱除率的影响

上述其他条件不变，铜电解液浓缩体积比为 2.5，当铜电解液中 As_T 质量浓度为 10 g/L 时，$n[As(V)]/n(As_T)$ 对铜电解液中杂质 As，Sb 和 Bi 脱除率的影响如图 6-4 所示。

由图 6-4 可知，As 脱除率随 $n[As(V)]/n(As_T)$ 升高而降低，Sb 脱除率随 $n[As(V)]/n(As_T)$ 升高而增加。当电解液中 $n[As(V)]/n(As_T)$ 从 0.05 升高至 0.8 时，As 脱除率由 85% 降低至 34%，Sb 脱除率从 20% 增加到 54%，Bi 脱除率达

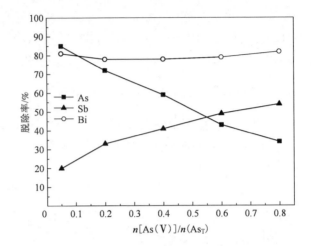

图 6-4 $n[As(V)]/n(As_T)$ 对铜电解液中 As，Sb 和 Bi 脱除率的影响

到 80%。

电解液中 As(Ⅲ) 减少，产生的 As_2O_3 结晶减少，As 脱除率降低。而在 As_T 浓度不变的情况下，As(Ⅲ) 含量减少，As(V) 含量增多，电解液中 As(V) 增多促使 SbO^+ 与 AsO_4^{3-} 反应[36]，使 Sb 脱除率升高，相关反应如下：

$$H_3AsO_4 + SbO^+ \longrightarrow SbAsO_4\downarrow + H^+ + H_2O \tag{6-5}$$

综合考虑电解液中 As，Sb 和 Bi 脱除情况，适宜的 $n[As(V)]/n(As_T)$ 为 0.4[41]。

6.1.1.4 $n[Sb(V)]/n(Sb_T)$ 对杂质 As，Sb 和 Bi 脱除率的影响

砷价态调控时，实验还考察了锑价态对铜电解液净化的影响。以上其他条件不变，保持铜电解液中 $n[As(V)]/n(As_T)$ 为 0.4，$n[Sb(V)]/n(Sb_T)$ 对铜电解液中 As，Sb 和 Bi 脱除率的影响，如图 6-5 所示[41]。

由图 6-5 可知，As 脱除率不随 $n[Sb(V)]/n(Sb_T)$ 变化，Sb 脱除率随电解液中 $n[Sb(V)]/n(Sb_T)$ 增大而增大。当 $n[Sb(V)]/n(Sb_T)$ 从 0 增加到 0.6 时，Sb 脱除率从 41% 增加至 70%，$n[Sb(V)]/n(Sb_T)$ 达到 0.2 时，Bi 脱除率为 90% 以上[41]。

电解液中 Sb 和 Bi 脱除率升高，主要是因为 As(Ⅲ)，As(V)，Sb(Ⅲ)，Sb(V) 和 Bi(Ⅲ) 相互作用生成了锑酸盐、砷锑酸盐及亚砷锑酸锑等大分子沉淀物质。浓缩过程中，$CuSO_4 \cdot 5H_2O$ 和 As_2O_3 结晶的形成会促使这些物质吸附共沉淀，有利于 As，Sb 和 Bi 杂质的脱除。其反应机理为[84, 92]：

$$HSb(OH)_6 + AsO^+ \longrightarrow AsSbO_4\downarrow + 3H_2O + H^+ \tag{6-6}$$

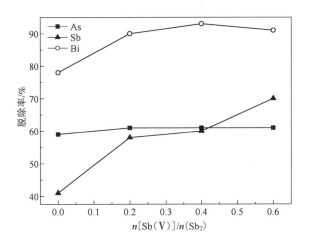

图 6-5　$n[\mathrm{Sb(\,V\,)}]/n(\mathrm{Sb_T})$ 对铜电解液中 As，Sb 和 Bi 脱除率的影响

$$a\mathrm{H_3AsO_4} + b\mathrm{H[\,Sb(OH)_6\,]} + c\mathrm{MeO^+} \longrightarrow$$

$$\mathrm{Me_cAs_aSb_bO_{(3a+5b+c/2+1)}H_{(a+5b-2c+2)}} \cdot x\mathrm{H_2O} + c\mathrm{H^+} + (a+b+c/2-1-x)\mathrm{H_2O}$$

$$(\mathrm{Me = As(\,III\,)，Sb(\,III\,)，Bi(\,III\,)；} a \geqslant 1；b \geqslant 1；c \leqslant (3a+b)) \quad (6\text{-}7)$$

$$26\mathrm{H^+} + 6\mathrm{HAsO_2} + 4\mathrm{SbO^+} + 8\mathrm{HSb(OH)_6} \longrightarrow$$

$$\mathrm{H_{30}(As_2O_3)_3 \cdot (Sb_2O_3)_2 \cdot (Sb_2O_5)_4 \cdot 26H_2O} + 3\mathrm{H_2O} \quad (6\text{-}8)$$

实验表明调节铜电解液中 $n[\mathrm{As(\,V\,)}]/n(\mathrm{As_T})$ 和 $n[\mathrm{Sb(\,V\,)}]/n(\mathrm{Sb_T})$ 分别为 0.4，浓缩结晶，能够有效地脱除电解液中 As，Sb 和 Bi 等杂质。

根据上述实验结果，取 3 L 铜电解液进行实验室放大实验，加入 $\mathrm{As_2O_5}$，加热搅拌溶解后，取其中 1.8 L 电解液用 $\mathrm{SO_2}$ 还原，使其中 As(V)、Sb(V) 充分还原为 As(III)、Sb(III)，再加热煮沸赶走残留的 $\mathrm{SO_2}$。另取 1.2 L 铜电解液用 $\mathrm{H_2O_2}$ 氧化，使电解液中 As(III)、Sb(III) 充分氧化为 As(V)、Sb(V)，加热煮沸分解过量氧化剂。混合两部分溶液（总体积为 3 L），蒸发浓缩至浓缩体积比为 2.5，冷却至 10℃ 结晶，过滤后用少量去离子水清洗杯壁，得到滤液 1.2 L。电解液净化前后化学成分如表 6-4 所示，价态调控蒸发结晶产物 XRF 分析结果如表 6-5 所示，价态调控蒸发结晶产物 XRD 结果如图 6-6 所示，价态调控蒸发结晶净化工艺流程如图 6-7 所示。

表 6-4　净化前后铜电解液成分（质量浓度）　　　　单位：g/L

电解液	Cu	As	Sb	Bi
净化前	32.00	9.36	0.65	0.21
净化后	14.40	9.00	0.73	0.08

由表6-4实验结果计算可知，铜电解液中 As 和 Sb 价态调整后，蒸发浓缩结晶，其中 Cu，As，Sb 和 Bi 脱除率可分别达到82%，62%，55%和85%。

表6-5　价态调控蒸发结晶产物化学成分(质量分数)　　　　单位：%

Cu	As	Sb	Bi	Ni	S	O
29.00	5.00	0.37	0.22	1.10	20.00	41.00

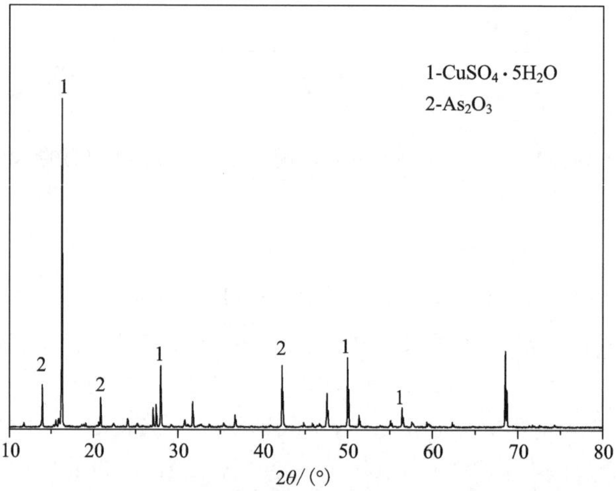

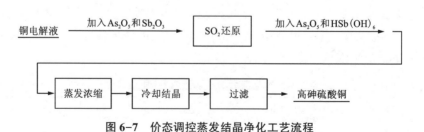

图6-6　价态调控蒸发结晶产物 XRD 图谱

由图6-6可知，还原后蒸发浓缩所得渣中含有 $CuSO_4 \cdot 5H_2O$ 和 As_2O_3。由表6-5可知，还原后蒸发浓缩、结晶所得净化渣成分，Cu 为 29.00%，As 为 5.00%，Sb 为 0.37%，Bi 为 0.22%[41]。净化渣中 Cu 质量分数高于 25.47%，是由于 $CuSO_4 \cdot 5H_2O$ 在烘干过程中失去了结晶水。

铜电解液 ──加入As_2O_5和Sb_2O_3──→ SO₂还原 ──加入As_2O_5和$HSb(OH)_6$──→

蒸发浓缩 → 冷却结晶 → 过滤 → 高砷硫酸铜

图6-7　价态调控蒸发结晶净化工艺流程

6.1.2 价态调控蒸发结晶产物铜砷的分离与回收

硫酸铜具有广泛的用途[160],如可用于无机农药原料[161]、动物饲料添加剂[162, 163]、棉织品和丝织品的媒染剂、木材防腐剂、涂料、选矿药剂[164]、电镀[165],等等。As_2O_3 是砷最重要的化合物,是提取制备单质砷的重要原料,在医药、防腐、制革、印染、制乳白色玻璃、军工等方面亦有广泛用途[166-168]。价态调控得到的蒸发结晶产物中砷含量高,称之为高砷硫酸铜,因此,回收砷具有经济效益和环境效益。

6.1.2.1 砷的分离与回收

取 65 g 价态调控蒸发结晶产物溶于 200 mL 自来水中,价态调控蒸发结晶产物成分如表 6-6 所示,在一定温度下,以 200 r/min 速度搅拌反应 20 min 后过滤,反应温度对 As,Sb 和 Bi 脱除率的影响如图 6-8 所示。反应温度为 30℃时,滤液成分如表 6-7 所示,滤渣成分如表 6-8 所示,滤渣的 XRD 图谱如图 6-9 所示。

表 6-6 价态调控蒸发结晶产物成分(质量分数) 单位:%

Cu	As	Sb	Bi	Ni	Fe	O
34. 74	3. 44	0. 10	0. 10	1. 12	0. 16	40. 90

S	Zn	Pb	Co	Ca	Mg	其他
18. 58	0. 079	0. 007	0. 007	0. 51	0. 18	0. 077

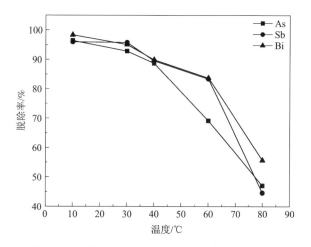

图 6-8 反应温度对 As,Sb 和 Bi 脱除率的影响

表 6-7 滤液成分(质量浓度)　　　　　　　　　　单位: g/L

Cu	As	Sb	Bi	Fe	pH
65.7	0.61	0.012	0.014	0.42	1.54

表 6-7 说明,滤液中 Cu 和 As 的质量浓度分别为 65.7 g/L 和 0.61 g/L,滤液 pH 为 1.54。由表 6-8 可知,滤渣中 Cu 和 As 质量分数分别为 3.18% 和 45.75%。

从图 6-8 可知,As,Sb 和 Bi 的脱除率随反应温度升高而降低。当温度为 30℃时,As,Sb 和 Bi 的脱除率分别为 92.81%,95.75% 和 95.05%。为使 As,Sb 和 Bi 与硫酸铜分离,适宜的反应温度为 30℃。

表 6-8 滤渣成分(质量分数)　　　　　　　　　　单位: %

Cu	As	Sb	Bi	Fe	Zn
3.18	45.75	1.13	1.04	0.08	0.01
Pb	Ni	O	S	Ca	Others
0.05	0.16	31.10	10.45	3.42	3.63

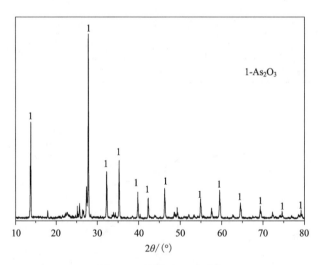

图 6-9 滤渣 XRD 图谱

图 6-9 表明滤渣为 As_2O_3。$CuSO_4 \cdot 5H_2O$ 和 As_2O_3 的溶解度随温度升高而增加,30℃时 $CuSO_4 \cdot 5H_2O$ 和 As_2O_3 的溶解度分别为 37.8 和 2.3[120]。由于 As_2O_3 的溶解度低和溶解速度慢,水溶后 As_2O_3 留在滤渣中,硫酸铜基本溶解。

6.1.2.2　硫酸铜的提纯

从表6-6可知，硫酸铜溶液中还含有杂质，通过双氧水氧化沉淀法除杂回收硫酸铜。

（1）双氧水用量对硫酸铜中As，Fe和Ni含量的影响

实验取硫酸铜溶液200 mL，加入一定体积 $Fe_2(SO_4)_3$ 溶液，使 $n(Fe)$: $n(As)$ 为1.2，加入双氧水，反应温度为60℃，搅拌反应40 min后，用 Na_2CO_3 溶液（10%）调节溶液pH为3.7，继续搅拌反应1 h，然后过滤，蒸发浓缩滤液至体积约为50 mL，冷却至室温，经过滤得到结晶产物 $CuSO_4 \cdot 5H_2O$。双氧水用量对硫酸铜中As，Fe和Ni质量分数的影响如图6-10所示。

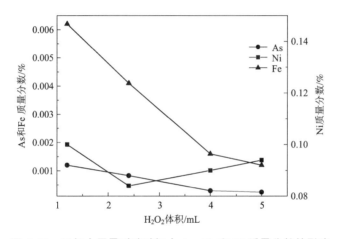

图6-10　双氧水用量对硫酸铜中As，Fe和Ni质量分数的影响

由图6-10可知，硫酸铜中As，Fe和Ni质量分数均随双氧水用量的增加而降低，当双氧水用量从1.2 mL增加到5 mL时，硫酸铜中As质量分数从0.0012%降低到0.00024%，Fe质量分数从0.0062%降低到0.0012%。当双氧水用量大于2.4 mL时，硫酸铜中Ni质量分数随双氧水用量的增加而增加。当双氧水用量为2.4 mL时，硫酸铜中As，Fe和Ni质量分数分别为0.00083%，0.0041%和0.084%，As和Fe质量分数低于硫酸铜二级品标准（YS/T 94—2007）。

硫酸铜溶液中As和Fe分别以 $HAsO_2$ 和 Fe^{2+} 形式存在[169]。加入氧化剂先将As(Ⅲ)氧化为As(Ⅴ)，然后再对As(Ⅴ)进行处理[170]。加入 H_2O_2 后，溶液中 $HAsO_2$ 和 Fe^{2+} 分别被氧化为 H_3AsO_4 和 Fe^{3+}，采用氢氧化铁沉淀法可除去铁，同时，H_3AsO_4 与 Fe^{3+} 反应生成 $FeAsO_4$ 沉淀，从而使砷和铁均得到去除。反应如下[165, 171]：

$$2Fe^{2+} + H_2O_2 + 2H^+ \Longrightarrow 2Fe^{3+} + 2H_2O \qquad (6\text{-}9)$$

$$HAsO_2 + H_2O_2 \longrightarrow H_3AsO_4 \qquad (6\text{-}10)$$

$$Fe^{3+} + H_3AsO_4 \Longrightarrow FeAsO_4\downarrow + 3H^+ \qquad (6\text{-}11)$$

$$pH = 1.027 - 0.33 lg[Fe^{3+}][H_3AsO_4]$$

总反应为:

$$2Fe^{2+} + 3H_2O_2 + 2HAsO_2 \Longrightarrow 2FeAsO_4\downarrow + 2H_2O + 4H^+ \qquad (6\text{-}12)$$

$Fe(OH)_3$ 的 K_{sp} 为 2.79×10^{-39}, 溶液中 Fe^{3+} 完全沉淀($[Fe^{3+}] \leqslant 10^{-5}$ mol/L)时, $pH \geqslant 2.82$。$Cu(OH)_2$ 的 K_{sp} 为 $2.2 \times 10^{-20[120]}$, 溶液中 Cu^{2+} 质量浓度为 65.7 g/L 时, Cu^{2+} 开始沉淀 pH 为 4.16。$FeAsO_4$ 的溶度积 K_{sp} 为 5.7×10^{-21}, 根据反应 (6-11), 只要氧化充分, 溶液 pH 合适, 并有足够的 Fe, 砷可被完全去除[165, 171]。为除去 As 和 Fe, 又不造成铜的损失, 控制终点 pH 为 3.7 是合适的。适宜的双氧水用量为 2.4 mL, 根据反应式(6-12)可知, 双氧水用量是理论消耗量的 32 倍。

(2)氧化温度对硫酸铜中 As, Fe 和 Ni 的影响

上述其他实验条件不变, 双氧水用量为 2.4 mL, 氧化温度对硫酸铜中 As, Fe 和 Ni 质量分数的影响如图 6-11 所示。

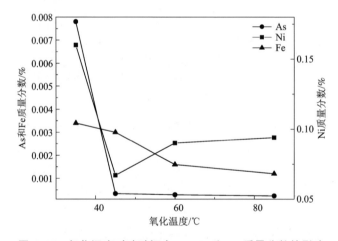

图 6-11　氧化温度对硫酸铜中 As, Fe 和 Ni 质量分数的影响

由图 6-11 可知, 硫酸铜中 As, Fe 和 Ni 质量分数均随氧化温度的升高而降低, 当氧化温度为 45℃时, 硫酸铜中 As 质量分数为 0.00034%, Fe 质量分数为 0.003%, Ni 质量分数为 0.067%。随氧化温度的继续升高, As 和 Fe 质量分数下降缓慢, Ni 质量分数逐渐增加。

在酸性溶液中, H_2O_2 氧化 Fe^{2+} 和 As(Ⅲ)速率非常缓慢[172]。显然, 升高温度

能够增加化学反应速率，因此，升高温度有利于 As 和 Fe 的去除。然而，氧化温度越高，溶液 pH 越难调节，H_2O_2 分解速度加快，H_2O_2 的有效利用率降低，且能耗越高。适宜的氧化温度为 45℃。

当 $n(Fe):n(As)$ 为 1.2，双氧水用量为理论用量的 32 倍，氧化温度为 45℃，氧化时间为 40 min，终点 pH 为 3.7 时，取 2000 mL 硫酸铜溶液氧化沉淀除杂后，蒸发浓缩溶液体积至 500 mL，经过冷却结晶、过滤得到的硫酸铜成分如表 6-9 所示。

表 6-9　硫酸铜中各成分质量分数　　　　　　单位：%

成分	样品	电镀级硫酸铜质量分数/%	
		优等品	一等品
$CuSO_4 \cdot 5H_2O$	98.8	≥98.0	≥98.0
As	0.00029	≤0.0005	≤0.0010
Pb	0.0031	≤0.001	≤0.005
Ca	0.06	≤0.0005	—
Fe	0.0028	≤0.002	≤0.005
Co	0.0003	≤0.0005	≤0.005
Ni	0.07	≤0.0005	≤0.005
Zn	0.002	≤0.001	≤0.005
Cl	0.001	≤0.002	≤0.01
水不溶物	0.003	≤0.005	≤0.01
pH(5%, 20℃)	3.64	3.5~4.5	

由表 6-9 可知，硫酸铜晶体中除 Ni 外其余指标均达到电镀用硫酸铜一等品标准(HG/T 3592—2010)，其中 As、Co、Cl、水不溶物含量达到优等品标准。

6.2　价态调控蒸发结晶净化二段脱铜液

SO_2 还原电积二段脱铜液进行价态调控，通过浓缩结晶达到二段脱铜液的净化及砷镍的回收。

6.2.1 二段脱铜液中 As(V) 的还原

取 300 mL 二段脱铜液(成分见表 6-10)置于容积为 500 mL 三颈瓶中,使用电加热套加热到一定温度,控制不同的实验条件下通入 SO_2 气体,并搅拌反应。通气结束后将三颈瓶密封保温反应一段时间。待反应完成后,测定 As(Ⅲ) 的浓度。

表 6-10　二段脱铜液成分(质量浓度)　　　　　　单位: g/L

Cu	As	Sb	Fe	Ni	Bi	H_2SO_4
1.079	12.405	0.517	1.741	10.455	0.025	253

6.2.1.1　静置时间对 As(Ⅴ) 还原率的影响

按照实验步骤,当反应温度为 60℃ ,通气时间为 30 min, SO_2 流量为 200 mL/min 时,停止通气后静置时间对 As(Ⅴ) 还原率的影响如图 6-12 所示。

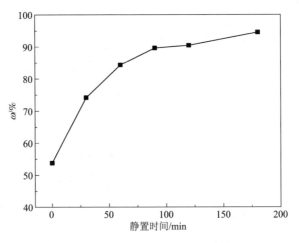

图 6-12　静置时间对 As(Ⅴ) 还原率的影响

由图 6-12 可以看出,SO_2 气体通入后, As(Ⅴ) 还原率随着静置时间的延长而增加。当静置时间从 0 min 延长至 180 min 时, As(Ⅴ) 的还原率从 50.79% 增加至 94.54%。

溶液中的 As(Ⅴ) 与 SO_2 的反应较慢,增加反应时间有利于反应的充分进行。当静置时间达到 90 min 后,延长静置时间 As(Ⅴ) 还原率增加不大,因此适宜的静置反应时间选取为 90 min，此时 As(Ⅴ) 的还原率为 89.65%。

6.2.1.2　通气时间对 As(Ⅴ) 还原率的影响

上述实验条件不变，当静置反应时间为 90 min 时，通气时间对 As(Ⅴ) 还原率的影响如图 6-13 所示。

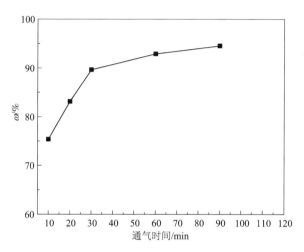

图 6-13　通气时间对 As(Ⅴ) 还原率的影响

由图 6-13 可以看出，As(Ⅴ) 的还原率随着通气时间的延长而增加。当通气时间由 10 min 延长至 90 min 时，As(Ⅴ) 的还原从 75.39% 增加至 94.54%。随着通气时间的增加，溶液中溶解的 SO_2 的量增加，同时通气时间的延长也增加了 SO_2 与 As(Ⅴ) 反应的时间使得反应进行更彻底。适宜的通气时间为 90 min，此时，As(Ⅴ) 的还原率为 94.54%。

6.2.1.3　SO_2 气流量对 As(Ⅴ) 还原率的影响

上述实验条件不变，当通气时间为 90 min 时，SO_2 气流量对 As 还原率的影响如图 6-14 所示。

由图 6-14 可以看出，改变 SO_2 的气流量对溶液中 As(Ⅴ) 还原率没有显著的影响。当气流量从 60 mL/min 增加至 300 mL/min 时，As(Ⅴ) 还原率基本保持在 95% 左右。

6.2.1.4　反应温度对 As(Ⅴ) 还原率的影响

上述实验条件不变，当 SO_2 气流量为 60 mL/min 时，反应温度对 As(Ⅴ) 还原

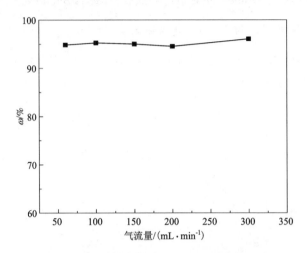

图 6-14   SO$_2$ 气流量对 As(V) 还原率的影响

率的影响如图 6-15 所示。

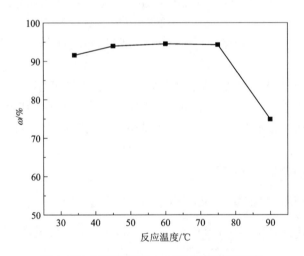

图 6-15   反应温度对 As(V) 还原率的影响

由图 6-15 可以看出，当反应温度在 45℃ 至 75℃ 范围内变化时，As(V) 的还原率为 94% 左右且没有太大变化，当温度升高至 90℃ 以上时 As(V) 的还原率急剧降低至 74.91%。

反应动力学认为[124]，SO$_2$ 还原 As(V) 反应速率由 SO$_2$(g) 在体系中的溶解和 SO$_2$(aq) 与 H$_3$AsO$_4$ 界面反应两个步骤控制。由于反应体系为敞开体系，SO$_2$ 在硫酸溶液中的溶解度与温度及分压的关系如表 6-11 所示。SO_2 在二段脱铜液中溶解主要发生反应(6-13)，其溶解度与其分压和温度的关系符合亨利定律，如式(6-14)所示。

$$SO_2 + H_2O \Longrightarrow H_2SO_3 \qquad (6-13)$$

$$[H_2SO_3] = Hp_{SO_2} \qquad (6-14)$$

p_{SO_2} 为 SO_2 气相分压；

H 为 Henry 系数，一定条件下其半经验计算公式为：

$$H = \exp\left(\frac{3114.9}{T} - 10.324\right) \qquad (6-15)$$

Henry 系数随温度的变化情况如表 6-11 所示：

表 6-11　反应温度对 SO_2 溶解 Henry 系数的影响

温度/℃	17	25	40	50	60	70
$H/(\text{mol} \cdot \text{dm}^{-3} \cdot \text{atm}^{-1*})$	1.553	1.104	0.697	0.500	0.379	0.291

* 1 atm = 10^5 Pa。

　　由表 6-11 可知，亨利系数 H 随着反应温度的升高而下降，SO_2 的溶解度降低，同时 SO_2 溶解速度下降。当温度较低，SO_2 气体在溶液中的溶解度较大，但低温不利于还原反应的进行，故 As 还原率不高，而温度较高时，SO_2 气体在硫酸溶液中的溶解度降低，相同通气时间内溶液中溶解的 SO_2 的量减少，使得 As 的还原反应不能完全进行，从而导致 As 还原率降低。因此，适宜的反应温度应选择在 45℃ 至 75℃ 范围内，以电积脱铜液的温度来进行实验，即 60℃，此时 As 的还原率可达到 94.54%。

6.2.1.5　硫酸浓度对 As(Ⅴ)还原率的影响

　　上述实验条件不变，当反应温度为 60℃ 时，反应温度对 As(Ⅴ)的还原率的影响如图 6-16 所示。

　　从图 6-16 可以看出，As(Ⅴ)还原率随着硫酸浓度的升高而下降，说明较高的硫酸浓度抑制了反应的进行，不利于 As(Ⅴ)的还原。当硫酸浓度从 153 g/L 升高到 553 g/L 时，As(Ⅴ)还原率从 92.09% 降低至 15.88%。

　　水溶液中 As(Ⅴ)存在以下平衡：

$$AsO_4^{3-} + H^+ \Longrightarrow HAsO_4^{2-} \qquad (6-16)$$

$$HAsO_4^{2-} + H^+ \Longrightarrow H_2AsO_4^- \qquad (6-17)$$

$$H_2AsO_4^- + H^+ \Longrightarrow H_3AsO_4 \qquad (6-18)$$

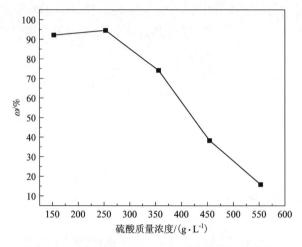

图 6-16 硫酸质量浓度对 As(Ⅴ)还原率的影响

25℃下 AsO_4^{3-}, $HAsO_4^{2-}$, $H_2AsO_4^-$, H_3AsO_4, H^+的 $\Delta G_f^\ominus$ 分别为 -155 kcal*/mol, -170.824 kcal/mol, -180.04 kcal/mol, -183.08 kcal/mol, 0 kcal/mol[122], 因此对于上述反应有:

$$\Delta G_{25℃}^\ominus(6-16) = -170.82 - (-155) = -15.82 \text{ kcal/mol}$$

$$\lg K_3 = -G_{25℃}^\ominus(6-16)/2.303RT$$
$$= 15.82 \times 4.18 \times 1000/(2.303 \times 8.314 \times 298.15) \approx 11.58$$

$$G_{25℃}^\ominus(6-17) = -180.04 - (-170.82) = -9.22 \text{ kcal/mol}$$

$$\lg K_4 = -\Delta G_{25℃}^\ominus(6-17)/2.303RT$$
$$= 9.22 \times 4.18 \times 1000/(2.303 \times 8.314 \times 298.15) \approx 6.75$$

$$\Delta G_{25℃}^\ominus(6-18) = -183.08 - (-180.04) = -3.04 \text{ kcal/mol}$$

$$\lg K_5 = -\Delta G_{25℃}^\ominus(6-18)/2.303RT$$
$$= 3.04 \times 4.18 \times 1000/(2.303 \times 8.314 \times 298.15) \approx 2.23$$

则 $K_3 = 10^{11.58}$, $K_4 = 10^{6.75}$, $K_5 = 10^{2.23}$

$K_3 = [HAsO_4^{2-}]/([AsO_4^{3-}][H^+])$, $K_4 = [H_2AsO_4^-]/[HAsO_4^{2-}][H^+]$, $K_5 = [H_3AsO_4]/[H_2AsO_4^-][H^+]$

$[HAsO_4^{2-}] = K_3[H^+][AsO_4^{3-}]$, $[H_2AsO_4^-] = K_3K_4[H^+]^2[AsO_4^{3-}]$, $[H_3AsO_4] = K_3K_4K_5[H^+]^3[AsO_4^{3-}]$, $[As(Ⅴ)]_T = [AsO_4^{3-}] + [HAsO_4^{2-}] + [H_2AsO_4^-] + [H_3AsO_4] = [AsO_4^{3-}](1 + K_3[H^+] + K_3K_4[H^+]^2 + K_3K_4K_5[H^+]^3)$, 因此, As(Ⅴ)

_____

* 1 kcal = 4.18 J。

各浓度组分计算如下：

$$\alpha_{AsO_4^{3-}} = [AsO_4^{3-}]/[As(V)]$$

$$= \{1/(1 + K_3[H^+] + K_3K_4[H^+]^2 + K_3K_4K_5[H^+]^3)\} \times 100\%$$

$$\alpha_{HAsO_4^{2-}} = [HAsO_4^{2-}]/[As(V)]$$

$$= \{K_3[H^+]/(1 + K_3[H^+] + K_3K_4[H^+]^2 + K_3K_4K_5[H^+]^3)\} \times 100\%$$

$$\alpha_{H_2AsO_4^-} = [H_2AsO_4^-]/[As(V)]$$

$$= \{K_3K_4[H^+]^2/(1 + K_3[H^+] + K_3K_4[H^+]^2 + K_3K_4K_5[H^+]^3)\} \times 100\%$$

$$\alpha_{H_3AsO_4} = [H_3AsO_4]/[As(V)]$$

$$= \{K_3K_4K_5[H^+]^3/(1 + K_3[H^+] + K_3K_4[H^+]^2 + K_3K_4K_5[H^+]^3)\} \times 100\%$$

将 K_3，K_4，K_5 代入上式，计算结果如图 6-17 所示。

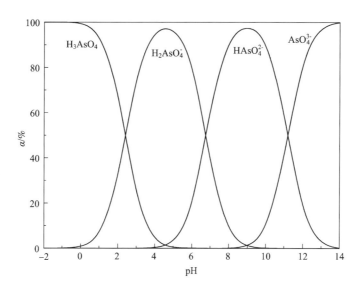

图 6-17　As(V)浓度组分-pH 图

　　电解液中 pH 约为 -0.28，由图 6-17 可知，As(V)在电解液中主要以 H_3AsO_4 形态存在。

　　根据水溶液中 As(V)形态分布，二段脱铜液中的 As(V)同样以 H_3AsO_4 的形态存在，硫酸浓度较高时，H_3AsO_4 与 H^+ 发生质子化反应生成不活泼的 $H_4AsO_4^+$ 离子，从而导致 As(V)的还原速度减慢，还原率降低。实验所用二段脱铜液的硫酸质量浓度为 253 g/L 为适宜浓度，在此酸度下采用 SO_2 还原，As(V)的还原率可达 94.54%。

以上实验结果得出 SO$_2$ 还原二段脱铜液的适宜条件如下：每 300 mL 溶液在气流量为 60 mL/min 时需通气 90 min，静置反应的时间为 90 min，反应温度为 60℃，溶液硫酸质量浓度为 253 g/L，在此条件下，溶液中的 As(V) 还原率可达 94.54%，还原后所得溶液的主要成分如表 6-12 所示。

表 6-12 SO$_2$ 还原后二段脱铜液成分(质量浓度)   单位：g/L

Cu	As	As(Ⅲ)	Sb	Fe	Ni	Bi
1.079	12.405	11.728	0.517	1.741	10.455	0.025

从表 6-12 可以看出，还原后的二段脱铜液的主要成分没有变化。

6.2.2 还原后二段脱铜液中砷镍的回收

取 1 L 经过 SO$_2$ 还原后的二段脱铜液(成分如表 6-12 所示) 置于烧杯中，搅拌下加热蒸发后冷却至室温(20℃)，搅拌结晶 8 h 后过滤得到含砷渣；结晶母液在 -20℃ 下结晶 8 h 得到粗硫酸镍。二段脱铜液净化回收砷镍的工艺流程如图 6-18 所示。

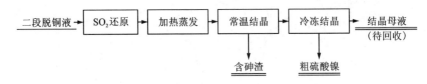

图 6-18 二段脱铜液净化回收砷镍工艺流程图

6.2.2.1 常温结晶脱砷

常温结晶时蒸发体积比(θ) 对 As、Sb、Ni 的脱除率的影响如图 6-19 所示。

从图 6-19 中可以看出，随着蒸发体积的增加，一次结晶母液中的 As 的浓度逐渐降低，Sb 的浓度逐渐升高，即 As 的脱除率随着蒸发体积的增加而上升，而 Sb 的脱除率随着蒸发体积的增加而降低。蒸发体积较小时溶液中 Ni 的总量没有变化说明 Ni 并没有随着 As 和 Sb 一起结晶，当蒸发体积比达到 0.72 以后，溶液中的 Ni 浓度达到饱和，结晶开始析出，而夹带析出的 Sb 也跟着增多，从而使图 6-19 中 Sb 的脱除率上升。选择 $\theta = 0.62$ 时常温结晶产物进行 XRF 分析得出其成分如表 6-13 所示，图 6-20 为 XRD 物相分析图。

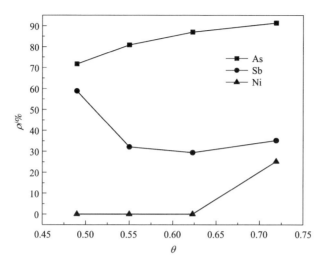

图 6-19　蒸发体积比对一次结晶杂质脱除率的影响

表 6-13　常温结晶渣成分(质量分数)　　　　　　单位: %

As	O	S	Ca	Mg	Ni	Si	Sb	Bi
48.2	32.4	10.47	4.195	2.84	0.4215	0.408	0.292	0.218

Na	Fe	Cu	Al	Pb	Zn	K	Cr	
0.215	0.166	0.0662	0.049	0.035	0.0134	0.012	0.007	

从表 6-13 可以看出, 常温结晶渣中 As 质量分数为 48.2%。从图 6-20 的物相分析图中可知, 常温结晶渣中主要的物相为 As_2O_3, 根据砷质量分数计算, As_2O_3 质量分数达到 63.62%。

常温结晶脱砷时, As(Ⅲ) 主要以 As_2O_3 的形式脱除, As_2O_3 脱除效果与其在硫酸溶液中的溶解度密切相关。关于 As_2O_3 在硫酸溶液中的溶解度, 许多学者进行了研究, 图 6-2 为不同温度下 As_2O_3 在硫酸溶液中的溶解度与硫酸浓度的关系[156, 173, 174]。

从图 6-2 中可见, As_2O_3 的溶解度随着溶液中 H_2SO_4 浓度的变化规律较复杂: 随着硫酸浓度的增加, As_2O_3 溶解度下降。当 H_2SO_4 质量浓度高于 850 ~ 950 g/L 后, As_2O_3 溶解度迅速增加。(当 H_2SO_4 质量浓度高于 1200 ~ 1300 g/L 后, 随 H_2SO_4 浓度进一步增大, As_2O_3 的溶解度又急剧下降。二段脱铜液还原后液进行蒸发结晶, 当 $\theta=0.62$ 时, 溶液的硫酸质量浓度约为 665 g/L, 此时 As_2O_3 的溶解度较低有利于 As 结晶析出。

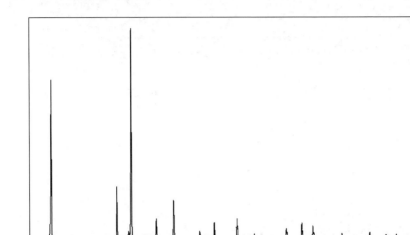

图 6-20 常温结晶渣 XRD 分析图

6.2.2.2 冷冻结晶脱镍

将上述常温结晶母液进行冷冻结晶，蒸发体积比对冷冻结晶 As、Sb、Ni 的脱除率的影响如图 6-21 所示。

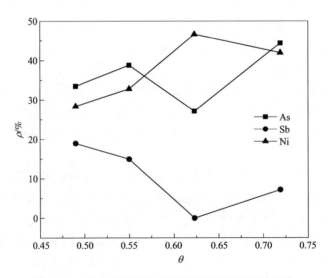

图 6-21 蒸发体积比对二次结晶杂质脱除率的影响

从图 6-21 可以看出，在冷冻结晶过程中，As 的脱除率随着蒸发体积比的增加没有明显的规律性变化，Sb 和 Ni 的脱除率随着蒸发体积的增加而降低，但当溶液蒸发较多致使硫酸浓度过高时，结晶渣细小黏稠难以过滤，Sb、Ni 的脱除率因滤渣夹杂而增加。选择 $\theta = 0.62$ 时冷冻结晶的产物进行分析，其 XRF 分析成分如表 6-14 所示。

表 6-14　冷冻结晶渣成分 (质量分数)　　　　单位：%

O	Ni	S	As	Fe	Cu	Mg	Zn	Ca
40.9	26.36	21.53	6.467	2.317	0.7609	0.703	0.393	0.216
K	Sb	Co	Al	Bi	Pb	Cr	Mn	Na
0.127	0.108	0.0747	0.031	0.014	0.009	0.008	0.007	0.004

从表 6-14 可以看出，冷冻结晶渣的主要成分为 O、Ni、S，其中 Ni 占到渣量的 26.36%，结晶物为翠绿色晶体和黄色粉末的混合物。

由常温结晶脱砷和冷冻结晶脱镍结果分析可知，蒸发体积比 (θ) 选择为 0.62，此时常温结晶 As 的脱除率为 86.96%，Sb 的脱除率为 29.41%；冷冻结晶时 Ni 的脱除率为 46.68%。通过两次结晶过程，As 的总脱除率为 90.5%，Ni 的总脱除率为 56.58%。

6.3　硫酸镍的精制

电积脱铜液经过 SO_2 还原后进行蒸发，常温结晶得到含砷渣，常温结晶母液经过冷冻结晶得到粗硫酸镍晶体，粗硫酸镍进一步净化除杂得到高纯硫酸镍。粗硫酸镍的净化方法主要有沉淀法、中和法、萃取法、重结晶法等，根据价态调控蒸发结晶二段脱铜液所得硫酸镍原料特点，分别采用了沉淀法除杂和沉淀—萃取法精制硫酸镍工艺。

6.3.1　沉淀法提纯硫酸镍

6.3.1.1　沉淀法提纯硫酸镍工艺流程

将粗硫酸镍加入水中溶解，粗硫酸镍成分见表 6-15，溶解制成硫酸镍溶液成分如表 6-16 所示，分别采用硫化法除 Cu、Zn、氧化沉淀法除 Fe、As 和氟化法除 Ca、Mg，其沉淀法除杂提纯硫酸镍工艺流程如图 6-22 所示。

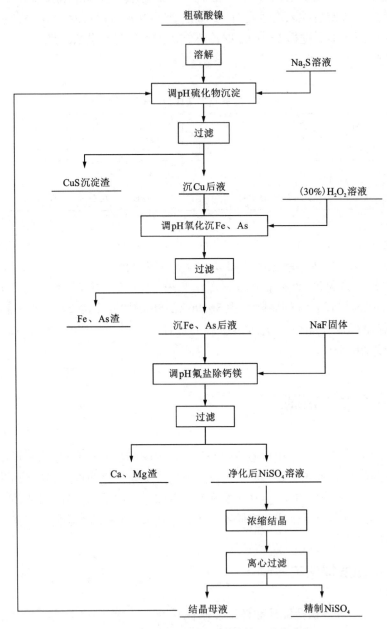

图 6-22　沉淀法除杂提纯硫酸镍工艺流程图

表 6-15　固体粗硫酸镍成分 (质量分数)　　　　单位 : %

Ni	As	Fe	Cu	Mg	Zn	Al	Ca
29. 75	3. 009	1. 309	0. 4644	0. 417	0. 328	0. 213	0. 204
K	Sb	Co	Na	Pb	Cr	Mn	
0. 0436	0. 103	0. 0503	0. 034	0. 008	0. 006	0. 005	

表 6-16　硫酸镍溶液成分 (质量浓度)　　　　单位 : g/L

Ni	Co	Cu	Fe	Na	Zn	Mg
68. 15	0. 12	2. 27	3. 03	0. 028	0. 62	0. 86
Mn	Cr	As	Sb	Pb	Ca	
0. 018	0. 003	0. 99	0. 08	0. 009	0. 658	

6.3.1.2　硫化钠沉淀除杂

很多金属离子与 S^{2-} 发生反应生成相应的硫化物沉淀, 金属离子与 S^{2-} 沉淀反应与溶液的 pH 有很大的关系, 控制溶液 pH 可以使溶度积小的金属硫化物的金属离子优先沉淀而被去除。表 6-16 中相应金属硫化物溶度积如表 6-17 所示。

表 6-17　金属硫化物溶度积

化合物	化学式	K_{sp}
硫化铅	PbS	8.0×10^{-28}
硫化亚铁	FeS	6.3×10^{-18}
硫化铜	CuS	6.3×10^{-36}
硫化铋	Bi_2S_3	1×10^{-97}
三硫化二砷 (Ⅲ)	As_2S_3	2.1×10^{-22}
硫化锌	ZnS	1.6×10^{-24}
硫化镍	NiS	3.2×10^{-19}
硫化钴	CoS	4.0×10^{-21}
三硫化二锑	Sb_2S_3	1.5×10^{-93}
硫化汞	HgS	4.0×10^{-53}

在 H_2S 溶液中会有 S^{2-}、HS^- 和 H_2S 存在，相关反应及平衡常数如下：

$$H_2S \rightleftharpoons H^+ + HS^- \qquad K_1 = 10^{-7.0} \tag{6-19}$$

$$HS^- \rightleftharpoons S^{2-} + H^+ \qquad K_2 = 10^{-17} \tag{6-20}$$

由式(6-21)、式(6-22)得：

$$[H_2S] = [H^+][HS^-]/K_1 = [S^{2-}][H^+]^2/K_1K_2$$

$$[HS^-] = [S^{2-}][H^+]/K_2$$

所以总硫浓度为：

$$[S]_T = [S^{2-}] + [HS^-] + [H_2S]$$

所以：

$$[S^{2-}] = [S]_T(1 + [H^+]/K_2 + [H^+]^2/K_1K_2)^{-1}$$

$$[S^{2-}] = [S]_T(1 + 10^{17-pH} + 10^{24-2pH})^{-1} \tag{6-21}$$

$$[H_2S] = [S]_T(1 + K_2/[H^+] + K_1K_2/[H^+]^2)^{-1}$$

$$[H_2S] = [S]_T(1 + 10^{pH-17} + 10^{2pH-24})^{-1} \tag{6-22}$$

$$[HS^-] = [S]_T(1 + [H^+]/K_1 + K_2/[H^+])^{-1}$$

$$[HS^-] = [S]_T(1 + 10^{7-pH} + 10^{pH-17})^{-1} \tag{6-23}$$

根据式(6-21)~式(6-23)，绘图如图6-23所示。

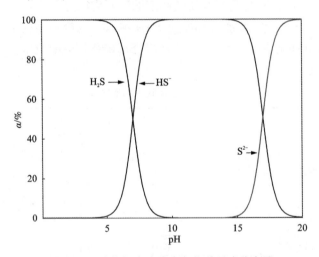

图6-23　硫化氢水溶液中各物种形式分布图

不考虑金属离子在溶液中水解的情况下，表6-17中各金属硫化物溶解平衡如下。

CuS 溶解平衡：

$$CuS \rightleftharpoons Cu^{2+} + S^{2-} \qquad K_{sp} = 6.3 \times 10^{-36}$$

$$K_{sp} = [Cu^{2+}][S^{2-}] = 6.3 \times 10^{-36} \tag{6-24}$$

假设体系中仅有 CuS 存在, 不考虑 Cu^{2+} 水解, 则有 $[Cu^{2+}] = [Cu]_T = [S]_T$, 结合式(6-21)和式(6-24), 得:

$$[Cu]_T = [6.3 \times 10^{-36} \times (1 + 10^{17-pH} + 10^{24-2pH})]^{1/2}$$

$$lg[Cu]_T = -17.60 + 0.5lg(1 + 10^{17-pH} + 10^{24-2pH}) \quad (6-25)$$

PbS 溶解平衡:

$$PbS \Longrightarrow Pb^{2+} + S^{2-} \quad K_{sp} = 8.0 \times 10^{-28}$$

$$K_{sp} = [Pb^{2+}][S^{2-}] = 8.0 \times 10^{-28} \quad (6-26)$$

假设体系中仅有 PbS 存在, 不考虑 Pb^{2+} 水解, 则有 $[Pb^{2+}] = [Pb]_T = [S]_T$, 结合式(6-21)和式(6-25), 得:

$$[Pb]_T = [8.0 \times 10^{-28} \times (1 + 10^{17-pH} + 10^{24-2pH})]^{1/2}$$

$$lg[Pb]_T = -13.55 + 0.5lg(1 + 10^{17-pH} + 10^{24-2pH}) \quad (6-27)$$

FeS 溶解平衡:

$$FeS \Longrightarrow Fe^{2+} + S^{2-} \quad K_{sp} = 6.3 \times 10^{-18}$$

$$K_{sp} = [Fe^{2+}][S^{2-}] = 6.3 \times 10^{-18} \quad (6-28)$$

假设体系中仅有 FeS 存在, 不考虑 Fe^{2+} 水解, 则有 $[Fe^{2+}] = [Fe]_T = [S]_T$, 结合式(6-21)和式(6-27), 得:

$$[Fe]_T = [6.3 \times 10^{-18} \times (1 + 10^{17-pH} + 10^{24-2pH})]^{1/2}$$

$$lg[Fe]_T = -8.60 + 0.5lg(1 + 10^{17-pH} + 10^{24-2pH}) \quad (6-29)$$

ZnS 溶解平衡:

$$ZnS \Longrightarrow Zn^{2+} + S^{2-} \quad K_{sp} = 1.6 \times 10^{-24}$$

$$K_{sp} = [Zn^{2+}][S^{2-}] = 1.6 \times 10^{-24} \quad (6-30)$$

假设体系中仅有 ZnS 存在, 不考虑 Zn^{2+} 水解, 则有 $[Zn^{2+}] = [Zn]_T = [S]_T$, 结合式(6-21)和式(6-29), 得:

$$[Zn]_T = [1.6 \times 10^{-24} \times (1 + 10^{17-pH} + 10^{24-2pH})]^{1/2}$$

$$lg[Zn]_T = -11.90 + 0.5lg(1 + 10^{17-pH} + 10^{24-2pH}) \quad (6-31)$$

NiS 溶解平衡:

$$NiS \Longrightarrow Ni^{2+} + S^{2-} \quad K_{sp} = 3.2 \times 10^{-19}$$

$$K_{sp} = [Zn^{2+}][S^{2-}] = 1.6 \times 10^{-24} \quad (6-32)$$

假设体系中仅有 NiS 存在, 不考虑 Ni^{2+} 水解, 则有 $[Ni^{2+}] = [Ni]_T = [S]_T$, 结合式(6-21)和式(6-31), 得:

$$[Ni]_T = [3.2 \times 10^{-19} \times (1 + 10^{17-pH} + 10^{24-2pH})]^{1/2}$$

$$lg[Ni]_T = -9.25 + 0.5lg(1 + 10^{17-pH} + 10^{24-2pH}) \quad (6-33)$$

Bi$_2$S$_3$ 溶解平衡:

$$Bi_2S_3 \Longrightarrow 2Bi^{3+} + 3S^{2-} \quad K_{sp} = 1.0 \times 10^{-97}$$

$$K_{sp} = [Bi^{3+}]^2[S^{2-}]^3 = 1.0 \times 10^{-97} \tag{6-34}$$

假设体系中仅有 Bi_2S_3 存在，考虑 Bi^{3+} 水解，则有：

$$Bi^{3+} + H_2O \rightleftharpoons BiOH^+ + 2H^+ \qquad K = 2.5 \times 10^1$$

$$[H^+]^2[BiOH^+]/[Bi^{3+}] = 2.5 \times 10^1 \tag{6-35}$$

$$[Bi]_T = [Bi^{3+}] + [BiOH^+]$$

$$[Bi^{3+}] = [Bi]_T(1 + 25/[H^+])^{-1} \tag{6-36}$$

将式(6-21)及式(6-35)带入式(6-33)得：

$$[S]_T^3[Bi]_T^2 = 1.0 \times 10^{-97} \times (1 + 10^{pH-17} + 10^{2pH-24})^3 \times (1 + 25 \times 10^{pH})^2 \tag{6-37}$$

假设体系中仅有 Bi_2S_3 存在，则有 $2[S]_T = 3[Bi]_T$，带入式(6-36)得：

$$lg[Bi]_T = -19.51 + 0.6lg(1 + 10^{17-pH} + 10^{24-2pH}) + 0.4lg(1 + 25 \times 10^{pH}) \tag{6-38}$$

As_2S_3 溶解平衡：

As_2S_3 溶解平衡反应式为

$$As_2S_3 \downarrow + 6H_2O \rightleftharpoons 3H_2S + 2H_3AsO_3 \qquad K = 2.2 \times 10^{-22}$$

$$[H_2S]^3[H_3AsO_3]^2 = 2.1 \times 10^{-22} \tag{6-39}$$

根据 As(Ⅲ) 在溶液中的化学平衡可得：

$$[H_3AsO_3] = [As]_T(1 + K_1/[H^+] + K_1K_2/[H^+]^2 + K_1K_2K_3/[H^+]^3)^{-1} \tag{6-40}$$

将式(6-22)及式(6-39)带入式(6-38)得：

$$[S]_T^3[As]_T^2 = 2.2 \times 10^{-22} \times (1 + 10^{pH-17} + 10^{2pH-24})^3$$
$$(1 + 10^{pH-9.2} + 10^{2pH-21.3} + 10^{3pH-34.7})^2 \tag{6-41}$$

假设体系中仅有 As_2S_3 存在，则有 $2[S]_T = 3[As]_T$，带入式(6-40)得：

$$lg[As]_T = -4.44 + 0.6lg(1 + 10^{pH-17} + 10^{2pH-24}) +$$
$$0.4lg(1 + 10^{pH-9.2} + 10^{2pH-21.3} + 10^{3pH-34.7}) \tag{6-42}$$

CoS 溶解平衡：

$$CoS \rightleftharpoons Co^{2+} + S^{2-} \qquad K_{sp} = 4.0 \times 10^{-21}$$

$$K_{sp} = [Co^{2+}][S^{2-}] = 8.0 \times 10^{-28} \tag{6-43}$$

假设体系中仅有 CoS 存在，不考虑 Co^{2+} 水解，则有 $[Co^{2+}] = [Co]_T = [S]_T$，结合式(6-21)和式(6-42)，得：

$$[Co]_T = [4.0 \times 10^{-21} \times (1 + 10^{17-pH} + 10^{24-2pH})]^{1/2}$$

$$lg[Co]_T = -10.20 + 0.5lg(1 + 10^{17-pH} + 10^{24-2pH}) \tag{6-44}$$

Sb_2S_3 溶解平衡[175]：

$$Sb_2S_3 \downarrow + 6H_2O \rightleftharpoons 3H_2S + 2Sb(OH)_3 \qquad K = 4.0 \times 10^{-30}$$

$$[H_2S]^3[Sb(OH)_3]^2 = 4.0 \times 10^{-30} \qquad (6\text{-}45)$$

假设体系中仅有 Sb_2S_3 存在，考虑 Sb^{3+} 水解，则有：

$$SbO^+ + 6H_2O \rightleftharpoons Sb(OH)_3 + H^+$$

$$[H^+][Sb(OH)_3]/[SbO^+] = 4.0 \times 10^{-30} \qquad K = 10^{-1.42} \qquad (6\text{-}46)$$

$$[Sb]_T = [Sb(OH)_3] + [SbO^+]$$

$$[Sb(OH)_3] = [Sb]_T(1 + [H^+]/K_1)^{-1} \qquad (6\text{-}47)$$

将式(6-22)及式(6-46)带入式(6-44)得：

$$[S]_T^3[Sb]_T^2 = 4.0 \times 10^{-30} \times (1 + 10^{pH-17} + 10^{2pH-24})^3 \times (1 + 10^{1.42-pH})^2$$

$$(6\text{-}48)$$

假设体系中仅有 Sb_2S_3 存在，则有 $2[S]_T = 3[Sb]_T$，带入式(6-47)得：

$$\lg[Sb]_T = -18.67 + 0.6\lg(1 + 10^{17-pH} + 10^{24-2pH}) + 0.4\lg(1 + 10^{1.42-pH})$$

$$(6\text{-}49)$$

HgS 溶解平衡：

$$HgS \rightleftharpoons Hg^{2+} + S^{2-} \qquad K_{sp} = 4.0 \times 10^{-53}$$

$$K_{sp} = [Hg^{2+}][S^{2-}] = 4.0 \times 10^{-53} \qquad (6\text{-}50)$$

假设体系中仅有 HgS 存在，不考虑 Hg^{2+} 水解，则有 $[Hg^{2+}] = [Hg]_T = [S]_T$，结合式(6-21)和式(6-49)，得：

$$[Hg]_T = [4.0 \times 10^{-53} \times (1 + 10^{17-pH} + 10^{24-2pH})]^{1/2}$$

$$\lg[Hg]_T = -26.20 + 0.5\lg(1 + 10^{17-pH} + 10^{24-2pH}) \qquad (6\text{-}51)$$

根据上述平衡式，绘制不同金属离子浓度对数图，如图6-24所示。

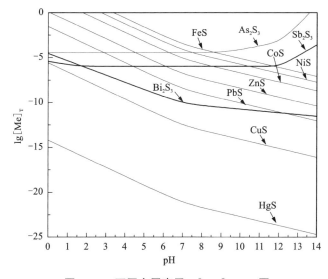

图 6-24 不同金属离子 $\lg[Me]_T$-pH 图

由图 6-24 可知，硫化汞、硫化铜、硫化铋、硫化锑均比硫化砷优先沉淀。酸性条件下，硫化砷比硫化亚铁、硫化锌、硫化铅、硫化钴优先沉淀。因此，对于硫酸镍溶液，采用硫化沉淀除杂是一种有效的手段。

（1）Na_2S 用量对杂质脱除率的影响

在反应温度为室温（20℃）、反应时间为 1.5 h、溶液 pH 为 1.08 时，Na_2S 用量对溶液中杂质脱除率的影响如图 6-25 所示。

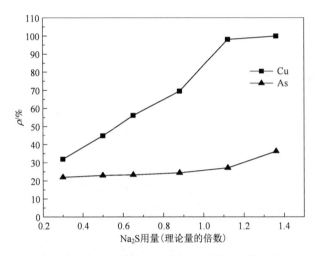

图 6-25　Na_2S 用量对溶液中杂质脱除率的影响

图 6-25 可知，采用硫化法沉淀 Cu，Cu 的脱除率随着 Na_2S 用量的增加而升高，当 Na_2S 用量从理论量（按反应式计算的量）的 0.3 倍增加至 1.1 倍时，溶液中 Cu 的脱除率从 31.93% 增加到 98.07%，As 的脱除率从 21.96% 增加到 36.25%。

Na_2S 用量为理论量的 1.1 倍时沉淀渣 XRF 分析成分如表 6-18 所示，XRD 物相分析如图 6-26 所示。

表 6-18　硫化法除铜渣成分（质量分数）　　　　　　　　　　单位：%

Cu	S	Ni	O	As	Fe	Bi	Pb
37.43	28.92	17.01	11.5	3.434	0.563	0.484	0.185

Sb	Mg	Cl	Co	Ca	Zn	Se	Cr
0.131	0.12	0.074	0.065	0.039	0.0359	0.005	0.004

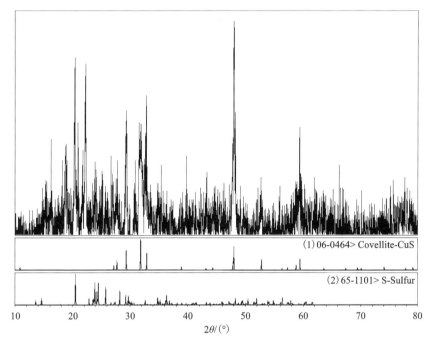

图 6-26　硫化法除 Cu、As 渣 XRD 图

从表 6-18 中可以看出，净化渣中的主要成分 Cu 和 S 分别为 37.43% 和 28.92%。此外，由于沉淀黏稠难以过滤导致渣中 Ni 含量高，可以通过洗涤回收其中的 Ni。从图 6-26 可以看出，渣中包含的主要物相为 CuS。

根据渣中元素成分及 XRD 分析推断出，实验过程中主要发生了以下反应：

$$Cu^{2+} + S^{2-} \Longrightarrow CuS \downarrow \tag{6-52}$$

$$2AsO_2^- + 3S^{2-} + 8H^+ \Longrightarrow As_2S_3 \downarrow + 4H_2O \tag{6-53}$$

从以上反应可以看出，增加 Na_2S 的加入量有利于溶液中 Cu、As 的沉淀，当 Na_2S 的加入量达到理论量的 1.1 倍时，溶液中 Cu 基本脱除，继续增加 Na_2S 用量对 Cu 的脱除率没有太大的影响并且容易导致溶液中的 Na^+ 量增多。Na_2S 用量为理论用量的 1.1 倍时，Cu 脱除率为 98.07%，As 脱除率为 27.16%。

（2）溶液初始 pH 对杂质脱除率的影响

保持上述实验条件不变，当 Na_2S 用量为理论用量的 1.1 倍时，初始 pH 对杂质脱除率的影响如图 6-27 所示。

由图 6-27 可以看出，Cu 的脱除率随着溶液初始 pH 的增加而增加，当溶液初始 pH 从 0.48 上升至 2.48 时，Cu 的脱除率由 86.83% 增加到 99.91%。As 的脱除率随着初始 pH 的变化不是很明显，初始 pH 为 1.46 时，Cu 的脱除率为 99.82%，As 的脱除率为 38.38%。

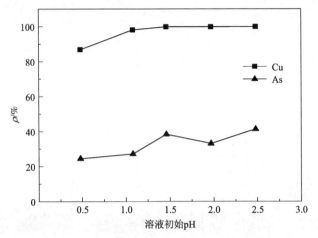

图 6-27　溶液初始 pH 对杂质脱除率的影响

实验表明，硫化法除 Cu 适宜的实验条件为：反应温度为室温（10℃）、反应时间为 1.5 h、Na_2S 用量为理论用量的 1.1 倍。

6.3.1.3　双氧水氧化沉淀法除杂

（1）沉淀终点 pH 对 Fe、As 脱除率的影响

粗硫酸镍溶液经过硫化法除去 Cu 和部分的 As 后，溶液中 Fe 质量浓度为 3.03 g/L，As 质量浓度为 0.61 g/L。按照实验步骤使用氧化沉淀法除杂，在反应温度为 60℃，反应时间为 1 h，双氧水用量为 1 mL 时，沉淀终点 pH 对 Fe、As 脱除率的影响如图 6-28 所示。

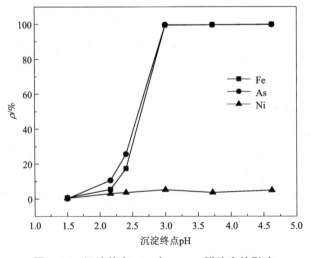

图 6-28　沉淀终点 pH 对 Fe、As 脱除率的影响

从图 6-28 可以看出，溶液中杂质 Fe 和 As 的脱除率随着沉淀终点 pH 的升高而升高，当终点 pH 从 1.5 升高到 3.0 时，溶液中 Fe 和 As 的脱除率分别从 0.75%、0.17% 升高到 99.52%、99.66%，继续升高沉淀 pH 时 Fe 和 As 的脱除率没有太大变化。

取沉淀终点 pH 为 3.0 时所得的沉淀渣烘干后进行 XRF 分析，其成分如表 6-19 所示，XRD 物相分析如图 6-29 所示。

表 6-19　氧化除铁砷沉淀渣成分（质量分数）　　　　　单位：%

O	Fe	Ni	As	S	Na	Mg	Al	Ca	Zn
45.00	18.63	15.96	5.427	11.98	1.9	0.411	0.233	0.191	0.126
Cl	Sb	Cr	P	Co	Bi	Si	K	Cu	Se
0.04	0.029	0.0285	0.021	0.0195	0.018	0.016	0.007	0.0066	0.005

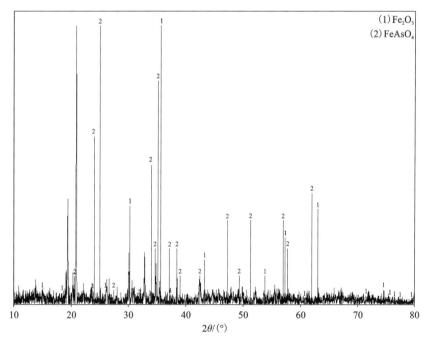

图 6-29　氧化除铁砷渣 XRD 图

从表 6-19 可以看出，氧化沉淀渣的主要成分为 O、Fe 和 As，其中含 Fe 18.63%，含 As 5.427%。从图 6-29 的分析结果可知，沉淀渣的主要物相为 Fe_2O_3 和 $FeAsO_4$，说明实验过程中发生了如下反应：

$$2Fe^{2+} + H_2O_2 + 2H^+ \Longrightarrow 2Fe^{3+} + 2H_2O \tag{6-54}$$

$$AsO^{2-} + H_2O_2 + H^+ \Longrightarrow H_3AsO_4 \tag{6-55}$$

$$H_3AsO_4 + Fe^{3+} \Longrightarrow FeAsO_4 \downarrow + 3H^+ \tag{6-56}$$

$FeAsO_4$ 的溶度积 K_{sp} 很小，仅为 $5.7 \times 10^{-21[171]}$，Fe^{2+} 和 AsO^{2-} 充分氧化后，调节溶液的 pH 即可使 As 完全沉淀出来。$Fe(OH)_3$ 的溶度积 K_{sp} 为 4×10^{-38}，在 pH>3.0 时即可完全沉淀出来。$Fe(OH)_3$ 胶体具有吸附性导致溶液中的部分 Ni 被吸附而进入渣中。适宜的沉淀终点 pH 为 3.0，此条件下，Fe 的脱除率为 99.69%，As 的脱除率为 99.65%。

（2）双氧水用量对 Fe、As 脱除率的影响

上述其他实验条件不变，当沉淀终点 pH 为 3.0 时，H_2O_2 用量对 Fe、As 脱除率的影响如图 6-30 所示。

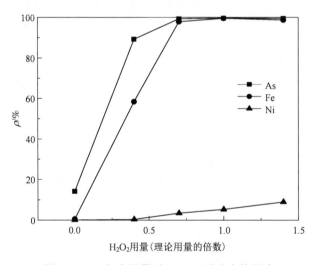

图 6-30　双氧水用量对 Fe、As 脱除率的影响

从图 6-30 可知，溶液中 Fe 和 As 的脱除率随着双氧水用量的增加而升高，当双氧水用量从 0 增加到理论用量时，Fe 和 As 的脱除率分别从 0 和 14.19% 升高到 99.52% 和 99.66%，溶液中的 Fe 和 As 被脱除。继续增加双氧水用量对杂质脱除率影响不大，而且会导致渣中镍含量的增加，控制适宜的双氧水用量非常必要。该条件下适宜的双氧水用量为理论用量，即 1 L 溶液加入 1.0 mL 双氧水。

在反应温度 60℃、反应时间 1 h、沉淀终点 pH>3.0、双氧水用量为理论用量条件下 Fe 的脱除率可达 99.52%，As 的脱除率可达 99.66%。

6.3.1.4　氟化钠沉淀除杂

（1）反应温度对 Ca、Mg 脱除率的影响

经过硫化法和氧化沉淀法除杂之后的溶液，其 Ca、Mg 的浓度没有变化，Ca 的质量浓度为 0.658 g/L，Mg 的质量浓度为 0.86 g/L。按照实验步骤采用氟化法除杂，在溶液 pH 为 4.5~5.0，NaF 加入量为 0.9 g，反应时间为 1 h 时，反应温度对 Ca、Mg 脱除率的影响如图 6-31 所示。

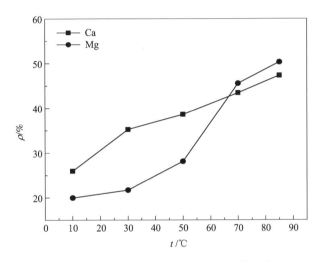

图 6-31　反应温度对 Ca、Mg 脱除率的影响

从图 6-31 中可以看出，溶液中 Ca、Mg 的脱除率随着反应温度的升高而升高，反应温度从 10℃升高到 70℃，Ca 的脱除率从 25.97%升高到 43.41%，Mg 的脱除率从 19.95%升高到 45.53%。

对氟化法除杂净化渣进行 XRF 分析，其成分如表 6-20 所示，XRD 物相分析如图 6-32 所示。

表 6-20　氟化法除钙镁渣成分（质量分数）　　　　单位：%

F	Mg	Ca	Na	O	S	Ni	Si	Al
50.3	14.55	12.96	9.613	6.95	2.216	1.718	0.629	0.483

Zn	Fe	Cl	Mn	As	Co	Sr	Cu	K
0.3443	0.166	0.018	0.0156	0.01	0.008	0.0061	0.0059	0.005

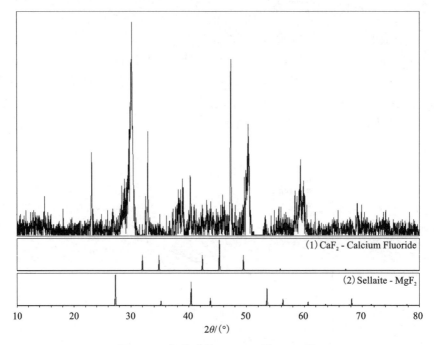

图 6-32 氟化法除 Ca、Mg 渣 XRD 图

从表 6-20 中可以看出，氟化法除杂渣中主要成分为 F、Ca 和 Mg。图 6-32 表明主要物相为 CaF_2 和 MgF_2。因此氟化钠除杂发生以下反应[176]：

$$Ca^{2+} + 2F^- \Longrightarrow CaF_2 \downarrow \tag{6-57}$$

$$Mg^{2+} + 2F^- \Longrightarrow MgF_2 \downarrow \tag{6-58}$$

从热力学数据来看[177]，CaF_2 和 MgF_2 的生成焓在反应温度范围内都是大于零的，即吸热反应。由此可知，随着温度的升高，反应平衡常数 K 增大，有利于 CaF_2 和 MgF_2 的生成。反应温度高于 70℃ 以后，Ca、Mg 的脱除率没有显著增加。因此，适宜的反应温度为 70℃，此时 Ca 的脱除率为 43.41%，Mg 的脱除率为 45.53%。

（2）NaF 用量对 Ca、Mg 脱除率的影响

上述实验条件不变，当反应温度为 70℃ 时，NaF 过量系数对 Ca、Mg 脱除率的影响如图 6-33 所示。

从图 6-33 可知，溶液中 Ca、Mg 的脱除率随着 NaF 用量的增加而升高，当 NaF 用量从 1 倍增加到 1.7 倍时，Ca 脱除率达到 97.96%，而 Mg 脱除率只有 68.84%，当 NaF 的用量增加到 2.3 倍理论量时，Mg 脱除率也可以达到 99.14%。适宜的 NaF 用量为理论用量的 2.3 倍，此时，Ca 脱除率为 99.63%，Mg 脱除率为

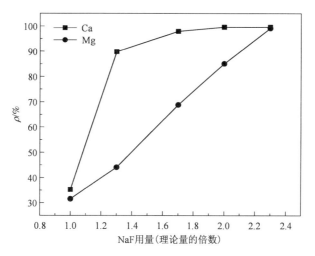

图 6-33　NaF 过量系数对 Ca、Mg 脱除率的影响

99.14%。

在反应温度 70℃、反应时间 1 h、溶液 pH 4.5~5.0、NaF 用量为理论量的 2.3 倍条件下，氟化法除杂 Ca 脱除率为 99.63%，Mg 脱除率为 99.14%。

采用经过连续三步除杂之后得到净化后的硫酸镍溶液，成分如表 6-21 所示。

表 6-21　沉淀法净化后硫酸镍溶液成分 (质量浓度)　　　　单位：g/L

Ni	Cu	Fe	Na	Zn	Mg	As	Ca
62.86	0.001	0.003	14.42	0.59	0.003	0.001	0.005

从表 6-21 中可以看出，经过沉淀法净化后的硫酸镍溶液，Cu、Fe、As、Ca、Mg 的含量很低，已达到去除杂质要求。但溶液中 Zn 含量没有太大变化，实验过程中作为中和剂和沉淀剂加入的 Na 的化合物使净化后的溶液中 Na 含量高达 14.42 g/L。取 1 L 上述经过沉淀法净化后的硫酸镍溶液，加热蒸发至 0.25 L，冷却结晶所得产品成分如表 6-22 所示。

表 6-22　沉淀法净化液结晶硫酸镍成分

项目		指标				产品
		Ⅰ类		Ⅱ类		
		优等品	一等品	优等品	一等品	
镍(Ni)质量分数/%	≥	22.2	21.5	21.8	21.5	22.08
钴(Co)质量分数/%	≤	0.05	0.1	0.4	0.4	0.0286
铜(Cu)质量分数/%	≤	0.001	0.002	0.0015	0.0015	0.0026
铁(Fe)质量分数/%	≤	0.001	0.002	0.0015	0.003	0.0013
钠(Na)质量分数/%	≤	0.02	0.03	0.02	0.03	4.85
铅(Pb)质量分数/%	≤	0.001	0.002	0.001	0.002	—
锌(Zn)质量分数/%	≤	0.001	0.002	0.001	0.002	0.189
钙(Ca)质量分数/%	≤	0.01	0.02	0.01	0.02	0.0033
镁(Mg)质量分数/%	≤	0.01	0.02	0.01	0.02	0.0014
锰(Mn)质量分数/%	≤	0.003	0.005	0.003	0.005	0.0053
镉(Cd)质量分数/%	≤	0.0003	0.0005	0.0003	0.0005	—
汞(Hg)质量分数/%	≤	0.001	0.001	—	—	—
总铬(Cr)质量分数/%	≤	0.001	0.001	—	—	—
水不溶物质量分数/%	≤	0.01	0.02	0.01	0.02	—

由表 6-22 可知，蒸发沉淀净化后的硫酸镍溶液结晶所得硫酸镍，其 Ni 含量为 22.08%，低于Ⅰ类优等品含量，Na、Zn、Mn 均不能达到产品标准。

6.3.2　沉淀-萃取法净化硫酸镍

6.3.2.1　氧化沉淀法除 Fe、As

实验原料成分如表 6-16 所示，根据氧化沉淀法除杂适宜条件，在反应温度 60℃、反应时间 1 h、沉淀终点 pH>3.0、双氧水用量为理论用量的条件下，以粗硫酸镍溶液作为原料进行实验，Fe 的脱除率可达 99.68%，As 的脱除率可达 99.84%。

6.3.2.2　氟化法除 Ca、Mg

根据氟化法除杂适宜条件，在反应温度 70℃、反应时间 1 h、溶液 pH 4.5~

5.0、NaF 用量为理论量的 2.3 倍条件下，Ca 的脱除率可达 99.72%，Mg 的脱除率可达 99.35%。

经过以上两步除杂后所得溶液主要成分如表 6-23 所示。

表 6-23　氧化沉淀和氟化法除杂后硫酸镍主要成分(质量浓度)　单位：g/L

Ni	Cu	Fe	Na	Zn	Mg	As	Ca
52.676	1.126	0.003	3.54	0.476	0.003	0.001	0.004

6.3.2.3　萃取除杂

(1)溶液初始 pH 对萃取效果的影响

实验所用溶液成分如表 6-23，在 P204 体积分数为 15%，O/A 比为 1，萃取时间为 2 min，分离时间为 10 min 时，溶液初始 pH 对 Cu、Zn 的萃取率和萃余液中 Ni 浓度的影响如图 6-34 所示。

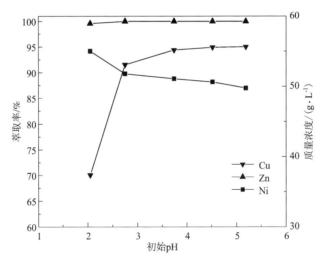

图 6-34　溶液初始 pH 对萃取效果的影响

由图 6-34 可知，P204 对于 Cu^{2+} 和 Zn^{2+} 的萃取率随着溶液初始 pH 的升高而增加，溶液中 Ni 浓度随着 pH 的升高而降低。当初始 pH 从 2.05 升高到 4.52 时，Zn^{2+} 被完全萃取，Cu^{2+} 的萃取率从 70.07% 增加到 94.94%，Ni^{2+} 从 54.999 g/L 降低至 50.634 g/L，溶液中 Ni^{2+} 在有机相中损失随 pH 升高而增加。

研究表明[178]，硫酸溶液体系中，金属离子从水相转入有机相排序为：Sn^{4+}、

Bi^{3+}、Fe^{3+}、Pb^{2+}、Al^{3+}、Cu^{2+}、Cd^{2+}、Zn^{2+}、Ni^{2+}、Co^{2+}、Mn^{2+}、Mg^{2+}、Na^+。在顺序中，每一个以无机盐形态存在于水相中的、位于前面的金属离子，均可以从有机相(皂)中"置换"出所有位于其后面的金属离子，其本身则呈皂态转入有机相中。使用 P204 的镍皂(NiR_2)萃取净化硫酸镍溶液，发生的主要反应如下：

$$NiR_2 + Cu^{2+} \longrightarrow Ni^{2+} + CuR_2 \qquad (6-59)$$

$$NiR_2 + Zn^{2+} \longrightarrow Ni^{2+} + ZnR_2 \qquad (6-60)$$

溶液的 pH 越高，越有利于 NiR_2 对杂质离子的萃取，由于实验使用的镍皂的皂化率为 75%，部分未皂化的 P204 参与萃取过程。在溶液 pH 较高时，未皂化的 P204 会萃取溶液中的 Ni^{2+}：

$$Ni^{2+} + 2HR \longrightarrow NiR_2 + 2H^+ \qquad (6-61)$$

为减少 Ni^{2+} 在有机相中的损失，保证对 Cu^{2+}、Zn^{2+} 的萃取，适宜的 pH 为 4.52 时，Cu^{2+} 的萃取率为 94.94%，Zn^{2+} 萃取完全。

(2)P204 体积分数对萃取效果的影响

保持上述条件不变，溶液初始 pH 为 4.5 时，P204 体积分数对萃取效果的影响如图 6-35 所示。

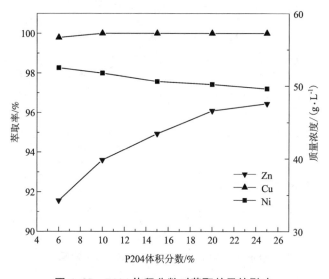

图 6-35　P204 体积分数对萃取效果的影响

从图 6-35 可知，Cu^{2+} 和 Zn^{2+} 萃取率随着 P204 体积分数增加而增加，而萃余液中 Ni 浓度随之下降。当萃取剂体积分数由 6% 增加到 25% 时，Zn^{2+} 萃取率达到 100%，Cu^{2+} 萃取率由 91.56% 升高到 96.45%，随着体积分数的增加 Cu^{2+} 萃取率增加不明显，而 Ni^{2+} 质量浓度从 52.526 g/L 降低到 49.616 g/L，Ni^{2+} 在有机相中损失增大。当 P204 体积分数为 20%，Cu^{2+} 萃取率为 96.09%，Zn^{2+} 萃取率为 100%。

（3）相比（O/A）对萃取效果的影响

其他条件不变，萃取剂体积分数为 20%，相比对萃取效果的影响如图 6-36 所示。

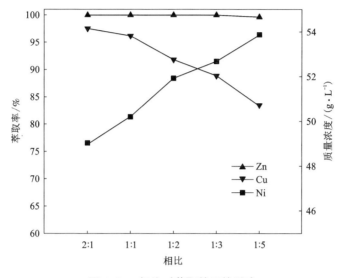

图 6-36　相比对萃取效果的影响

从图 6-36 可知，Cu^{2+}、Zn^{2+} 萃取率随着相比的降低而降低，萃余液中 Ni^{2+} 浓度随着相比的降低而增加。当相比由 2∶1 降低到 1∶5 时，Zn^{2+} 萃取率保持不变，而 Cu^{2+} 萃取率由 97.42% 降至 83.39%。较高相比具有较好的萃取效果，容易造成 Ni^{2+} 在有机相中的损失。为了减少萃取剂的用量和镍的损失，适宜的 O/A 为 1∶5，此时 Cu^{2+} 萃取率为 83.39%，Zn^{2+} 萃取率为 99.58%。

（4）萃取级数对萃取效果的影响

从上述实验结果可以看出，一级萃取可以将溶液中的 Zn^{2+} 和大部分的 Cu^{2+} 萃取除去，但是 Cu^{2+} 的萃取并不完全，所以需要增加萃取级数来达到净化的目的。实验室采用 4 个球形分液漏斗模拟 3 级逆流萃取，其流程如图 6-37[179] 所示。

图 6-37 中 1、2、3、4 分别表示四个分液漏斗，经过氧化沉淀和氟化沉淀的溶液 F 由左侧加入漏斗，萃取分离后沿箭头方向进入下一个漏斗进行下一级萃取；镍皂 S 由右侧加入漏斗，萃取分离后漏斗沿箭头方向进入下一级进行萃取。萃取之后所得的各级萃取后的溶液 R_1、R_2、R_3 从右侧流出装置，各级负载有机相 E_1、E_2、E_3 从左侧流出装置。

控制初始 pH 为 4.52、萃取剂体积分数为 20%、相比（O/A）为 1∶5，萃取后

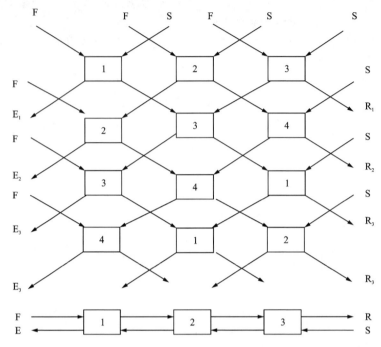

1、2、3、4—球形分液漏斗；F—除 Fe、As、Ca、Mg 后液；S—镍皂；E—萃后有机相；R—萃余液。

图 6-37　模拟三级逆流萃取除 Cu²⁺、Zn²⁺ 流程图

1、2、3 级萃取的萃余液分析结果如表 6-24 所示。

单位：g/L

表 6-24　三级萃取溶液中主要元素质量浓度

级数	原溶液	1	2	3
Cu	1.126	0.183	0.041	0.002
Zn	0.476	0.002	—	—
Ni	52.676	53.253	52.382	51.362

从表 6-24 中可以看出，采用 3 级萃取可以达到较好的除 Cu 和 Zn 的效果，同时 Ni 在有机相中的损失较少，所以应采用 3 级萃取来进行萃取除杂。3 级萃取后的硫酸镍溶液中 Zn 浓度低于检测限，Cu 质量浓度在 0.002 g/L 以下。

6.3.2.4　有机交换分离 Na

经过镍皂三级萃取之后的硫酸镍溶液的主要成分如表 6-25 所示。

表 6-25　三级萃取后液主要元素质量浓度　　　　　　　单位：g/L

Ni	Na	Ca	Mg	Cu	Zn
51.362	10.61	0.004	0.01	0.002	—

取 50 mL 三级萃取除 Cu、Zn 后液，按照相比（O/A）2∶1 加入体积分数为 20%的 P204 煤油溶液，调整溶液的 pH 进行萃取；萃取后的有机相每次加入 20 mL $\rho(Ni^{2+})$ = 23.28 g/L 的纯净的硫酸镍溶液洗涤以去除其中共萃取的 Na^+。洗涤负载有机相中 Na^+ 采用连续多级逆流的方法，其流程如图 6-38 所示。

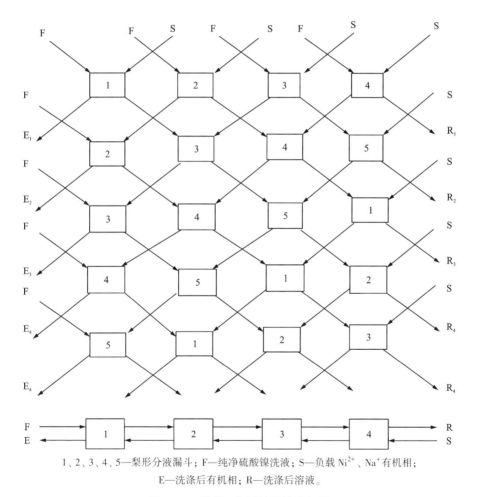

1、2、3、4、5—梨形分液漏斗；F—纯净硫酸镍洗液；S—负载 Ni^{2+}、Na^+ 有机相；

E—洗涤后有机相；R—洗涤后溶液。

图 6-38　模拟四级逆流洗涤流程图

从表 6-25 中可以看出，溶液中的主要杂质 Ca、Mg、Cu、Zn 等含量比较少，经过三级萃取之后溶液 Na^+ 质量浓度达到 10.61 g/L。

图 6-38 中，1、2、3、4、5 分别代表五个分液漏斗，负载 Ni^{2+}、Na^+ 的有机相 S 从右侧进入漏斗，洗涤分离后沿箭头方向进入下一级洗涤；纯净的硫酸镍溶液 F 从左侧进入漏斗，洗涤分离后沿箭头方向进入下一级洗涤。各级洗涤后负载 Ni^{2+} 有机相 E_1、E_2、E_3、E_4 从左侧流出；各级洗涤后硫酸镍洗液 R_1、R_2、R_3、R_4 从右侧流出。萃取 pH 及洗涤级数对镍钠分离效果的影响如表 6-26 所示。

表 6-26　镍钠分离后各溶液中 Ni 和 Na 的体积（质量浓度）　　单位：g/L

pH	萃余液		一级洗涤液		二级洗涤液		三级洗涤液		四级洗涤液	
	Ni	Na	Ni	Na	Ni	Na	Ni	Na	Ni	Na
5.63	10.33	25.11	23.83	2.76	13.78	8.13	13.42	8.36	13.23	8.42
6.05	10.86	31.23	22.92	3.24	13.59	8.24	13.02	8.45	12.96	8.48
6.51	11.50	35.4	22.59	3.71	13.05	8.34	12.12	8.91	12.13	8.87
7.02	4.42	36.23	21.34	3.9	12.96	8.32	12.05	8.89	12.03	8.86
7.48	3.12	36.71	20.69	4.18	12.58	8.75	12.11	8.94	11.84	9.64

从表 6-26 可知萃余液中 Ni^{2+} 浓度随着萃取 pH 的升高而降低，Na^+ 的浓度随着萃取 pH 的升高而升高。P204 萃取 Ni^{2+} 的 pH 一般为 5.5~6.5，Na^+ 的萃取 pH > 6.5，但有研究表明[180, 181]，提高溶液的 pH 到 6.5~7.5，超过理论萃取量的 Ni^{2+} 会被萃取进入有机相，从而可以减少共萃取进入有机相的 Na^+ 的量。经过纯净硫酸镍溶液洗涤后的负载 Ni^{2+} 有机相使用 2 mol/L 的稀硫酸溶液进行反萃，反萃液的成分如表 6-27 所示。

表 6-27　镍钠分离反萃液成分表（质量浓度）　　单位：g/L

pH	Ni	Na	Ca	Mg	Cu	Zn	Fe	As
5.63	93.56	0.145	0.005	0.002	0.013	0.01	0.001	0.001
6.05	93.55	0.140	0.003	0.002	0.01	0.008	—	—
6.5	93.62	0.128	0.002	0.001	0.009	0.009	—	—
7.02	93.85	0.088	0.002	0.003	0.01	0.007	—	—
7.48	94.08	0.077	0.004	0.003	0.011	0.003	0.001	0.001

从表 6-27 可知，反萃液中 Na^+ 浓度随着萃取 pH 增加而降低，提高萃取 pH 有利于镍钠的萃取分离[180, 181]。萃取分离 Ni^{2+}、Na^+ 的 pH 以大于 7.5 左右为宜。

6.3.2.5　硫酸镍的结晶

蒸发 568 mL 密度为 1.32 g/mL 的反萃液，当溶液密度达到 1.5 g/mL 时停止加热，缓慢搅拌冷却结晶后过滤得到结晶母液 208 mL 和硫酸镍晶体。蒸发前后硫酸镍溶液中主要元素成分如表 6-28 所示，硫酸镍晶体成分如表 6-29 所示，结晶产物 XRD 实验结果如图 6-39 所示。

表 6-28　结晶前后硫酸镍溶液成分（质量浓度）　　　　　　　单位：g/L

	Ni	Ca	Mg	Cu	Zn	Na	Fe
蒸发前溶液	95.92	0.011	0.006	0.015	—	0.118	0.012
结晶母液	84.68	0.061	0.013	0.037	0.003	0.327	0.035

表 6-29　精制硫酸镍主要成分表

		Ⅰ类		Ⅱ类		产品
		优等品	一等品	优等品	一等品	
镍(Ni)质量分数/%	≥	22.2	21.5	21.8	21.5	24.94
钴(Co)质量分数/%	≤	0.05	0.1	0.4	0.4	0.022
铜(Cu)质量分数/%	≤	0.001	0.002	0.0015	0.0015	0.00084
铁(Fe)质量分数/%	≤	0.001	0.002	0.0015	0.003	0.00064
钠(Na)质量分数/%	≤	0.02	0.03	0.02	0.03	0.00232
铅(Pb)质量分数/%	≤	0.001	0.002	0.001	0.002	0.0012
锌(Zn)质量分数/%	≤	0.001	0.002	0.001	0.002	0.00028
钙(Ca)质量分数/%	≤	0.01	0.02	0.01	0.02	0.00058
镁(Mg)质量分数/%	≤	0.01	0.02	0.01	0.02	0.00078
锰(Mn)质量分数/%	≤	0.003	0.005	0.003	0.005	0.00026
镉(Cd)质量分数/%	≤	0.0003	0.0005	0.0003	0.0005	—
汞(Hg)质量分数/%	≤	0.001	0.001	—	—	—

续表6-29

	I 类		Ⅱ 类		产品
	优等品	一等品	优等品	一等品	
总铬(Cr)质量分数/% ≤	0.001	0.001	—	—	—
水不溶物质量分数/% ≤	0.01	0.02	0.01	0.02	

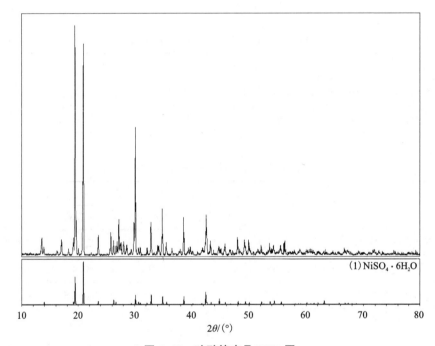

图 6-39　硫酸镍产品 XRD 图

　　经过沉淀-萃取-蒸发结晶所得的硫酸镍，外观为翠绿色细颗粒状结晶体，从表 6-29 中可以看出，质量达到国家标准(HG/T 2824—2009) I 类(电镀级)一等品标准。从图 6-39 可以看出，结晶物的主要物相为 $NiSO_4 \cdot 6H_2O$。

　　沉淀-萃取工艺流程如图 6-40 所示。

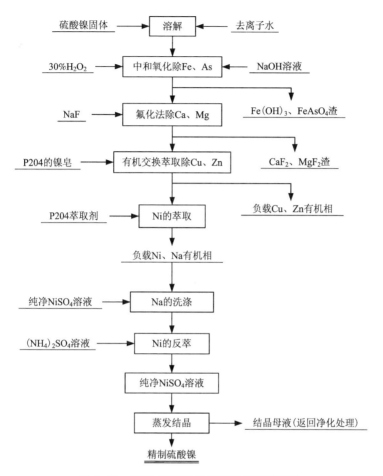

图 6-40　沉淀-萃取法净化硫酸镍工艺流程

第7章 价态调控在铜电解
工业中的应用

7.1 亚砷酸铜价态调控铜电解工业应用

由于我国铜精矿来源复杂，铜精矿中砷锑铋杂质含量较高，造成了火法精炼所得阳极铜锑铋含量高，从而使铜电解液中锑铋质量分数分别为 1 g/L 和 0.5 g/L 以上，严重影响铜电解精炼阴极铜质量。为了保证阴极铜质量常常采用低电流密度电解。为了解决困扰生产中这一难题，在大冶有色金属有限责任公司支持下，特开展了亚砷酸铜价态调控铜电解工业应用。

7.1.1 亚砷酸铜工业制备

在不锈钢反应釜(ϕ2 m×2.5 m)中加入 200 kg 三氧化二砷和 4 m³ 摩尔浓度为 1 mol/L 氢氧化钠溶液，在 20~30℃ 下反应 1 h 使三氧化二砷溶解得到亚砷酸钠溶液。用硫酸调节亚砷酸钠溶液 pH 为 6.0。搅拌下加入硫酸铜 600 kg，反应 2 h 后，缓慢加入 3 mol/L 氢氧化钠，加料速率为 50 L/min，控制终点 pH 至 6.0 得到亚砷酸铜沉淀。过滤后亚砷酸铜成分如表 7-1 所示，以 As 利用率计算，亚砷酸铜产率达到 98.64%，亚砷酸铜中 $n_{Cu}/n_{As} \approx 5:4$。

表 7-1 亚砷酸铜化学成分(质量分数)　　单位：%

As	Cu	Sb	Bi	H₂O	其他
10.50	11.20	0.05	0.04	68.61	19.21

7.1.2　亚砷酸铜价态调控铜电解液净化

在不锈钢反应釜中加入 6.7 m³ 一段脱铜电解液，搅拌下加入 500 kg 亚砷酸铜，在 65℃下溶解 2 h。将溶解亚砷酸铜后铜电解液打入低位槽，定容至 41 m³，由循环泵打入高位槽，温度为 65℃，流经低位槽、高位槽、循环泵、过滤机，反复循环 2 h。亚砷酸铜净化铜电解液工艺流程如图 7-1 所示，净化前后电解液成分如表 7-2 所示。

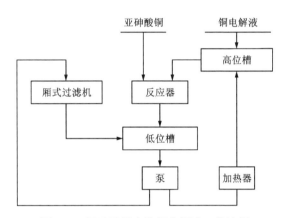

图 7-1　亚砷酸铜净化铜电解液工艺流程

表 7-2　亚砷酸铜价态调控铜电解液成分(质量浓度)　　　　　单位：g/L

元素	Cu	H_2SO_4	As_T	As(Ⅲ)	Sb	Bi	Ni	Fe
调控前	38.75	190.58	3.10	0.10	0.85	0.235	8.4	0.99
调控后	46.96	183.26	11.16	7.62	0.22	0.086	8.3	0.95

调控前电解液体积为 40 m³，调控后电解液体积调整至 41 m³，Sb、Bi 脱除率如下：

$$\text{Sb 脱除率} = \frac{0.85 \times 40 - 0.22 \times 41}{0.85 \times 40} \times 100\% = 73.47\%$$

$$\text{Bi 脱除率} = \frac{0.235 \times 40 - 0.086 \times 41}{0.235 \times 40} \times 100\% = 62.49\%$$

采用亚砷酸铜价态调控铜电解液，杂质 Sb、Bi 脱除率分别达到 73.47% 和 62.49%。

在一段脱铜后电解液中加入亚砷酸铜，调整电解液中砷的含量及形态，杂质锑铋得到脱除，化学分析净化渣 As、Sb、Bi 含量如表 7-3 所示。

表 7-3　工业净化渣化学成分(质量分数)　　　　　单位: %

组分	As(Ⅲ)	As(Ⅴ)	Sb(Ⅲ)	Sb(Ⅴ)	Bi
净化渣	6.29	5.31	10.82	30.38	10.27
模拟沉淀物	8.22	7.46	13.36	35.07	11.04

注: 模拟沉淀物为根据5.2.6.3条件[$n_{As(Ⅲ)} : n_{As(Ⅴ)} : n_{Sb(Ⅲ)} : n_{Sb(Ⅴ)} : n_{Bi(Ⅲ)} = 4:4:2:2:1$]制备所得沉淀物, 后同。

　　净化渣的 X 射线能谱分析结果如图 7-2 所示, 净化渣的 XRD 及 FT-IR 结果分别如图 7-3 和图 7-4 所示。

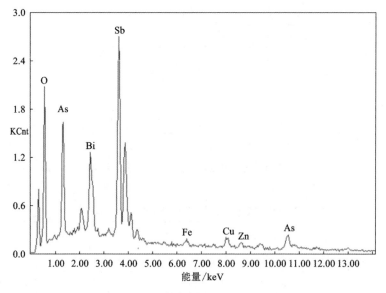

图 7-2　工业试验净化渣 X 射线能谱图

　　X 射线能谱试验表明, 净化渣的主要成分为 As、Sb、Bi、O, 此外还有少量 S、Fe、Cu、Zn。由表 7-3 可知, 净化渣 As、Sb、Bi 含量比模拟沉淀物成分略低, 这是工业试验中其他杂质造成的, 但是 As、Sb、Bi 含量基本以相同比例变化。

　　由图 7-3 可知, 净化渣与 $n_{As}/n_{Sb} = 5:1$ 条件下所得砷代锑酸锑衍射特征基本一致。因为工业试验中 n_{As}/n_{Sb} 较高, 晶体结晶性能较差。由图 7-4 可知, 净化渣与模拟沉淀物红外谱图相似。

　　无论化学成分还是 XRD 及 IR 结果均表明, 净化渣与模拟沉淀物具有相同成分。

　　亚砷酸铜净化电解液工业试验表明, 净化前电解液中的砷主要以 As(Ⅴ)形

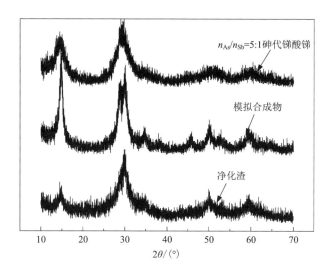

模拟沉淀物条件[$n_{As(Ⅲ)} : n_{As(V)} : n_{Sb(Ⅲ)} : n_{Sb(V)} : n_{Bi(Ⅲ)} = 4 : 4 : 2 : 2 : 1$]制备所得沉淀物。

图 7-3　工业试验净化渣 XRD 图

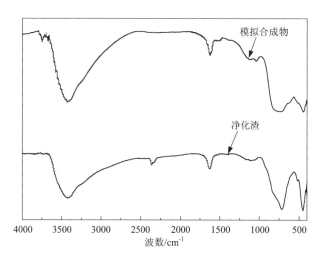

模拟沉淀物为条件[$n_{As(Ⅲ)} : n_{As(V)} : n_{Sb(Ⅲ)} : n_{Sb(V)} : n_{Bi(Ⅲ)} = 4 : 4 : 2 : 2 : 1$]制备所得沉淀物。

图 7-4　工业试验净化渣 FT-IR 图

态存在, 加入亚砷酸铜净化后, 调整电解液中 $n_{As(Ⅲ)}/n_{As(V)}$, 使其接近 $1:1$, 溶液中形成了砷代锑酸锑和砷锑酸盐沉淀。因此, 电解液中锑铋得到去除。

7.1.3 · 亚砷酸铜价态调控铜电解工业应用

采用 6 个电解槽(3600 mm×890 mm×1400 mm),单槽电解液有效容积为 3.5 m³。每槽阳极铜(180 kg/块)和始极片(770 mm×810 mm)数量分别为 28 块和 27 块,极距为 95 mm,温度为 62~64℃,循环速率为 7.14 L/(min·槽)。加入适当有机添加剂及盐酸,在 235 A/m² 下连续电解 7 天,305 A/m² 下连续电解 6 天。亚砷酸铜价态调控铜电解工艺流程如图 7-5 所示。

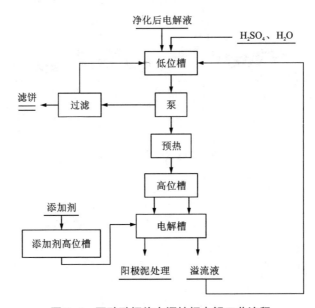

图 7-5 亚砷酸铜价态调控铜电解工艺流程

电解时间对电解液 As(Ⅲ)、As_T 浓度和对电解液浓度 Sb、Bi 影响分别如图 7-6 和图 7-7 所示。

由图 7-6 和图 7-7 可知,在不开路情况下,连续电解 13 天,电解液 As_T 质量浓度为 10.81~11.55 g/L,As(Ⅲ)质量浓度由 7.62 g/L 下降至 1.20 g/L,Sb 为 0.22~0.28 g/L、Bi 质量浓度为 0.066~0.096 g/L。

前 7 天,单槽阴极片数量为 27 块,共得到 162 块阴极铜,尺寸为 0.77 m× 0.81 m,实际平均电流为 7942.57 A,阴极铜总重为 8663 kg,单块始极片重量为 3 kg,实际电解时间为 156.4 h。

$$阴极电流密度 = \frac{7942.57}{2 \times 27 \times 0.77 \times 0.81} \approx 235.83 \ A/m^2$$

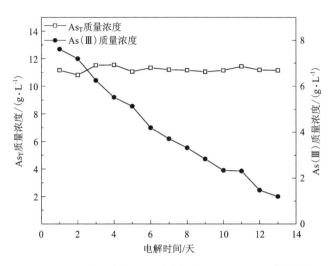

图 7-6　工业试验电解时间对电解液 As_T、$As(III)$ 浓度影响

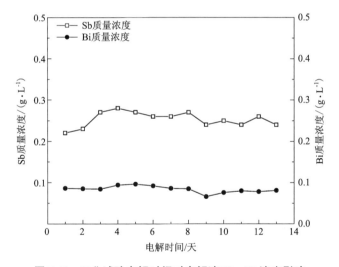

图 7-7　工业试验电解时间对电解液 Sb、Bi 浓度影响

$$阴极电流效率 = \frac{8663000 - 3000 \times 162}{1.1852 \times 6 \times 7492.57 \times 156.4} \approx 98.13\%$$

后 6 天，单槽阴极片数量为 22 块，共得到 88 块阴极铜（按 4 槽计），尺寸为 0.77 m×0.81 m，实际平均电流为 8357.17 A，阴极铜总重为 4664 kg，单块始极片重量为 3 kg，实际电解时间为 115.3 h。

$$\text{实际阴极电流密度} = \frac{8357.17}{2 \times 22 \times 0.77 \times 0.81} \approx 304.53 \text{ A/m}^2$$

$$\text{阴极电流效率} = \frac{4664000 - 3000 \times 88}{1.1852 \times 4 \times 8357.17 \times 115.3} \approx 96.32\%$$

按照 GB/T 467—1997 国家标准检测阴极铜外观质量，阴极铜物理质量合格率为 100%。所得常规电解及价态调控所得阴极铜表观如图 7-8 所示，阴极铜化学成分如表 7-4 所示，电流密度为 305 A/m² 时价态调控所得阴极铜表观及起槽阴极铜表观如图 7-9 所示。

(a) 非价态调控　　　　　　　　　　　　　(b) 价态调控

图 7-8　电流密度为 235 A/m² 时所得阴极铜表观

图 7-9　电流密度为 305 A/m² 时价态调控起槽阴极铜表观及现场讨论

表 7-4　阴极铜化学成分对照表

检测项目		GB/T 467—1997	检测结果/%	
元素组	元素	≤/%	电流密度/(A·m⁻²)	
			235.83	304.53
1	Se	0.00020	0.00005	0.00005
	Te	0.00020	0.00010	0.00010
	Bi	0.00020	0.00005	0.00005
2	Cr	—	0.00006	0.00006
	Mn	—	0.00006	0.00006
	Sb	0.00040	0.00010	0.00010
	Cd	—	0.00005	0.00005
	As	0.00050	0.00005	0.00007
	P	—	0.00005	0.00005
3	Pb	0.00050	0.00010	0.00013
4	S	0.0015	0.00093	0.00048
5	Sn	—	0.00010	0.00010
	Ni	—	0.00014	0.00008
	Fe	0.0010	0.00044	0.00010
	Si	—	0.00005	0.00005
	Zn	—	0.00005	0.00005
	Co	—	0.00006	0.00006
6	Ag	0.0025	0.00090	0.00097
7	Cu	—	99.997	99.997
8	杂质总和	0.0065	0.00334	0.00261
Se+Te		0.00030	0.00015	0.00015
一组元素总量		0.00030	0.0002	0.0002
二组元素总量		0.0015	0.00037	0.00039
五组元素总量		0.0020	0.00084	0.00044
综合评价		各项指标均优于国家标准		

由图 7-8 和图 7-9 可知，采用亚砷酸铜价态调控铜电解所得阴极铜光滑平整、无粒子，高电流密度电解所得阴极铜平整、无粒子。由表 7-4 可知，阴极铜化学成分均达到高纯阴极铜标准。

7.2 二氧化硫还原价态调控铜电解工业应用

由于阳极铜越来越复杂，特别是二次铜生产的阳极铜以及一些低砷高锑铋矿铜生产的阳极铜砷含量低，锑铋含量高。低砷阳极板电解制备高纯阴极铜时，出现阳极纯化、残极率高等问题，且阴极表面质量不佳，严重影响阴极铜产品质量。为解决一系列问题，一般冶炼厂采用低电流密度电解或采用高砷与低砷阳极板混合电解，甚至将低砷板与自有含砷铜矿火法精炼铜一起熔铸成阳极板，然后电解精炼。为了消除低砷阳极电解造成的阳极钝化，提升电解电流密度，提高阴极铜质量，在我国贵溪冶炼厂支持下开展了 SO_2 还原价态调控低砷阳极电解工业生产应用。

7.2.1 工业原料及工艺流程

7.2.1.1 原料

所用电解液为生产系统的电解液，所用电解阳极板为低砷阳极板，自产阳极电解系统电解液主要成分如表 7-5 所示，低砷阳极与矿铜阳极成分比较如表 7-6 所示。

表 7-5 电解液主要成分（质量浓度）　　　　单位：g/L

	H_2SO_4	Cu	As	Sb	Bi	Ni	Fe	Pb	Sn
自产系统	174.56	42.76	10.39	0.36	0.31	15.62	0.31	0.038	0.005

表 7-6 低砷阳极与矿铜阳极成分比较（各元素质量分数）　　　　单位：%

	Cu	As	Sb	Bi	Ni	Fe	Pb
矿铜阳极	99.32	0.20	0.063	0.022	0.091	0.0018	0.033
低砷阳极	99.55	0.063	0.005	0.015	0.005	0.0063	0.005
	Sn	Au	Ag	Se	Te	O	S
自产阳极	0.013	17.57	361.7	0.030	0.027	0.15	0.006
低砷阳极	0.005	1.41	40.67	0.011	0.005		

由表 7-6 可知，矿铜阳极 $n(As)/n(Sb+Bi)$ 为 4.287，低砷阳极 $n(As)/n(Sb+Bi)$ 为 0.8571。一般生产铜阳极中 $n(As)/n(Sb+Bi) \geqslant 2$，矿铜阳极 $n(As)/n(Sb+Bi)$ 远大于 2，而低砷阳极 $n(As)/n(Sb+Bi)$ 远小于 2。

7.2.1.2　工业电解槽的分布

价态调控低砷阳极电解槽共有 20 槽电解槽，分为 1、2 两组，每组 10 槽电解槽，每槽阳极板为 55 块，阴极板为 54 块。低砷阳极 20 槽电解槽分布图如图 7-10 所示。

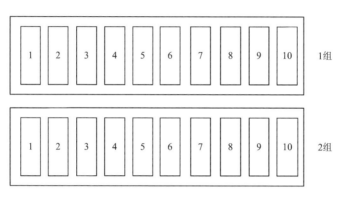

图 7-10　低砷阳极板电解槽分布

7.2.1.3　SO_2 还原价态调控工艺流程

根据价态调控理论以及现场条件，工业应用采用自产阳极电解系统的高砷电解液，进行 SO_2 还原价态调控，其工艺流程如图 7-11 所示。

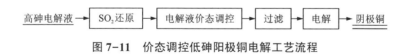

图 7-11　价态调控低砷阳极铜电解工艺流程

7.2.2　非价态调控下电流密度 280 A/m² 时低砷阳极电解

非价态调控时，在 280 A/m² 电流密度下，向电解循环槽中加入 30~48 g/t 骨胶、68 g/t 硫脲、10~25 g/t 添加剂 A，补加硫酸和盐酸，电解液循环量为 35 L/(min·槽)，电解液温度为 55~65℃，电解液中 As 浓度随电解时间的变化趋势如图 7-12 所示。

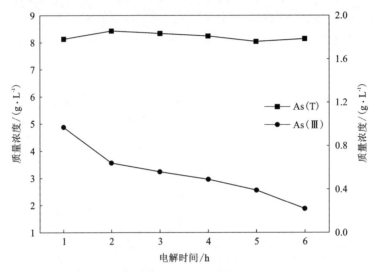

图 7-12　电解液中 As 浓度随电解时间的变化趋势

由图 7-12 可知，随着电解时间的增加，电解液中总砷质量浓度基本保持在 8.0 至 8.4 g/L 之间，而 As(Ⅲ) 质量浓度由 0.97 g/L 持续下降到 0.22 g/L。

非价态调控下 280 A/m² 电流密度依次出槽低砷电解阴极铜表观质量如图 7-13 所示。

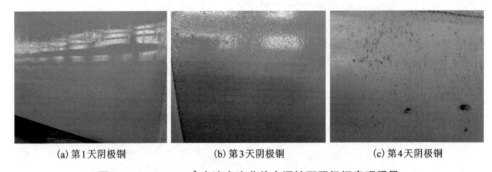

(a) 第 1 天阴极铜　　　　(b) 第 3 天阴极铜　　　　(c) 第 4 天阴极铜

图 7-13　280 A/m² 电流密度非价态调控下阴极铜表观质量

通过观察铜板质量可知，电流密度至 280 A/m² 时，电解第三天铜板表面出现小麻点等，液表细小漂浮物增多，铜板质量明显恶化。

7.2.3　电流密度为 255 A/m² 时价态调控低砷阳极板电解

7.2.3.1　第一周期电解

每天从系统中抽取 10~20 m³ 电解液，二氧化硫还原用于价态调控电解液。在电解循环槽中加入 30 g/t 骨胶、60 g/t 硫脲、20 g/t 添加剂 A、0~120 g/t 盐酸，电解液循环量为 35 L/(min·槽)，电解液温度为 55~65℃。试验系统槽电压在 0.21 至 0.27 V 之间。电解第一周期电解液的成分变化如表 7-8 所示，第一周期电解阴极铜板表观质量如图 7-14 所示，第一周期阴极铜质量如表 7-9 所示。

表 7-8　电解第一周期电解液的成分(质量浓度)　　　　单位: g/L

天数	As_T	Sb	Bi	Cu	Pb	Fe	Ni	Sn	Cl	H_2SO_4	As(Ⅲ)
1	8.33	0.27	0.25	39.28	0.025	0.32	15.83	<0.005	—	141.56	0.74
2	8.21	0.26	0.25	36.91	—	—	—	—	0.075	—	0.69
3	8.16	0.26	0.25	36.41	0.020	0.30	15.52	<0.005	0.075	158.25	0.81
4	8.45	0.26	0.23	36.62	—	—	—	—	0.078	—	1.01
5	9.18	0.28	0.24	38.36	—	—	—	—	0.070	—	0.95
6	8.76	0.25	0.24	37.22	0.020	0.32	17.20	<0.005	—	173.08	0.88
7	8.95	0.26	0.24	38.69	—	—	—	—	—	—	1.06
8	8.98	0.26	0.24	38.72	—	—	—	—	—	—	0.74
9	9.00	0.26	0.23	39.69	—	—	—	—	—	—	0.82
10	8.99	0.27	0.23	40.94	—	—	—	—	—	—	0.89

注: "—"表示未检测。

由表 7-8 可知，还原大系统中电解液价态调控后，试验系统电解液中 Cu^{2+}、As_T 浓度逐渐升高，Cu 质量浓度由 36.41 g/L 上升至 40.94 g/L，Sb、Bi 质量浓度较为稳定，Sb 质量浓度在 0.26 至 0.27 g/L 之间，Bi 质量浓度在 0.23 至 0.25 g/L 之间，As(Ⅲ)质量浓度维持在 0.69 至 1.06 g/L 之间。试验说明通过价态调控，电解精炼时电解液中 Sb、Bi 得到有效控制。

由图 7-14 可知，循环电解液采用上进下出进液方式的阴极铜表面几乎无粒子，铜板外观质量好，而采用下进上出进液方式则阴极铜表面出现长粒子状况。

(a)下进上出进液方式阴极铜

(b)上进下出进液方式阴极铜

(c)出槽阴极铜

图7-14 依次出槽第一周期电解阴极铜表观质量

表7-9 阴极板杂质的质量分数   单位：10^{-6}

元素	Ag	S	As	Te	Ni	Sb	Pb	Zn	Fe
低砷系统	9	3.2	0.5	<1.5	<0.5	<1	<1	<1	<1

元素	Si	Cr	Bi	Mn	Cd	Co	Sn	P	Se
低砷系统	<1	<1	<0.5	<0.5	<0.5	<0.5	<0.5	<0.5	

由表7-9可知，试验阴极铜杂质元素总含量小于 12.7×10^{-6}，$w(Cu) > 99.9987\%$，达到 A 级铜（Cu-CATH-1）标准（GB/T 467—2010）。

7.2.3.2 槽第二周期电解

电解工艺不变，每天取电解大系统中循环电解液，低砷阳极板电解系统中电解液成分随电解时间的变化如表7-10所示。

表7-10 低砷阳极板电解液成分（质量浓度）   单位：g/L

天数	As_T	Sb	Bi	Cu	Pb	Fe	Ni	Sn	Cl	H_2SO_4	As(Ⅲ)
1	8.89	0.26	0.22	43.9	0.018	0.34	16.73	<0.005	0.072	178.03	1.5
2	—	—	—	—	—	—	—	—	0.069	—	1.44
3	—	—	—	—	—	—	—	—	0.071	—	—
4	9.85	0.33	0.34	43.2	0.029	0.21	12.56	<0.005		180.25	1.69
5	—	—	—	—	—	—	—	—	—		0.75
6	—	—	—	—	—	—	—	—	—		1.05
7	—	—	—	—	—	—	—	—	0.061		1.18

续表7-10

天数	As_T	Sb	Bi	Cu	Pb	Fe	Ni	Sn	Cl	H$_2$SO$_4$	As(Ⅲ)
8	8.76	0.26	0.21	41.4	0.018	0.32	16.47	<0.005	0.061	170.61	—
9	—	—	—	—	—	—	—	—	0.058	—	—
10	—	—	—	—	—	—	—	—	0.064	—	—

注："—"表示未检测。

由表 7-10 可知，试验系统电解液中 Cu^{2+} 浓度有所下降，Cu 质量浓度由 43.99 g/L 下降至 41.38 g/L，Sb、Bi 质量浓度控制在 0.34 g/L 以下，As(Ⅲ) 质量浓度保持在 0.75 至 1.69 g/L 之间。

255 A/m^2 电流密度下槽第二周期电解阴极铜表观质量如图 7-15 所示。

(a) 电解第一天阴极铜　　　　　　　　(b) 出槽阴极铜

图 7-15　依次出槽第二周期电解阴极铜表观质量

电解第一天发生毛刺现象少，电解后期表面单个粒子数量减少，铜板质量较佳。

7.2.3.3　第三四周期电解

每天从矿铜阳极板电解系统中抽取 10~20 m^3 电解液，SO$_2$ 还原后电解液补充电解槽中用于价态调控。电解工艺不变，电解槽中电解液浓度随电解时间的变化如表 7-11 所示。

表 7-11 低砷阳极板电解液成分 (质量浓度)　　　　　单位: g/L

天数	As$_T$	Sb	Bi	Cu	Pb	Fe	Ni	Sn	Cl	H$_2$SO$_4$	As(Ⅲ)
1	—	—	—	—	—	—	—	—	—	—	0.78
2	—	—	—	—	—	—	—	—	—	—	1.15
3	—	—	—	—	—	—	—	—	0.061	—	1.15
4	8.10	0.24	0.19	41.17	0.017	0.30	16.57	<0.005	0.064	167.52	0.56
5	8.77	0.29	0.25	38.37	0.017	0.35	18.21	<0.005	—	187.79	0.88
6	—	—	—	—	—	—	—	—	—	—	
7	—	—	—	—	—	—	—	—	—	—	1.32
8	—	—	—	—	—	—	—	—	0.093	—	1.1
9	9.39	0.31	0.23	37.84	0.028	0.35	18.54	<0.005	0.081	199.04	1.39
10	—	—	—	—	—	—	—	—	0.10	—	0.64
11	—	—	—	—	—	—	—	—	0.11	—	2.07
12	9.72	0.30	0.23	46.70	0.015	0.36	19.38	<0.005	—	197.80	2.1
13	—	—	—	—	—	—	—	—	—	—	1.06
14	—	—	—	—	—	—	—	—	—	—	1.36
15	—	—	—	—	—	—	—	—	0.088	—	1.55
16	9.06	0.28	0.23	46.74	0.016	0.36	19.03	<0.005	0.063	200.28	1.19
17	—	—	—	—	—	—	—	—	0.072	—	1.42
18	—	—	—	—	—	—	—	—	0.082	—	2.75
19	9.17	0.28	0.22	43.65	0.018	0.38	17.88	<0.005	—	182.34	1.83
20	—	—	—	—	—	—	—	—	—	—	1.07

注: "—"表示未检测。

　　由表 7-11 可知, 第三和第四周期电解液中 As(Ⅲ)维持在 0.56 至 2.75 g/L 之间。

　　第三和第四周期电解阴极铜表观质量分别如图 7-16 和图 7-17 所示。

　　通过观察铜板质量可知, 采用上进下出进液方式的铜板质量较采用下进下出进液方式的铜板质量更佳, 表面更平整, 粒子更少。

　　第三和第四周期阴极铜质量检测数据如表 7-12 所示。

(a) 电解第一天阴极铜　　　　　　　　　　(b) 出槽阴极铜

图 7-16　第三周期电解阴极铜表观质量

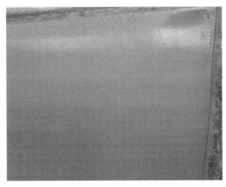

(a) 下进上出进液方式阴极铜　　　　　　　　(b) 上进下出进液方式阴极铜

图 7-17　依次出槽第四周期电解阴极铜表观质量

表 7-12　阴极板杂质 (质量分数)　　　　　　　　单位：10^{-6}

周期	进液方式	Ag	S	As	Te	Ni	Sb	Pb	Zn	Fe
3		6	2.5	0.8	<1.5	<0.5	<1	<1	<1	<1
4	下进上出	9	2.4	0.8	<1.5	<0.5	<1	<1	<1	<1
4	上进下出	6	2.5	0.8	<1.5	<0.5	<1	<1	<1	<1

由表 7-12 可知, 第三和第四周期阴极铜均达到 A 级铜 (Cu-CATH-1) 标准 (GB/T 467—2010)。

7.2.4 电流密度为 280 A/m² 时价态调控低砷阳极电解

每天从自产矿铜阳极电解系统中抽取 10~20 m³，SO₂ 还原电解液用于价态调控，还原后电解液中 As(Ⅲ) 浓度如表 7-13 所示。

表 7-13 用于价态调控电解液还原后 As(Ⅲ) 浓度 单位：g/L

天数	1	2	3	4	5	6	7	8	9	10	11	12
浓度	1.93	2.16	3.17	2.94	1.97	2.37	2.42	2.31	2.15	2.6	2.32	2.79

试验系统中阳极板为 100% 低砷阳极板，控制电流密度为 280 A/m²，每天向电解循环槽中加入 30~48 g/t 骨胶、68 g/t 硫脲、10~25 g/t 添加剂 A，电解液循环量为 35 L/(min·槽)，电解液温度为 55~65℃。电解液成分随电解时间的变化如表 7-14 所示，280 A/m² 电流密度下依次出槽第二周期电解阴极铜表观质量如图 7-18 所示，阴极铜质量如表 7-15 所示。

表 7-14 电流密度为 280 A/m² 条件下电解时电解液成分随电解时间的变化 单位：g/L

天数	As_T	Sb	Bi	Cu	Pb	Fe	Ni	Sn	Cl	H₂SO₄	As(Ⅲ)
1	9.26	0.33	0.26	40.36	0.019	0.42	16.77	<0.005	—	177.01	0.7
2	—	—	—	—	—	—	—	—	—	—	1.78
3	—	—	—	—	—	—	—	—	—	—	0.65
4	—	—	—	—	—	—	—	—	0.058	—	0.79
5	8.42	0.31	0.24	39.72	0.020	0.36	15.38	<0.005	0.063	172.18	0.93
6	—	—	—	—	—	—	—	—	0.061	—	
7	—	—	—	—	—	—	—	—	0.062	—	0.96
8	9.52	0.33	0.24	40.46	0.019	0.35	17.57	<0.005	—	176.89	1
9	—	—	—	—	—	—	—	—	—	—	0.97
10	—	—	—	—	—	—	—	—	—	—	1.09
11	—	—	—	—	—	—	—	—	0.063	—	1.27
12	8.85	0.33	0.26	40.77	0.022	0.36	16.25	<0.005	0.061	173.42	1.22

注："—"表示未检测。

由表 7-14 可知，电解液中 Cu²⁺ 在 40~41 g/L 之间，Sb、Bi 浓度稳定，

As(Ⅲ)质量浓度在 0.65 至 1.78 g/L 之间。

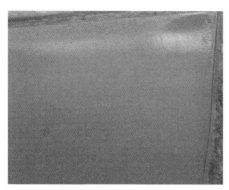

(a)下进上出进液方式阴极铜　　　　　　(b)上进下出进液方式阴极铜

图 7-18　280 A/m² 电流密度下依次出槽第五周期电解阴极铜表观质量

通过观察铜板质量可知,电流密度为 280 A/m² 时,随着电解时间增加,采用原进液方式即下进上出的阴极铜表面粒子较少,采用上进下出进液方式的阴极铜表面更为光滑

表 7-15　阴极板杂质(质量分数)　　　　　单位:10^{-6}

产品	进液方式	Ag	S	As	Te	Ni	Sb	Pb	Zn	Fe
1	上进下出	4	<2	2.1	<1.5	3.3	<1	<1	<1	1.3
2		4	<2	3.1	<1.5	4.3	<1	<1	<1	2.7
3		4	<2	2.4	<1.5	3.1	<1	<1	<1	<1
4	下进上出	7	<2	0.6	<1.5	1.3	<1	<1	<1	1.5
5		5	<2	3.4	<1.5	6.9	<1	<1	<1	2.6
6		5	<2	0.9	<1.5	1.9	<1	<1	<1	7.2

由表 7-15 可知,电解槽产生的阴极铜板中 Au、As、Ni、Fe 含量稍有差别,但阴极铜均达到 A 级铜(Cu-CATH-1)标准(GB/T 467—2010)。

7.2.5　电流密度为 302 A/m² 时价态调控低砷阳极电解

每天从矿铜阳极板电解系统中抽取 10 m³ 还原电解液用于价态调控,控制电流密度为 302 A/m²,在电解循环槽中加入 30~48 g/t 骨胶、68 g/t 硫脲、10~25 g/t 添加剂 A,电解液循环量为 35 L/(min·槽),电解液温度为 55~65℃。

电解中电解液成分随电解时间的变化如表 7-16 所示，电解阴极铜表观质量如图 7-19 所示，电流密度为 302 A/m² 下价态调控低砷阳极电解工业生产现场如图 7-20 所示。

表 7-16　302 A/m² 下电解低砷阳极板电解液成分的体积质量浓度随电解时间的变化

单位: g/L

天数	As_T	Sb	Bi	Cu	Pb	Fe	Ni	Sn	Cl	H_2SO_4	As(Ⅲ)
1	7.89	0.27	0.21	39.73	0.018	0.31	15.26	<0.005	—	159.79	0.73
2	—	—	—	—	—	—	—	—	—	—	—
3	—	—	—	—	—	—	—	—	—	—	0.69
4	—	—	—	—	—	—	—	—	0.073	—	1.17
5	7.26	0.24	0.20	40.73	0.030	0.29	14.36	<0.005	0.070	164.75	2.79
6	—	—	—	—	—	—	—	—	0.085	—	—
7	8.01	0.29	0.21	38.39	0.019	0.31	15.20	<0.005	—	—	1.12
8	—	—	—	—	—	—	—	—	—	—	1.66
9	—	—	—	—	—	—	—	—	—	—	1.28
10	—	—	—	—	—	—	—	—	0.080	—	2.65
11	7.73	0.28	0.22	37.93	0.017	0.28	14.91	<0.005	0.076	178.38	0.66
12	7.75	0.31	0.22	37.93	0.017	0.31	15.02	<0.005	—	169.70	1.26

注: "—"表示未检测。

由表 7-16 可知, 试验系统电解液中 As(Ⅲ) 质量浓度波动较大, 为 0.69 ~ 2.79 g/L。

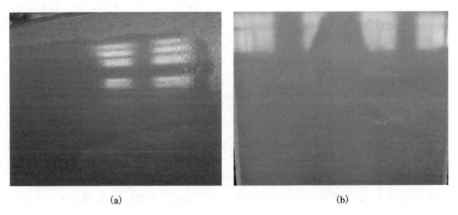

(a)　　　　　　　　　　　(b)

图 7-19　302 A/m² 电流密度下价态调控低砷电解阴极铜表观质量

电流密度为 302 A/m² 时电解阴极铜表观质量达到 A 级铜标准, 阴极铜质量达到 A 级铜(Cu-CATH-1)标准(GB/T 467—2010)。

图 7-20   电流密度为 302 A/m² 下价态调控低砷阳极电解工业生产现场

参考文献

[1] 朱祖泽, 贺家齐. 现代铜冶金学[M]. 北京：科学出版社, 2003.

[2] Tyiecote R F. 华觉明译. 世界冶金发展史[M]. 北京：科学技术文献出版社, 1985.

[3] 田长浒. 中国金属技术史[M]. 成都：四川科学技术出版社, 1987.

[4] 萧文锦, 钟兴厚, 袁启华. 无机化学丛书 第6卷 卤素、铜分族、锌分族[M]. 北京：科学出版社, 1998.

[5] 任鸿九, 王立川. 有色金属提取冶金手册 铜镍[M]. 北京：冶金工业出版社, 2000.

[6] 彭容秋. 铜冶金[M]. 长沙：中南大学出版社, 2004.

[7] Dutrizac J E, Clement C G. Copper 2003 Volume V-Copper Electrorefining and Electrowinning [C]. Canadian：Canadian Institute of Mining, Metallurgy and Petroleum, 2003.

[8] 陈北盈. 铜和铜合金[M]. 长沙：中南工业大学出版社, 1987.

[9] 王碧文, 王涛, 王祝堂. 铜合金及其加工技术[M]. 北京：化学工业出版社, 2007.

[10] 田荣璋, 王祝堂. 铜合金及其加工手册[M]. 长沙：中南大学出版社, 2002.

[11] 刘平, 任凤章, 贾淑果. 铜合金及其应用[M]. 北京：化学工业出版社, 2007.

[12] 赵国权, 贺家齐, 王碧文. 铜回收、再生与加工技术[M]. 北京：化学工业出版社, 2007.

[13] 钟卫佳. 铜加工技术实用手册[M]. 北京：冶金工业出版社, 2007.

[14] 邱竹贤. 有色金属冶金学[M]. 北京：冶金工业出版社, 1988.

[15] 邹韶禄. 国内铜冶炼企业面临的原料状况技术特征和资源策略[J]. 世界有色金属, 2001 (12)：4-10.

[16] 姚素平. 我国废杂铜冶炼技术进步与展望[J]. 有色金属工程, 2011, 1(1)：14-17.

[17] 周俊. 废杂铜冶炼工艺及发展趋势[J]. 中国有色冶金, 2010(4)：20-26.

[18] Davenport W G, King M, Schlesinger M, et al. Extractive Metallurgy of Copper[M]. Netherlands：Pergamon Press, 2002.

[19] Ilkhchi M O, Yoozbashizadeh H, Safarzadeh M S. The effect of additives on anode passivation in electrorefining of copper[J]. Chemical Engineering and Processing, 2007, 46(8)：757-763.

[20] Carranza F, Romero R, Mazuelos A, et al. Biorecovery of copper from converter slags：Slags characterization and exploratory ferric leaching tests[J]. Hydrometallurgy, 2009, 97(1-2)：39-45.

[21] 谢文仕，李忠生，杨文栋，等. 铜冶金行业技术现状与发展策略探讨[J]. 有色矿冶，2007，23(6)：69-71.

[22] 罗劲松. 赤峰云铜铜电解净液工序的工艺设计[D]. 昆明：昆明理工大学，2007.

[23] 张春发. 铜的电解精炼工艺综述[J]. 俱乐部，2011(5)：49-52.

[24] 陈立华. 浅述铜冶炼技术发展方向及趋势[J]. 有色矿冶，2010，26(5)：24-25.

[25] 杨长华. 2012年中国铜市场分析及2013年展望[R]. 福建：中国有色金属工业协会，2012.

[26] 姚凌兰，贺文智，李光明，等. 我国电子废弃物回收管理发展现状[J]. 环境科学与技术，2012，35(61)：410-414.

[27] 沈志刚. 废印刷电路板回收处理技术进展[J]. 新材料产业，2006(10)：43-46.

[28] Yu J, Williams E, Ju M, et al. Managing e-waste in China: Policies, pilot projects and alternative approaches [J]. Resources, Conservation and Recycling, 2010, 54 (110): 991-999.

[29] Li Y J, Perederiy I, Papangelakis V G. Cleaning of waste smelter slags and recovery of valuable metals by pressure oxidative leaching[J]. Journal of hazardous materials, 2008, 152(2): 607-615.

[30] 许并社，李明照. 铜冶炼工艺[M]. 北京：化学工业出版社，2007.

[31] 王智友. 炼铜烟尘湿法处理回收有价金属的新工艺研究[D]. 昆明：昆明理工大学，2009.

[32] 王翠芝. 粗铜火法精炼的技术的发展趋势[J]. 有色矿冶，2005，21(1)：27-28，32.

[33] 崔涛. 高砷脱铜电解液的净化与回用研究[D]. 长沙：中南大学，2012.

[34] 华宏全，张豫. 铜电解过程中砷存在形态的研究及其控制实践[J]. 矿冶，2011，20(1)：68-71.

[35] 郑金旺. 铜电解精炼过程中砷、锑、铋的危害及脱除方式的进展[J]. 铜业工程，2002(2)：17-20.

[36] 文燕，张源，张胜树. 铜电解过程中杂质分配的控制[C]. 中国有色金属学会. 全国铜镍钴生产技术、装备、材料及市场研讨会. 北京，2003.

[37] 陈维东. 铜电解精炼中阳极杂质的行为[J]. 中国有色冶金，1993(4)：54-60.

[38] Chen T T, Dutrizac J E. Mineralogical characterization of a copper anode and the anode slimes from the La Caridad copper refinery of mexicana de cobre[J]. Metallurgical and Materials Transactions B, 2005, 36(2): 229-240.

[39] 王中月. 高镍、砷、锑阳极铜的电解精炼实践[J]. 有色金属(冶炼部分)，2004(6)：19-20，26.

[40] Riveros P A. Dutrizac J E, Lastra R. A study of the ion exchange removal of antimony(Ⅲ) and antimony(Ⅴ) from copper electrolytes[J]. Canadian Metallurgical Quarterly, 2008, 47(3): 307-315.

[41] 周文科. SO_2还原法净化铜电解液工艺研究[D]. 长沙：中南大学，2011.

[42] 任新民，钟忠. 精细过滤设备在铜电解精炼中的应用及改进[J]. 中国有色冶金，2009

(2)：31-32.

[43] 梁永宣, 陈胜利, 郭学益. 铜电解液中 As、Sb、Bi 杂质净化研究进展[J]. 中国有色冶金, 2009(4)：69-73.

[44] Schlesinger M E, King M J, Sole K C, et al. Extractive Metallurgy of Copper[M]. Fifth Edition. New York：Elsevier Science Press, 2011.

[45] Rogac M B, Babic V, Perger T M, et al. Conductometric study of ion association of divalent symmetric electrolytes：I. $CoSO_4$, $NiSO_4$, $CuSO_4$ and $ZnSO_4$ in water[J]. Journal of Molecular Liquids, 2005, 118(1-3)：111-118.

[46] 李坚, 王达健, 朱祖泽. 铜电解液物理化学性质之一：电解液的密度[J]. 有色矿冶, 2003, 19(3)：32-36.

[47] 李坚, 王达健, 樊雪萍. 铜电解液物理化学性质之三：电解液的电导率[J]. 有色矿冶, 2003, 19(5)：30-33.

[48] 李坚, 樊雪平, 王达健. 铜电解液物理化学性质之二：电解液的黏度[J]. 有色矿冶, 2003, 19(4)：23-27.

[49] 丁克健. 铜电解液净化工艺的比较与选择[J]. 资源再生, 2013(7)：66-68.

[50] 乐安胜, 许卫, 马登峰, 等. 大冶有色铜电解液净化工艺选择及成本分析[J]. 中国有色冶金, 2015, 44(5)：8-10+14.

[51] 陈白珍, 仇勇海, 梅显芝, 等. 电积法脱铜脱砷的现状与进展[J]. 有色金属(冶炼部分), 1998(3)：29-31.

[52] 仇勇海, 陈白珍, 梅显芝, 等. 控制阴极电势电积法新工艺及其应用[J]. 中南工业大学学报(自然科学版), 1999, 30(5)：501-504.

[53] 毛志琨. 铜电解液脱铜及脱杂技术探讨[J]. 有色冶金设计与研究, 2010, 31(6)：44-47.

[54] 万黎明. 化学法净化铜电解液工艺研究[D]. 长沙：中南大学, 2010.

[55] 仇勇海, 陈白珍. 电积法净化铜电解液技术的比较[J]. 中国有色冶金, 2002(3)：30-33.

[56] 褚仁雪. 连续脱铜电解研讨[J]. 有色冶炼, 1996(6)：46-51.

[57] 钟点益. 国外铜电解液净化除砷、锑、铋的方法[J]. 有色冶炼, 1991(5)：30-34.

[58] 许卫. 铜电解液净化及工业放大实验研究[D]. 长沙：中南大学, 2007.

[59] 吴继烈. 连续脱铜脱砷技术[J]. 有色金属(冶炼部分), 1991(1)：15-18, 21.

[60] 姚素平. 诱导法脱砷的工艺与实践[J]. 有色冶金设计与研究, 1994, 15(3)：18-24.

[61] 丁昆, 华宏全. 铜电解净液过程中砷的脱除[J]. 有色冶炼, 2003(5)：30-31, 61.

[62] 王学文, 肖炳瑞, 张帆. 铜电解液碳酸钡脱铋新工艺[J]. 中国有色金属学报, 2006, 16(7)：1295-1299.

[63] 钟云波, 梅光贵, 钟竹前. 硫化法脱除铜电解废液中 As, Sb, Bi 的试验[J]. 中南工业大学学报, 1997, 28(4)：336-339.

[64] 何万年, 何思郑. 净化铜电解液中杂质的方法[J]. 江西有色金属, 1996, 10(1)：38-43.

[65] 贾静宁, 金荣涛. 利用碳酸盐净化处理铜电解液的实践[J]. 甘肃有色金属, 1997(2)：11-14.

[66] Gabai B, dos Santos N A A, Azevedo D C S, et al. Removal of copper electrolyte contaminants

by adsorption[J]. Brazilian Journal of Chemical Engineering, 1997, 14(3): 199-208.

[67] 彭天照. 砷冰铜处理工艺研究[D]. 昆明: 昆明理工大学, 2011.

[68] 许民才, 单承湘, 吴国荣, 等. 共沉淀法净化铜电解液中砷锑铋的研究[J]. 合肥工业大学学报(自然科学版), 1992, 15(S1): 134-139.

[69] Navarro P, Alguacil F J. Adsorption of antimony and arsenic from a copper electrorefining solution onto activated carbon[J]. Hydrometallurgy, 2002, 66(1-3): 101-105.

[70] 王学文, 陈启元, 龙子平, 等. Sb 在铜电解液净化中的应用[J]. 中国有色金属学报, 2002, 12(6): 1277-1280.

[71] Wang X W, Chen Q Y, Yin Z L, et al. Removal of impurities from copper electrolyte with adsorbent containing antimony[J]. Hydrometallurgy, 2003, 69(1-3): 39-44.

[72] 梁永宣. 粗硫酸铜净化除杂及电积法制备铜粉的研究[D]. 长沙: 中南大学, 2010.

[73] Navarro P, Alguacil F J. Removal of arsenic from copper electrolytes by solvent extraction with tributylphosphate[J]. Canadian Metallurgical Quarterly, 1996, 35(2): 133-141.

[74] 韩文利, 崔秉懿. N1923 从铜电解液中萃除铋, 锑的分配模型及其工艺参数优化[J]. 中国有色金属学报, 1994, 4(1): 37-39, 49.

[75] Gupta B, Begum Z. Separation and removal of arsenic from metallurgical solutions using bis(2, 4, 4 - trimethylpentyl) dithiophosphinic acid as extractant[J]. Separation and Purification Technology, 2008, 63(1): 77-85.

[76] Navarro P, Simpson J, Alguacil F J. Removal of antimony (Ⅲ) from copper in sulphuric acid solutions by solvent extraction with lix 1104sm[J]. Hydrometallurgy, 1999, 53(2): 121-131.

[77] 李坚, 彭大龙. 用溶剂萃取除去铜电解液中砷的研究[J]. 昆明理工大学学报, 1998, 23(3): 71-77.

[78] Iberhan L, Winiewski M. Removal of arsenic(Ⅲ) and arsenic(Ⅴ) from sulfuric acid solution by liquid - liquid extraction[J]. Journal of Chemical Technology and Biotechnology, 2003, 78(6): 659-665.

[79] Iberhan L, Wiśniewski M. Extraction of arsenic(Ⅲ) and arsenic(Ⅴ) with cyanex 925, cyanex 301 and their mixtures[J]. Hydrometallurgy, 2002, 63(1): 23-30.

[80] Anirudhan T S, Unnithan M R. Arsenic(Ⅴ) removal from aqueous solutions using an anion exchanger derived from coconut coir pith and its recovery[J]. Chemosphere, 2007, 66(1): 60-66.

[81] Hoffmann J E. The purification of copper refinery electrolyte[J]. JOM, 2004, 56(7): 30-33.

[82] Wang S J. Impurity control and removal in copper tankhouse operations[J]. JOM, 2004, 56(7): 34-37.

[83] Wang X W, Chen Q Y, Yin Z L, et al. Homogeneous precipitation of As, Sb and Bi impurities in copper electrolyte during electrorefining[J]. Hydrometallurgy, 2011, 105(3-4): 355-358.

[84] Wang X W, Chen Q Y, Yin Z L, et al. Identification of arsenato antimonates in copper anode slimes[J]. Hydrometallurgy, 2006, 84(3-4): 211-217.

[85] Petkova E N. Mechanisms of floating slime formation and its removal with the help of sulphur

dioxide during the electrorefining of anode copper[J]. Hydrometallurgy, 1997, 46(3): 277-286.

[86] Abe S, Takasawa Y. Prevention of floating slimes precipitation in copper electrorefining[C]. Hoffmann J E, Bautista R G, Ettel V A, et al. The Electrorefining and Winning of Copper, USA, 1987: 87-98.

[87] Xiao F X, Zheng Y J, Wang Y, et al. Novel technology of purification of copper electrolyte[J]. Transactions of Nonferrous Metals Society of China, 2007, 17(5): 1069-1074.

[88] 郑雅杰, 王勇, 赵攀峰. 一种利用含砷废水制备亚砷酸铜或砷酸铜的方法. 中国: CN101168451A[P], 2008-4-30.

[89] 郑雅杰, 肖发新, 王勇, 等. 亚砷酸铜的制备及应用. 中国: CN 101108744A[P], 2008-1-23.

[90] 史建远, 许卫, 乐安胜, 等. 铜电解液高 As 自净化工业实践[J]. 中国有色冶金, 2010, 39(1): 13-16, 40.

[91] 郑雅杰, 许卫, 肖发新, 等. 亚砷酸铜净化铜电解液工业实验研究[J]. 矿冶工程, 2008, 28(1): 51-54.

[92] Zheng Y J, Xiao F X, Yong W, et al. Industrial experiment of copper electrolyte purification by copper arsenite[J]. Journal of Central South University of Technology, 2008, 15(2): 204-208.

[93] 黄善富. 浅析砷锑在铜电解过程中的行为[J]. 有色冶炼, 2002(3): 20-23.

[94] Dema J P, 刘英杰. 砷在铜电解精炼过程中的行为[J]. 沈冶科技, 1990(3): 36-42.

[95] 朱国祥, 钟占芝. 高砷铜阳极电解精炼电铜质量的控制[J]. 有色金属(冶炼部分), 1989(1): 4-7.

[96] 梅光贵, 钟云波, 钟竹前. 硫化沉淀法净化铜废电解液的热力学分析[J]. 中南工业大学学报, 1996, 27(1): 31-35.

[97] Locatelli C, Torsi G. Cathodic and anodic stripping voltammetry: Simultaneous determination of As-Se and Cu-Pb-Cd-Zn in the case of very high concentration ratios[J]. Talanta, 1999, 50(5): 1079-1088.

[98] Greulach U, Henze G. Analysis of arsenic(V) by cathodic stripping voltammetry[J]. Analytica Chimica Acta, 1995, 306(2-3): 217-223.

[99] Zawisza B, Sitko R. Determination of Te, Bi, Ni, Sb and Au by X-ray fluorescence spectrometry following electroenrichment on a copper cathode[J]. Spectrochimica Acta Part B: Atomic Spectroscopy, 2007, 62(10): 1147-1152.

[100] Fahidy T Z. A markovian analysis of the propagation kinetics of anode slimes in electrorefining cells[J]. Hydrometallurgy, 2006, 84(1-2): 69-74.

[101] Fernández M A, Segarra M, Espiell F. Selective leaching of arsenic and antimony contained in the anode slimes from copper refining[J]. Hydrometallurgy, 1996, 41(2-3): 255-267.

[102] Gu Z H, Chen J, Fahidy T Z. A study of anodic slime behaviour in the electrorefining of copper[J]. Hydrometallurgy, 1995, 37(2): 149-167.

[103] Petkova E N. Hypothesis about the origin of copper electrorefining slime[J]. Hydrometallurgy, 1994, 34(3): 343-358.

[104] 华宏全, 黄太祥. 云铜铜电解生产工艺控制的技术进步[J]. 中国有色冶金, 2005(5): 36-38.

[105] Casas J M, Alvarez F, Cifuentes L. Aqueous speciation of sulfuric acid-cupric sulfate solutions [J]. Chemical Engineering Science, 2000, 55(24): 6223-6234.

[106] 王文祥, 刘志宏, 章诚. 影响电解铜质量因素分析[J]. 有色矿冶, 2001, 17(5): 25-28.

[107] 王红卫, 陈威. 铜电解液净化脱砷新工艺[J]. 有色冶炼, 1999, 28(6): 37-39.

[108] 项斯芬, 严宣申, 曹庭礼, 郭炳南. 氮磷砷分族[M]. 北京: 科学出版社, 1995.

[109] Meada Y, Matsumoto M, Inoue H. Copper smelting and refining at kosaka smelter[J]. Metallurgical Review of MMIJ, 1994, 11(1): 1-17.

[110] Losilla E R, Salvad M A, Aranda M A G, et al. Layered acid arsenates $\alpha-M(HAsO_4)_2 \cdot H_2O$ (M = Ti, Sn, Pb) synthesis optimization and crystal structures[J]. Journal of Molecular Structure, 1998, 470(1-2): 93-104.

[111] Naili H, Mhiri T. X-ray structural, vibrational and calorimetric studies of a new rubidium pentahydrogen arsenate $RbH_5(AsO_4)_2$[J]. Journal of Alloys and Compounds, 2001, 315(1-2): 143-149.

[112] Jia Y F, Xu L Y, Wang X, et al. Infrared spectroscopic and X-ray diffraction characterization of the nature of adsorbed arsenate on ferrihydrite[J]. Geochimica et Cosmochimica Acta, 2007, 71(7): 1643-1654.

[113] Colomban P, Doremieux-Morim C, Piffard Y, et al. Equilibrium between protonic species and conductivity mechanism in antimonic acid, $H_2Sb_4O_{11} \cdot nH_2O$ [J]. Journal of Molecular Structure, 1989, 213: 83-96.

[114] Qureshi M, Kumar V. Synthesis and IR, X-ray and ion-exchange studies of some amorphous and semicrystalline phases of titanium antimonate. Separation of VO^{2+} from various metal ions [J]. Journal of Chromatography A, 1971, 62(3): 431-438.

[115] Roddick-Lanzilotta A J, Mcquillan A J, Craw D. Infrared spectroscopic characterisation of arsenate (V) ion adsorption from mine waters, Macraes mine, New Zealand[J]. Applied Geochemistry, 2002, 17(4): 445-454.

[116] Myneni S C B, Traina S J, Waychunas G A, et al. Experimental and theoretical vibrational spectroscopic evaluation of arsenate coordination in aqueous solutions, solids, and at mineral-water interfaces[J]. Geochimica et Cosmochimica Acta, 1998, 62(19-20): 3285-3300.

[117] 陈启元, 王学文, 尹周澜, 等. 砷锑酸盐在铜电解液净化中的应用[J]. 矿业研究与开发, 2003(S1): 201-204.

[118] 王学文. 铜电解过程砷锑酸的形成及作用机理研究[D]. 长沙: 中南大学, 2003.

[119] 黄春林, 李德昌, 罗桂新, 等. 硫代锑酸锑的合成研究[J]. 现代化工, 1999, 19(7): 24-26.

[120] J A 迪安. 兰氏化学手册[M]. 尚久方, 操时杰, 辛无名等译. 13 版. 北京: 科学出版社,

1991.

[121] 钟竹前, 梅光贵. 化学位图在湿法冶金和废水净化中的应用[M]. 长沙: 中南工业大学出版社, 1986.

[122] Ramana G R, James L H, Queneau B. Arsenic Metallurgy Fundamentals and Applications [M]. New York: The Metallurgical Society, 1987.

[123] 姚允斌, 谢涛, 高英敏. 物理化学手册[M]. 上海: 上海科学技术出版社, 1985.

[124] Li N, Lawson F. Kinetics of heterogeneous reduction of arsenic (V) to arsenic (Ⅲ) with sulphur dioxide[J]. Hydrometallurgy, 1989, 22(3): 339-351.

[125] Krissmann J, Siddiqi M A, Lucas K. Thermodynamics of SO_2 absorption in aqueous solutions [J]. Chemical Engineering and Technology, 1998, 21(8): 641-644.

[126] Wang X W, Chen Q Y, Yin Z L, et al. The role of arsenic in the homogeneous precipitation of As, Sb and Bi impurities in copper electrolyte[J]. Hydrometallurgy, 2011, 108(3-4): 199-204.

[127] Ghimire K N, Inoue K, Yamaguchi H, et al. Adsorptive separation of arsenate and arsenite anions from aqueous medium by using orange waste[J]. Water Research, 2003, 37(20): 4945-4953.

[128] Zheng Y J, Zhou W K, Peng Y L, et al. Effect of valences of arsenic, antimony on removal rates of arsenic, antimony and bismuth in copper electrolyte[J]. Journal of Central South University(Science and Technology), 2012, 43(3): 821-826.

[129] Xiao F X, Zheng Y J, Wang Y, et al. Preparation of copper arsenite and its application in purification of copper electrolyte[J]. Transactions of Nonferrous Metals Society of China, 2008, 18(2): 474-479.

[130] 董云会, 许珂敬, 刘曙光, 等. 硫脲在铜阴极电沉积中的作用[J]. 中国有色金属学报, 1999, 9(2): 370-376.

[131] Turner D R, Johnson G R. The effect of some addition agents on the kinetics of copper electrodeposition from a sulfate solution[J]. Journal of the Electrochemical Society, 1962, 109(9): 798-804.

[132] 彭楚峰, 何蔼平, 刘爱琴. 添加剂对阴极铜结晶的影响研究[J]. 昆明理工大学学报(自然科学版), 2002, 27(6): 36-40.

[133] Shize J, Ghali E. Effect of thiourea on the copper cathode polarization behavior in acidic copper sulfate at 65℃[J]. Metallurgical and Materials Transactions B, 2001, 32(5): 887-893.

[134] 马朝庆. 添加剂在铜电解精炼中的作用及应用[J]. 矿冶工程, 1999, 19(4): 46-48.

[135] 陈文汨, 龚竹青, 赵宏刚, 等. 铜电解精炼阴极表面长粒子的原因及粒子的消除[J]. 矿冶工程, 2001, 21(2): 55-57.

[136] Petkova E N. Microscopic examination of copper electrorefining slimes[J]. Hydrometallurgy, 1990, 24(3): 351-359.

[137] 王春海, 唐永革. 浅谈铜冶炼过程中影响阴极铜质量的因素[J]. 新疆有色金属, 2009 (1): 42-43.

[138] 武战强. 侯马冶炼厂高纯阴极铜质量影响因素分析[J]. 湿法冶金, 2010, 29(4): 285-288.

[139] 朱福良, 张峰, 樊丁, 等. 铜电解精炼工艺[J]. 兰州理工大学学报, 2007, 33(2): 9-12.

[140] 郑雅杰, 赵攀峰, 王勇, 等. 高电流密度电解对阴极铜质量的影响[J]. 中南大学学报 (自然科学版), 2009, 40(2): 311-316.

[141] Derek C P, Davenport W G. Densities, electrical conductivities and viscosities of CuSO₄/ H₂SO₄ solutions in the range of modern electrorefining and electrowinning electrolytes[J]. Metallurgical and Materials Transactions B, 1980, 11(1): 159-163.

[142] 龚竹青. 理论电化学导论[R]. 长沙: 中南工业大学教材科, 1987.

[143] Nanseu-Njiki C P, Alonzo V, Bartak D, et al. Electrolytic arsenic removal for recycling of washing solutions in a remediation process of CCA-treated wood[J]. Science of the Total Environment, 2007, 384(1-3): 48-54.

[144] Speight J G. Lang's Handbook of Chemistry[M]. New York: McGraw-Hill Professional, 2005.

[145] Hiskey J B, Maeda Y. A study of copper deposition in the presence of Group-15 elements by cyclic voltammetry and Auger-electron spectroscopy[J]. Journal of Applied Electrochemistry, 2003, 33(5): 393-401.

[146] 张传福, 谭鹏夫. 第ⅤA族元素物理化学数据手册[M]. 长沙: 中南大学出版社, 1995.

[147] Panda B, Das S C. Electrowinning of copper from sulfate electrolyte in presence of sulfurous acid [J]. Hydrometallurgy, 2001, 59(1): 55-67.

[148] 仇勇海, 唐仁衡, 陈白珍. 砷化氢析出电势的探讨[J]. 中国有色金属学报, 2000, 10(1): 101-104.

[149] 钟耀东, 强颖怀, 赵新兵. 重金属砷的前期处理实验[J]. 江苏环境科技, 2007, 20(5): 6-9.

[150] Vasudevan S, Mohan S, Sozhan G, et al. Studies on the oxidation of As(Ⅲ) to As(Ⅴ) by in-situ-generated hypochlorite[J]. Ind Eng Chem Res, 2006, 45(21): 7729-7732.

[151] Pirogov B Y, Zelinsky A G. Numerical simulation of electrode process in Cu/CuSO₄+H₂SO₄ system[J]. Electrochimica Acta, 2004, 49(20): 3283-3292.

[152] Hug S J, Canonica L, Wegelin M, et al. Solar oxidation and removal of arsenic at circumneutral pH in iron containing waters[J]. Environmental Science and Technology, 2001, 35(10): 2114-2121.

[153] 占寿祥, 郑雅杰. 硫铁矿烧渣酸浸反应动力学研究[J]. 化学工程, 2006, 34(11): 36-39.

[154] Denbigh K G, Turner J C R. Chemical Reactor Theory: An Introduction[M]. Cambridge: Cambridge University Press, 1984.

[155] 张平民. 工科大学化学[M]. 长沙: 湖南教育出版社, 2002.

[156] Dalewski F. Removing arsenic from copper smelter gases[J]. Journal of the Minerals Metals and Materials Society, 1999, 51(9): 24-26.

[157] 陈永康. 铜电解液还原净化脱砷工艺研究[J]. 有色金属(冶炼部分), 1998(1): 8-12.

[158] 王钧扬, 黄虹. 在硫酸介质中处理含砷物料[J]. 中国物资再生, 1999(3): 15-16.

[159] 李洪桂. 冶金原理[M]. 北京: 科学出版社, 2005.

[160] Aktas S. A novel purification method for copper sulfate using ethanol[J]. Hydrometallurgy, 2011, 106(3-4): 175-178.

[161] 夏兆泉, 陈礼运. 试剂硫酸铜生产中除铁工艺的研究[J]. 湖南冶金, 1997(4): 14-15, 32.

[162] 杨久义, 刘昆鹏, 王赫, 等. 饲料级硫酸铜生产新工艺的研究[J]. 河北工业科技, 2002, 19(6): 28-31, 47.

[163] 刘本发, 向兴凯. 冶炼硫酸铜由工业级提纯为饲料级的工艺研究[J]. 湖南冶金, 1997(4): 19-20, 36.

[164] 吴西. 用工业硫酸铜制取高纯硫酸铜的试验研究[J]. 湿法冶金, 1999(3): 44-46.

[165] 龚竹青, 李景升. 硫酸铜脱除砷, 铁的工艺研究[J]. 中南工业大学学报, 2000, 31(3): 222-224.

[166] 郑雅杰, 罗园, 王勇. 采用含砷废水沉淀还原法制备三氧化二砷[J]. 中南大学学报(自然科学版), 2009, 40(1): 48-54.

[167] 郑雅杰, 刘万宇, 白猛, 等. 采用硫化砷渣制备三氧化二砷工艺[J]. 中南大学学报(自然科学版), 2008, 39(6): 1157-1163.

[168] 寇建军, 朱昌洛. As_2O_3 湿法提取工艺进展[J]. 矿产综合利用, 2002(1): 26-31.

[169] Choong T S Y, Chuah T G, Robiah Y, et al. Arsenic toxicity, health hazards and removal techniques from water: An overview[J]. Desalination, 2007, 217(1-3): 139-166.

[170] Kartinen E O, Martin C J. An overview of arsenic removal processes[J]. Desalination, 1995, 103(1/2): 79-88.

[171] 王闰, 史建远, 郑雅杰. 冶炼硫酸铜氧化法除铁砷实验研究[J]. 金属世界, 2009(5): 41-47.

[172] Hug S J, Leupin O. Iron-catalyzed oxidation of arsenic(III) by oxygen and by hydrogen peroxide: pH-dependent formation of oxidants in the Fenton reaction[J]. Environmental Science and Technology, 2003, 37(12): 2734-2742.

[173] 陈维平. 清洁生产方法制备砷新工艺及其基础理论研究[D]. 长沙: 湖南大学, 2000.

[174] Norbert L P, Albert E M. Discussion about arsenic subjects in the nonferrous metallurgy[A]. Koch M, Tayor J C. Productivity and technology in the metallergical industries[C]. The Mineral & Matals Materials Society, 1989: 735-824.

[175] 李大塘, 王辉宪. 水解平衡与三硫化二锑的溶解性[J]. 化学教育, 2001(11): 44-45, 39.

[176] 龚竹青, 赵红钢, 黄坚, 等. 粗硫酸镍脱除钙镁的工艺研究[J]. 无机盐工业, 2000, 32(2): 16-17.

[177] 叶大伦, 胡建华. 实用无机物热力学数据手册[M]. 2版. 北京: 冶金工业出版社, 2002.

[178] 秦玉楠. 提纯硫酸镍的新工艺——有机交换萃取法[J]. 化学试剂, 1987, 9(4): 239-241.

[179] 张启修. 冶金分离科学与工程[M]. 北京: 科学出版社, 2004.

[180] Makino. Method for purifying a nickel sulfate solution by solvent extraction: United States, 6149885[P]. 2000.

[181] Makino. Method of solvent extraction of nickel sulfate solutions: United States, 5888462[P]. 1999.

[182] 贾铮, 戴长松, 陈玲. 电化学测量方法[M]. 北京: 化学工业出版社, 2006.

[183] 李春华. 三乙醇胺和 EDTA·2Na 双配合体快速化学镀铜研究[D]. 长沙: 中南大学, 2007.

[184] 舒余德, 陈白珍. 冶金电化学研究方法[M]. 长沙: 中南大学, 1990.

[185] 董明月. 少量 Ti 对 AB-5 型储氢合金性能的影响[D]. 广州: 华南理工大学, 2009.

[186] 刘永辉. 电化学测试技术[M]. 北京: 北京航空学院出版社, 1987.

[187] 舒余德. 电化学研究方法原理[R]. 长沙: 中南工业大学教材科, 1987.

[188] 田昭武. 电化学研究方法[M]. 北京: 科学出版社, 1984.

[189] 乐红春. 中和渣中碲的提取及电解制备高纯碲研究[D]. 长沙: 中南大学, 2012.

[190] 柳厚田, 徐品弟等译. 电化学中的仪器方法[M]. 上海: 复旦大学出版社, 1992.

[191] 周伟航. 电化学测量[M]. 上海: 上海科学技术出版社, 1985.

[192] Stankovic Z D, Cvetkovski V, Vukovic M. The effect of antimony in anodic copper on kinetics and mechanism of anodic dissolution and cathodic deposition of copper[J]. Journal of Mining and Metallurgy, 1984(44B): 107-114.

[193] Zheng J, Andrew O S, Xuan D, et al. The electrochemical reaction mechanism of aesenic deposition on an Au(Ⅲ) electrode[J]. Journal of electroanalytical chemistry, 2006, (587): 247-253.

[194] A J 巴德, L R 福克纳. 谷林英等译. 电化学方法原理及应用[M]. 北京: 化学工业出版社, 1986.

[195] Hinatsu J T, Foulkes F R. Electrochemical kinetic parameters for the cathodic deposition of copper from dilute aqueous acid sulfate solutions [J]. Canadian Journal of Chemical Engineering, 1991, 69(2): 571-577.

[196] 杨余芳, 龚竹青, 李强国. 三价铬的电化学沉积[J]. 中南大学学报(自然科学版), 2008, 39(1): 113-117.

[197] 贺燕萍. 基于电沉积法制备镍纳米网状结构薄膜材料的研究[D]. 上海: 上海交通大学, 2010.

[198] 钟琴. 添加剂 MPS、PEG、Cl⁻ 对铜电沉积的影响研究[D]. 重庆: 重庆大学, 2010.

[199] 曹楚南, 张鉴清. 电化学阻抗谱导论[M]. 北京: 科学出版社, 2002.

[200] 钟琴, 辜敏, 李强. 添加剂 3-巯基-1-丙烷磺酸钠对铜电沉积影响的研究[J]. 化学学报, 2010, 68(17): 1707-1712.

[201] Jia Z, Simm A O, Dai X, et al. The electrochemical reaction mechanism of arsenic deposition

on an Au(111) electrode[J]. Journal of Electroanalytical Chemistry, 2006, 587(2): 247-253.

[202] Bejan D, Bunce N J. Electrochemical reduction of As(Ⅲ) and As(Ⅴ) in acidic and basic solutions[J]. Journal of Applied Electrochemistry, 2003, 33(6): 483-489.

[203] 秦毅红, 赵瑞荣. As(Ⅲ)在酸性氯化物溶液中的阴极极化行为[J]. 中南工业大学学报, 1995, 26(6): 821-825.

[204] Barradas R G, Girgis M. Cathodic copper deposition at 65℃ in the absence and presence of Bi^{3+} and Sb^{3+} additives in acidified CuSO$_4$ aqueous solutions[J]. 1991, 22(5): 575-581.

[205] 鲁道荣, 林建新. As^{5+}, Sb^{3+}, Bi^{3+}对阴极铜沉积反应动力学的影响[J]. 合肥工业大学学报(自然科学版), 1997, 20(5): 51-56.

图书在版编目(CIP)数据

价态调控铜电解理论与技术 / 郑雅杰著. —长沙：
中南大学出版社，2022.7
（有色金属理论与技术前沿丛书）
ISBN 978-7-5487-5002-4

Ⅰ. ①价… Ⅱ. ①郑… Ⅲ. ①铜—电解精炼 Ⅳ.
①TF811

中国版本图书馆 CIP 数据核字(2022)第 132573 号

价态调控铜电解理论与技术
JIATAI TIAOKONG TONG DIANJIE LILUN YU JISHU

郑雅杰　著

□出 版 人　吴湘华
□责任编辑　史海燕
□责任印制　唐　曦
□出版发行　中南大学出版社

　　　　　　社址：长沙市麓山南路　　　　邮编：410083
　　　　　　发行科电话：0731-88876770　　传真：0731-88710482
□印　　装　湖南省众鑫印务有限公司

□开　　本　710 mm×1000 mm 1/16　□印张 16.75　□字数 335 千字
□版　　次　2022 年 7 月第 1 版　　　　□印次 2022 年 7 月第 1 次印刷
□书　　号　ISBN 978-7-5487-5002-4
□定　　价　80.00 元